时装 · 运动 · 休闲 · 牛仔 · 各类服装板型

服装板型设计与

杨烁冰 著

中国纺织出版社

内 容 提 要

本书通过对人体的平面化解析，讲述了衣身、领、袖、帽、裤装和裙装板型的制作原理，帮助读者快速理解人体形态与服装板型的对应转化关系。同时以大量时尚流行的服装款式作为案例，采用款式图和制板图结合的方式，讲解服装板型设计原理在实际操作中的应用。

本书可作为企业从业板师、设计师的参考读物，亦可以作为服装培训业及各大院校的专业教材，还可供广大服装爱好者自学，以提升制板技能。

图书在版编目（CIP）数据

服装板型设计与案例解析 / 杨烁冰著 .—北京：中国纺织出版社，2016. 5

（服装实用技术应用提高）

ISBN 978-7-5180-2382-0

Ⅰ. ①服… Ⅱ. ①杨… Ⅲ. ①服装量裁—案例 Ⅳ. ① TS941.631

中国版本图书馆 CIP 数据核字（2016）第 034839 号

策划编辑：王 璐 向映宏 责任编辑：王 璐 责任校对：楼旭红

责任设计：何 建 责任印制：王艳丽

中国纺织出版社出版发行

地址：北京市朝阳区百子湾东里A407号楼 邮政编码：100124

销售电话：010 — 67004422 传真：010 — 87155801

http://www.c-textilep.com

E-mail:faxing@c-textilep.com

中国纺织出版社天猫旗舰店

官方微博 http://weibo.com/2119887771

北京通天印刷有限责任公司印刷 各地新华书店经销

2016年5月第1版第1次印刷

开本：787 × 1092 1/16 印张：10

字数：141千字 定价：35.00元

序言

如果把服装设计比作一个美丽的女人，那么款式设计则好比她的面容，而板型就是她的气质。所以说，板型设计是服装设计的精神内涵，其中包括经验技术和创作思想。

服装业发展到今天已经非常成熟，板型设计类的书籍亦有不少，但是能够紧贴市场流行的相关书籍仍然欠缺。由于业内的技术思想较为保守、专业理论欠缺更新等因素，使板型设计技巧不能随行业的迅猛发展而及时用有效的手段普及渗入到教学中，服装类各大院校教学中也存在教材的知识陈旧与行业发展严重脱节等问题，但行业用人的需求日渐高涨，以致毕业的学生板型设计能力相对薄弱，不能很快得到企业的认可与接纳。

蒋锡根先生的《母型裁剪》一书在我国服装业极其落后的年代，为我国服装业的发展做出了极大的贡献，其著作的那套理论直到今天仍然有着指导意义，而在这本书的背后则凝聚了他多少日夜的心血，和对专业读者负责的态度。服装行业是一个需要亲身操作的行业，唯有长期的实际践行，才能从中提炼、累积出具有实操意义的技能知识。本书通过对人体的平面化解析，讲述了衣身、领、袖、帽、裤袋和裙装板型的制作原理，帮助读者快速理解人体形态与服装板型的对应转化关系。同时以大量市场在售的服装款式作为案例，采用款式图和制板图结合的方式，讲解服装板型设计原理在实际操作中的应用。

感谢您的阅读，书中有欠缺之处望能得到读者们的谅解与指正。在此也对帮助过与启发过我的每位同行朋友们道声：“谢谢”，并致礼！

艾嘉衣之讯

杨烁冰

于2015年11月28日

目录

原理篇

案例篇

原理篇

第一章　上装板型设计原理

服装设计的对象是人体，所以了解人体是板型设计的基础内容。板型设计的数据变化来源于人体本身，通过加设不同的空间量，塑造出不同风格的服装造型。

板型设计的手法多样，每个人的构思不同、经验不同，塑造形体的手法也不同，所以最终形成的造型气质也不同，而板型师的审美和文化素养则是影响服装板型设计的综合因素。

专业院校的学生毕业后大多无法直接胜任板型设计的工作，通过实践和练习逐渐入门，好的板型设计师能够打破固有的旧框架，跳出经验约束，在样板设计初时就能预知造型结果，经过缜密的思考与丰富的联想不断探索与总结，层层递进变化手法塑造出风格迥异的形体，展现服装的千姿百态。

服装的立体造型是由平面裁片缝制而成，而平面裁片则由人体形态与款式样貌转化而来。人体的平面化状态非常抽象，以至于很多的设计师、板师、服装生产管理类等从业人员把板型设计当成一种纯粹的经验性的技术，其实不然，这其中涵盖了个人的创作思想，以及对人体深度的了解。本章将用人体模型（后统称人台）来代替人体，对其进行平面化剖析，细致解读板型设计的原理，帮助读者透彻领悟板型和人体的关联。

第一节　女性人体平面化分析与应用

一、我国160/84 A体女性的主要部位净体数值

图中1–1 ~ 图1–3标示出我国女体160/84A 号型主要部位的净体数值（单位：cm），熟记这些尺寸，便于板型设计与变化。

二、人体平面化分析

在对人体做平面化分析时，采用规格为160/84A的人台代替人体。首先将人台前后做分界；如图1–4、图1–5所示，然后将白胚布用大头针固定在人台上，描摹出轮廓，将胸围、腰围、臀围线标出；测量各部位尺寸，分析板型与人体的关系。由人体平面化得到的板型（下至臀围）如图1–6所示。图1–6中前片宽为21cm，后片宽为24cm，这是由于人台分割线位置所致，前后片面积可以依照个人需要重新分配后标记腋下分割线，即可得到新的前后片数值。

前大于后或者后大于前都可根据分割需要而设定。

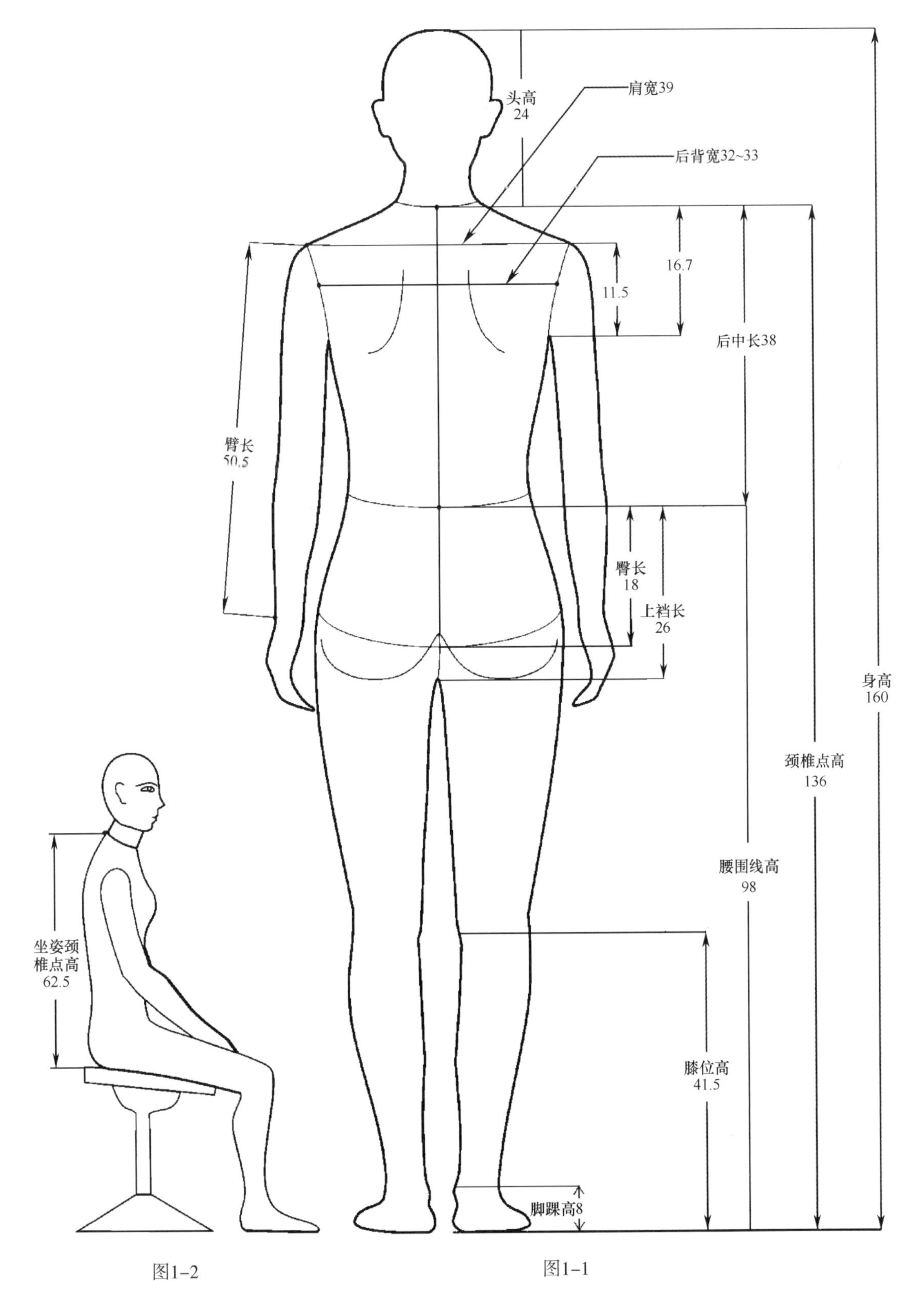

图1-2

图1-1

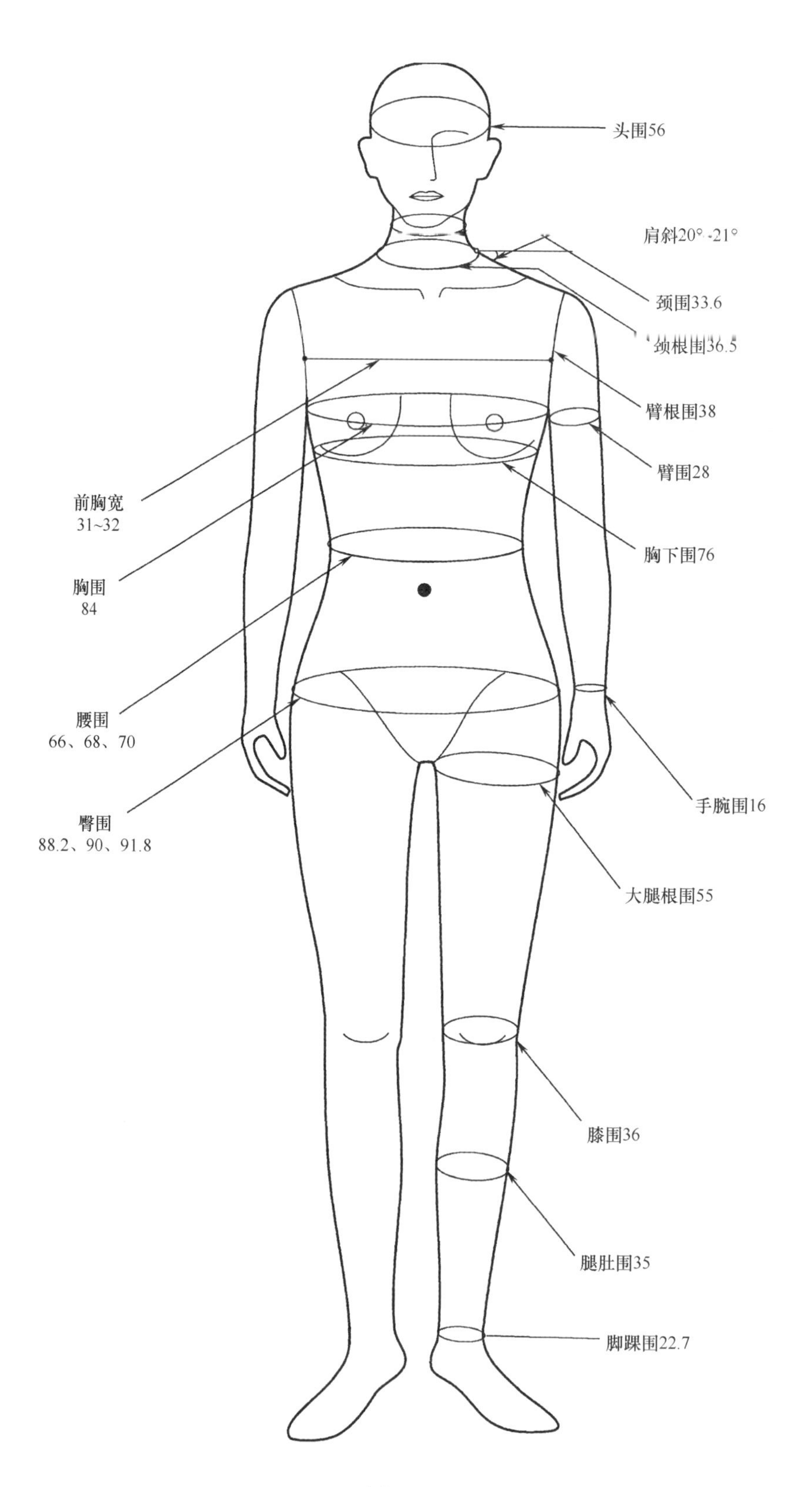

头围56
肩斜20°-21°
颈围33.6
颈根围36.5
臂根围38
臂围28
前胸宽
31~32
胸下围76
胸围
84
腰围
66、68、70
手腕围16
臀围
88.2、90、91.8
大腿根围55
膝围36
腿肚围35
脚踝围22.7

图1-3

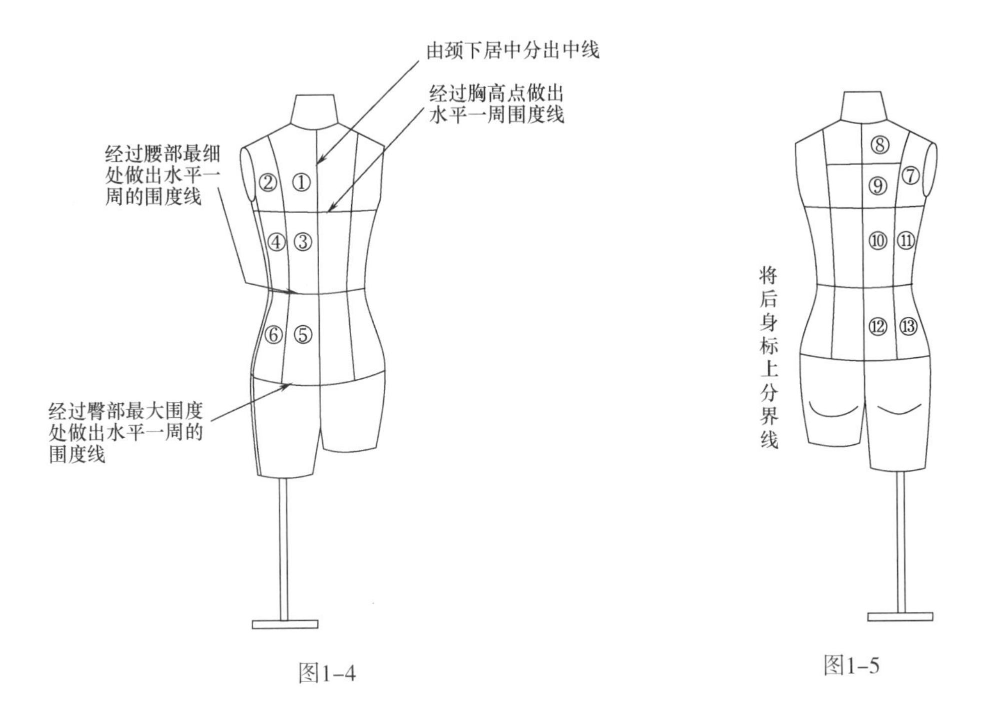
由颈下居中分出中线
经过胸高点做出水平一周围度线
经过腰部最细处做出水平一周的围度线
经过臀部最大围度处做出水平一周的围度线
将后身标上分界线
①
②
③
④
⑤
⑥
⑦
⑧
⑨
⑩
⑪
⑫
⑬

图1-4　　图1-5

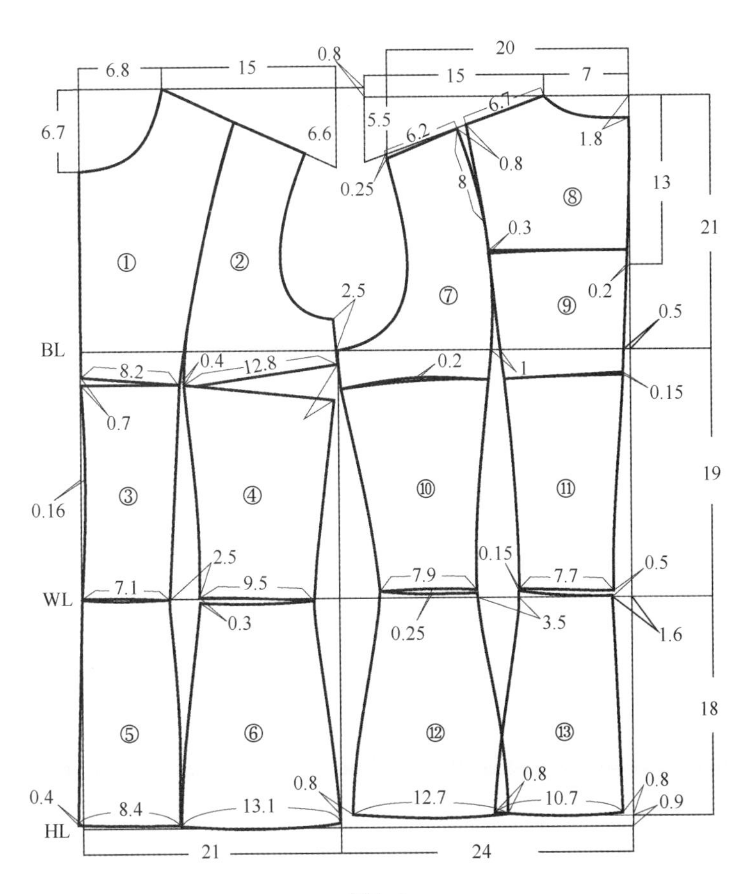
BL
WL
HL
6.8
15
0.8
20
15
7
6.7
6.6
5.5
6.2
6.7
1.8
0.8
0.25
8
13
21
0.3
0.2
2.5
0.5
8.2
0.4
12.8
0.2
1
0.15
0.7
19
0.16
2.5
0.15
0.5
7.1
9.5
7.9
7.7
0.3
0.25
3.5
1.6
18
0.8
0.8
0.8
0.4
8.4
13.1
12.7
10.7
0.9
21
24

图1-6

（一）用人台模片做无后背缝的服装演变

无后背缝的服装将后背缝垂直后，使后背的体态弯势量转向内部。后腰节的空量无可避免地出现了，肩胛下的空量增大，侧缝的腰省量增大，如图1-7所示。

后背由于肩胛省量的合并使后袖窿高度升高，肩胛量转向腰身。如果服装后片无任何分割，腰部的余量无法消除，只能当做服装的正常松量搁置在板型内，底边需要适当的修掉一些量。同时在转化中后肩斜比值增大。

（二）板型中不同数值的设计形成不同的形态

将人台模片的后中线竖直摆放，如图1-8所示。在后背上段出现余量，并且和女性本身体态不符合了，反倒像男性的躬背体。腰节处前片出现了空余量，后片侧边则出现了重叠量需要扒开才能符合体态。所以将同样的余量放在不同的位置会形成不同的体态。理解体态变化与板型设计的对应关系才能将板型设计得更加完美。

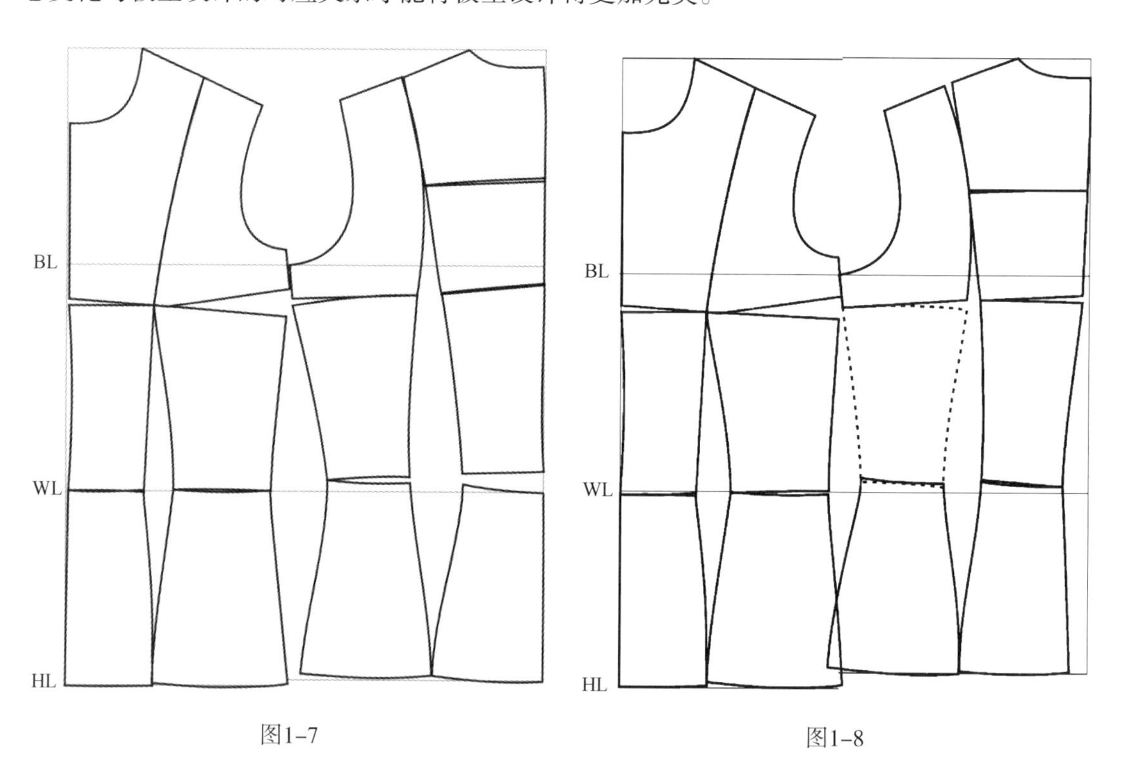

图1-7　　图1-8

三、如何利用模板演变出各类板型

将人体平面化，我们得到了基本板型，在此基础上可以直接绘制出所需的板型，同时可以直观地感受到立体与平面的对应关系，对板型与人体的转化有更好的认知。

由于布料与皮肤的拉伸性能不同，所以需加适当的运动与造型所需松量。确定分割位置时除了考虑人体的起伏形态，还要考虑分割线形成的外观美观度，初学板型的人会完全依赖人体模片，但在实际应用中还要依据人体比例，同时要考虑款式的美观，并非将人体平面状态照搬就能做出一个好的板型（图1-9～图1-13）。

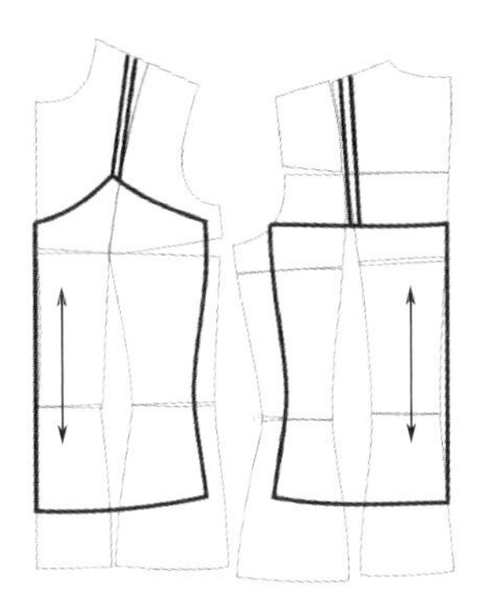

针织类吊带
图1-9

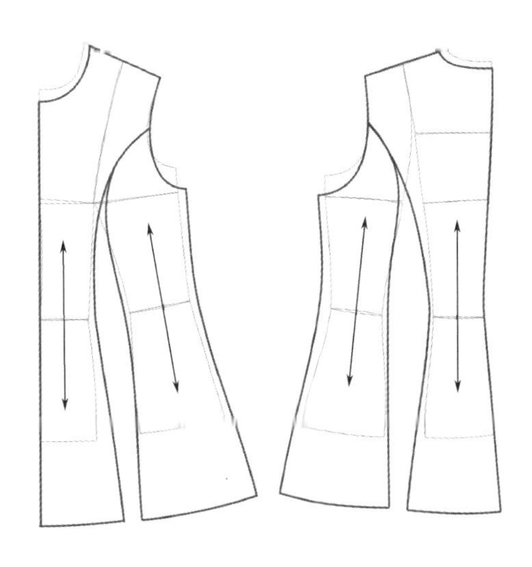

八开身大衣
图1-10

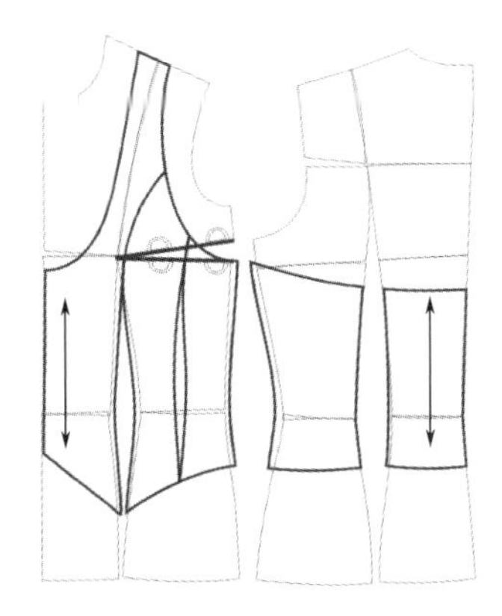

马甲
图1-11

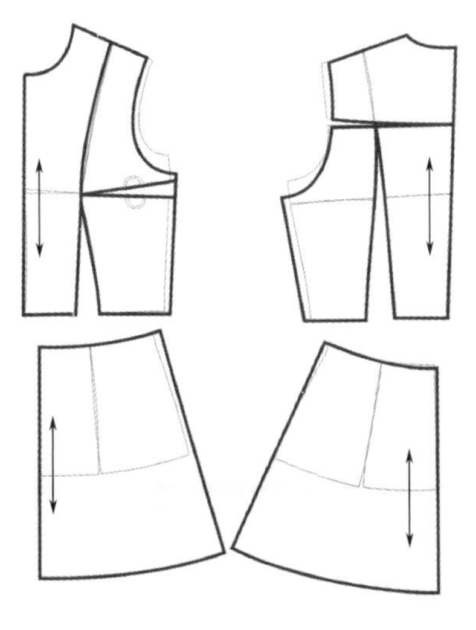

分体式套装
图1-12

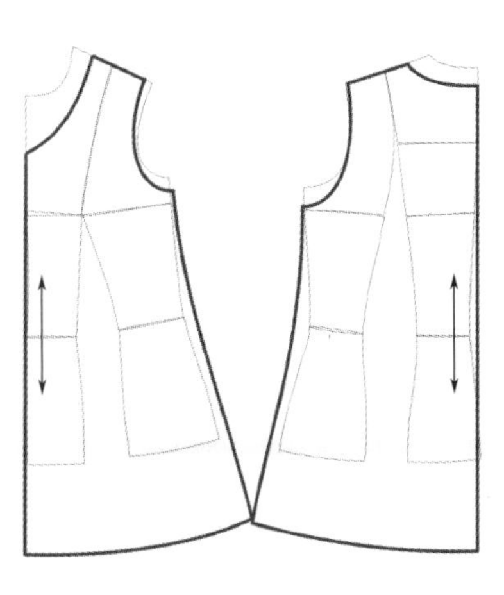

A字型长衫
图1-13

第二节 基本款板型制作与结构分析

一、袖窿处分割的八开身结构

八开身上衣结构（图1–14）是女装最为基础的结构之一，我们可以运用这个结构做出很多板型设计。在板型设计时量的设计与分配需要根据款式的风格而定。

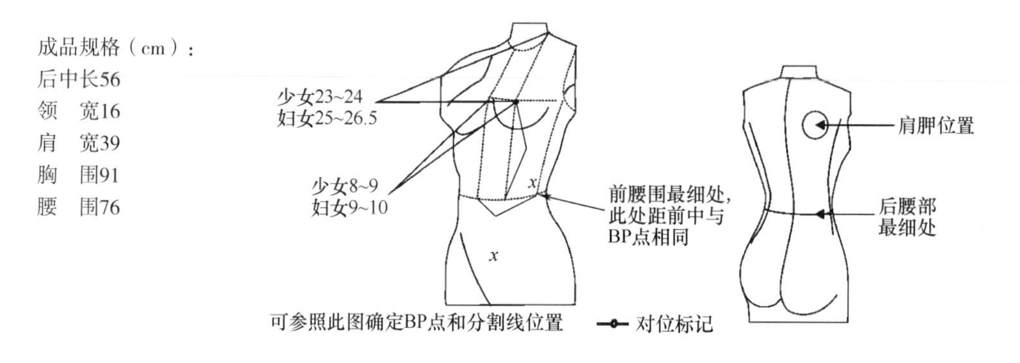

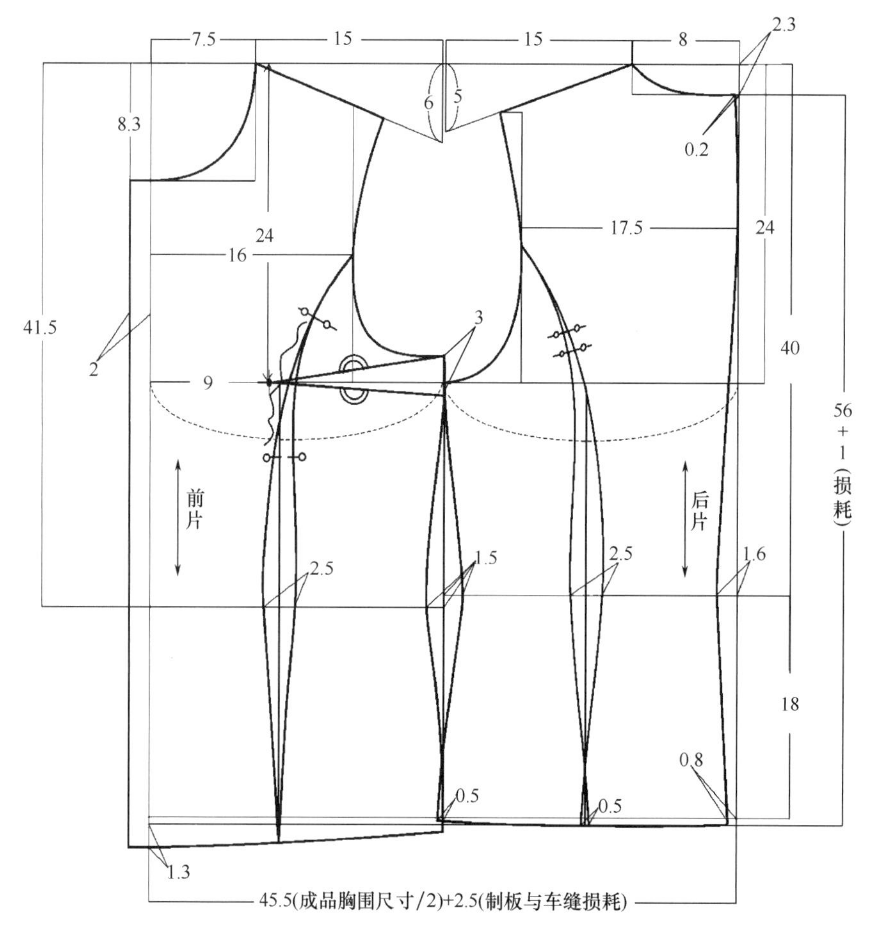

图1–14

制图的部位简介：

1.衣长

衣长根据款式设计的需要来设定，这个款式长度至臀围位置。

2.袖窿深线

一般根据袖窿弧长达到的总值为参考，袖窿弧总长为胸围的1/2加减调节数1～2cm即可。例如，制板时起板胸围为94cm，那么袖窿总弧长达到47cm左右，如果是立体感很强的袖型，则需减掉1～2cm，如果是较大的袖肥，则需加上1～2cm，这样做出的板型袖肥虽大，但是立体感也不会很弱。一般胸围为91～94cm，袖窿深线定在23～25cm即可达到相关数值，袖窿段比例也比较协调。袖窿深的数值和服装风格有着密切的关系。同样胸围的情况下，宽松款袖窿深数值偏大，而合体款则袖窿深数值偏小。

3.腰节线

160/84A体腰节线高度一般定在39～41cm，不是单纯的一个点，上下波动范围为3cm。腰节线的位置同样取决于服装的风格，如果款式设计为高腰款，那么需要适当地提高腰线。在7～8.5cm的开领宽度下，以此数据为准即可。如开领越宽，则腰节线数据越小，所以腰节线高度需根据开领宽度调整，开领越宽起板时的上平线离开侧颈点越远，沿着肩斜而下，那么这个时候腰节数据一定会发生变化，所以开领宽的款式最好用原型画法来制板。这类方法我们会在具体款式案例中讲到。

4.开领

人体颈侧点距后中的弧线距离约为7cm。在设计开领数据时以此作为设计基础。本款制图后领宽的1/2是8cm，也就是离开颈侧点1cm的状态。后领深是2.3cm。由于人体的前颈宽小于后颈宽，故前领宽的1/2设定为7.5cm。前领深根据款式领型的设计来确定，此处是在前领宽的基础上加0.5cm，即8cm。

5.肩斜

后肩斜为15：5，前肩斜为15：6。

6.臀围线

自腰节线向下18cm作臀围线，臀围在具体的款式造型需求下根据实际的下摆的造型状态来调整数据。量的分配要和谐，在每个分割中加减量即可。避免将所有的放量或者减量集中到侧缝，否则出现的板型将是一个扁平状态或是出现斜绺，整体缺乏美感。

7.后中

女性人体前胸挺后背直，后中弧线曲度不明显，故此处收量设计不宜过大。

8.后刀背缝

后肩胛骨竖直向下对应的腰围处是后腰最细的部位。肩胛骨的凸起是后背曲势中的最高点，最高点下必然是一个最低点，这个最低点就在后中腰脊椎向内的7～9cm处，所以将这个分割位置设在此部位的附近区域，设计较大的设计量，收腰后的效果才会理想。收量与放量应该根据人体的具体凸点与凹点来确定。如果收量设计的位置不恰当，板型设计将与人体脱节，达不到想要的效果。在线形走势上要自然顺畅，服装外形才会美观。

9.BP点

BP点与颈侧点的直线距离，少女为23～24cm，妇女为25～26.5cm。BP点与前中的横向直线距离，少女为8～9cm，妇女为9～10cm。

10.胸省量

首先要根据亚洲的人体体型设计，然后根据服装胸腰差的大小决定胸省量，最后要根据款式特点来确定。如果款式图中刀背缝分割的位置距BP点较远，无法将胸省量完全转化，可以采用吃缩的方法解决这个问题。这个吃缩量要控制在0.8cm以下，如果是涂层等较硬的面料吃缩量要更小。

11.前片的分割线

在人体腰围线上自前中向左、右移动7.5～9cm是前腰最细的位置，也就是BP点下对应的腰位处是最凹的位置，那么前片的分割线可根据这个数值来确定位置，同时要考虑面积的分配比例是否优美。

12.前中叠门

其宽度参照纽扣的直径。

13.前下跌量

女性体型胸凸造成的前长平衡所需。

二、肩部分割的八开身结构

肩部分割的八开身结构比袖窿处分割的八开身结构塑型效果更好。由后肩分割线将肩胛的省量处理掉一部分，这样可以防止后背的衣绺下泄。这个量的设计使后片的平面状态转折出侧面，当你将肩胛省量捏起收掉的时候，你会发现布料在侧面部位形成一个新的棱面，这个棱面转折出的一个面就是人体厚度面与后背宽度面的一个相连的面。

关于肩斜：肩线部位是前后片的公共区域，胸省量大小、撇胸量、布料垂坠性都是影响肩斜的因素。在同等肩斜比值下，若袖窿处有分割就可将肩胛省量转移到分割线处处理掉。没有分割则将肩胛省量一部分放到袖窿内当做松量。在肩线上不需要使用全省量，由于服装布料不同于皮肤，不需要像皮肤那样紧贴身体，而这种空隙也正是服装与人体间的松量。肩部分割的八开身结构如图1-15所示 。

成品规格（cm）：后中长56　领宽16　肩宽39　胸围91　腰围76

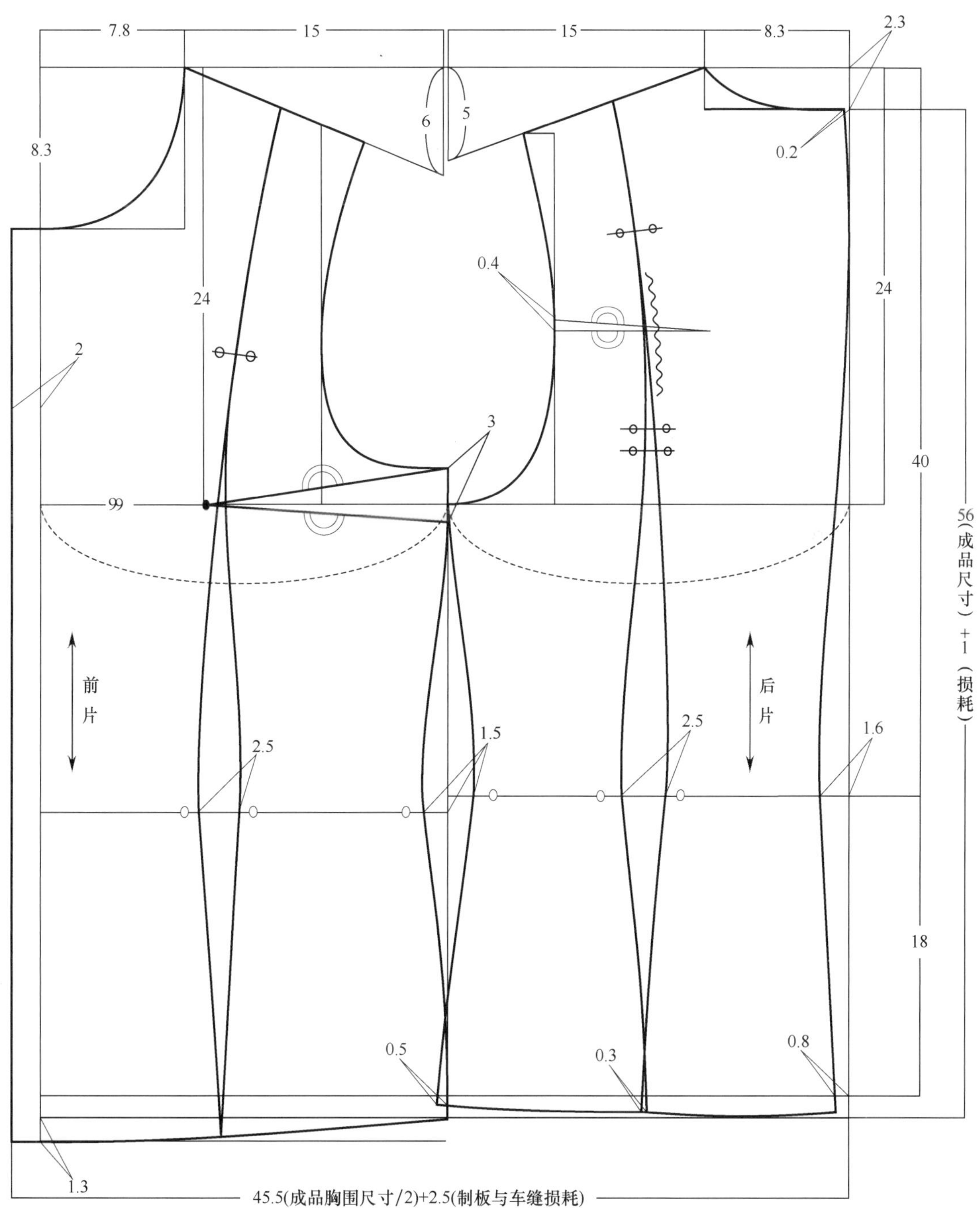

图1–15

三、十二开身结构

女性独特的胸、腰部形态，以及构成人体的正面、后面、左右侧面四个转折面，都是十二开身结构需要解决的板型问题。胸凸和收腰设计能够展现女性的体态美，转折面的塑造是型体自然过渡的需要。例如八开身结构只是做出了人体前后两个平面的扁平状态，没有塑造出人体的侧面，而侧面的塑造则需要转化胸省和处理肩胛省量，将分割线设计在胸宽、背宽竖直向下的位置，并留出满足人体舒适度的松量。

下面讲述的十二开身结构的分割位置为：（1）BP点向下，此处为收腰量最大的位置。（2）胸宽、背宽处，塑造出人体正面与后面的连接面，（3）侧缝。如图1-16所示。

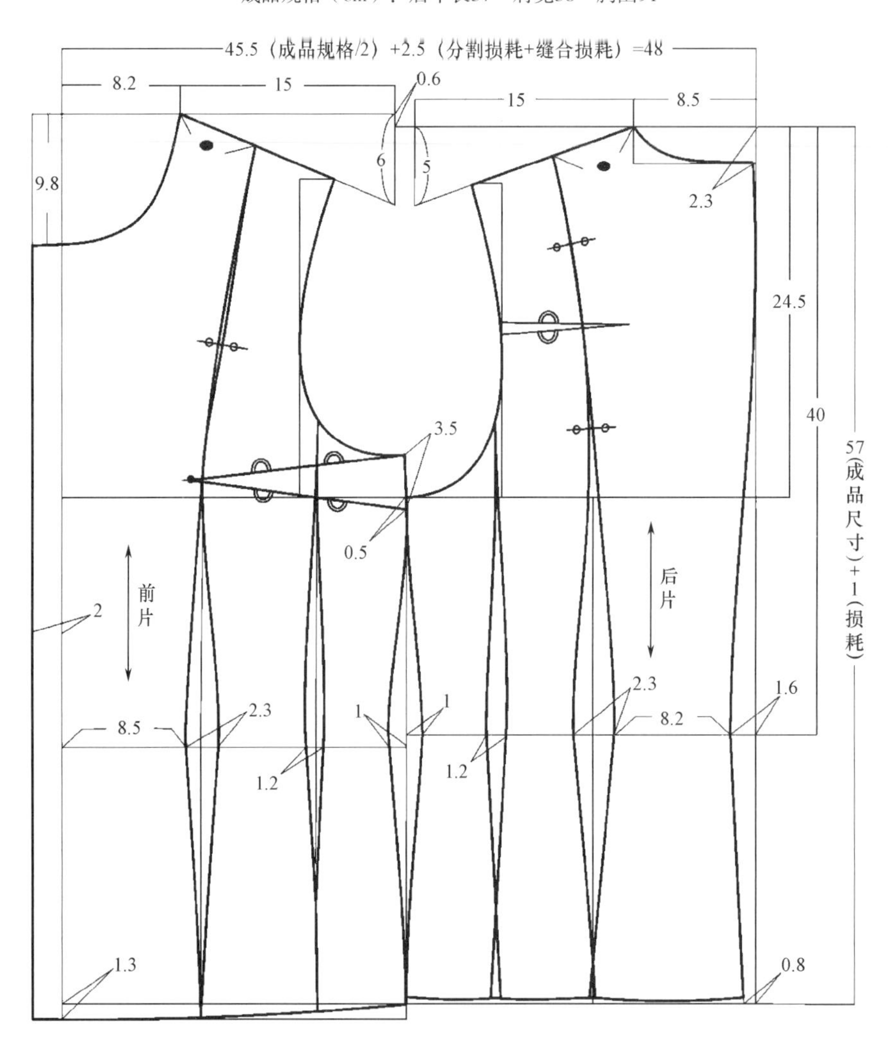

图1-16

四、三开身结构

（一）三开身结构形成原理

三开身纸样由四开身结构演化而来，四开身作为人体平面基本分割结构，经过合并、分割演化出三开身结构。在演化过程里造成一些量的缺失，通常采用工艺手段来弥补，如腰间的重叠量。在其中只能扒开各个分割位置，补足由重叠量造成缺失的尺寸，顺合体态，如图1-17所示。

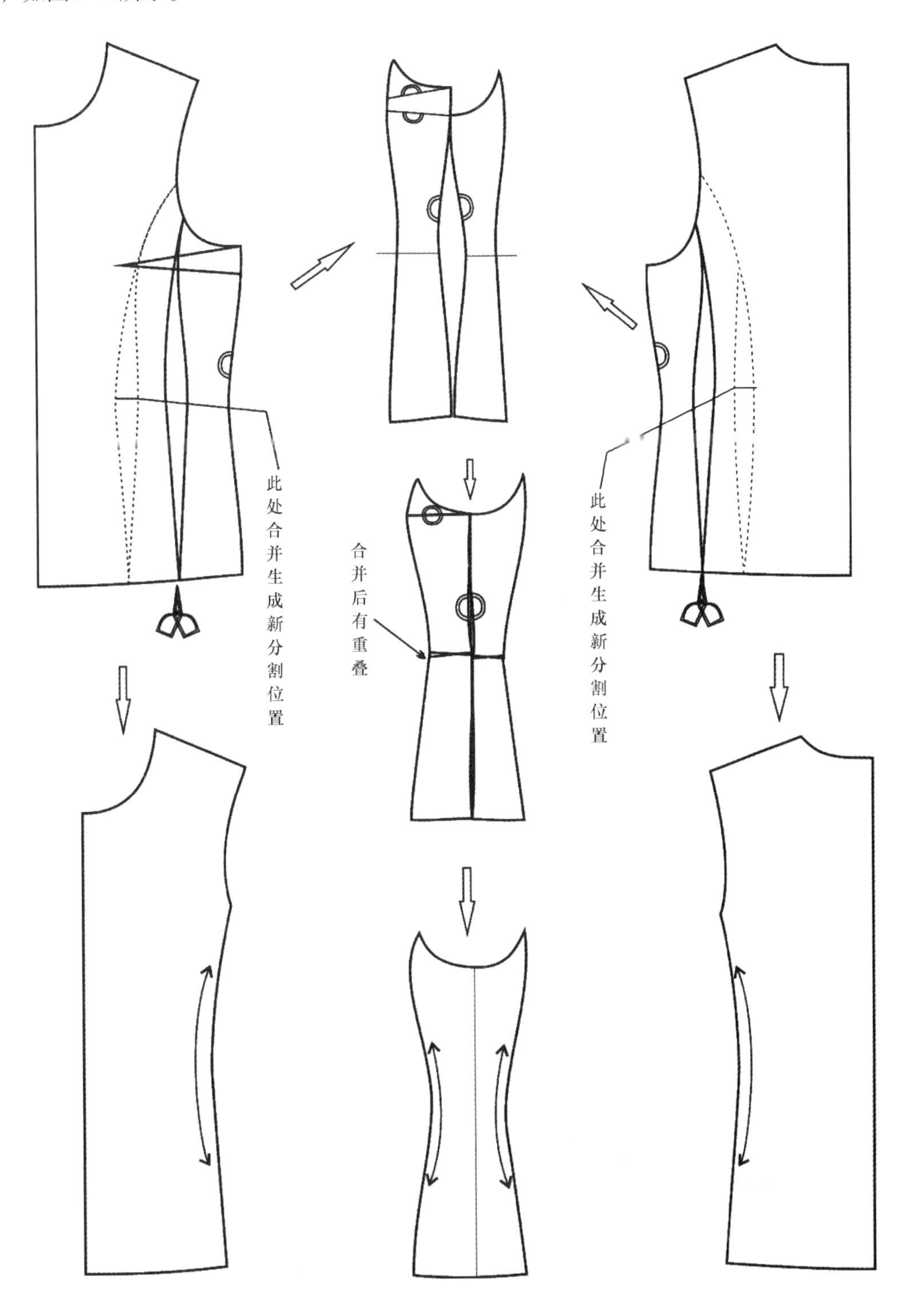

图1-17

合并前后刀背分割生成新的刀背位置线。离开前中至腰部最细处的位置越远，产生的腰间重叠量越多，扒开量也便需要增大。

（二）三开身结构制板（图1–18）

成品规格（cm）：后衣长57 胸围92 肩宽39 腰围76

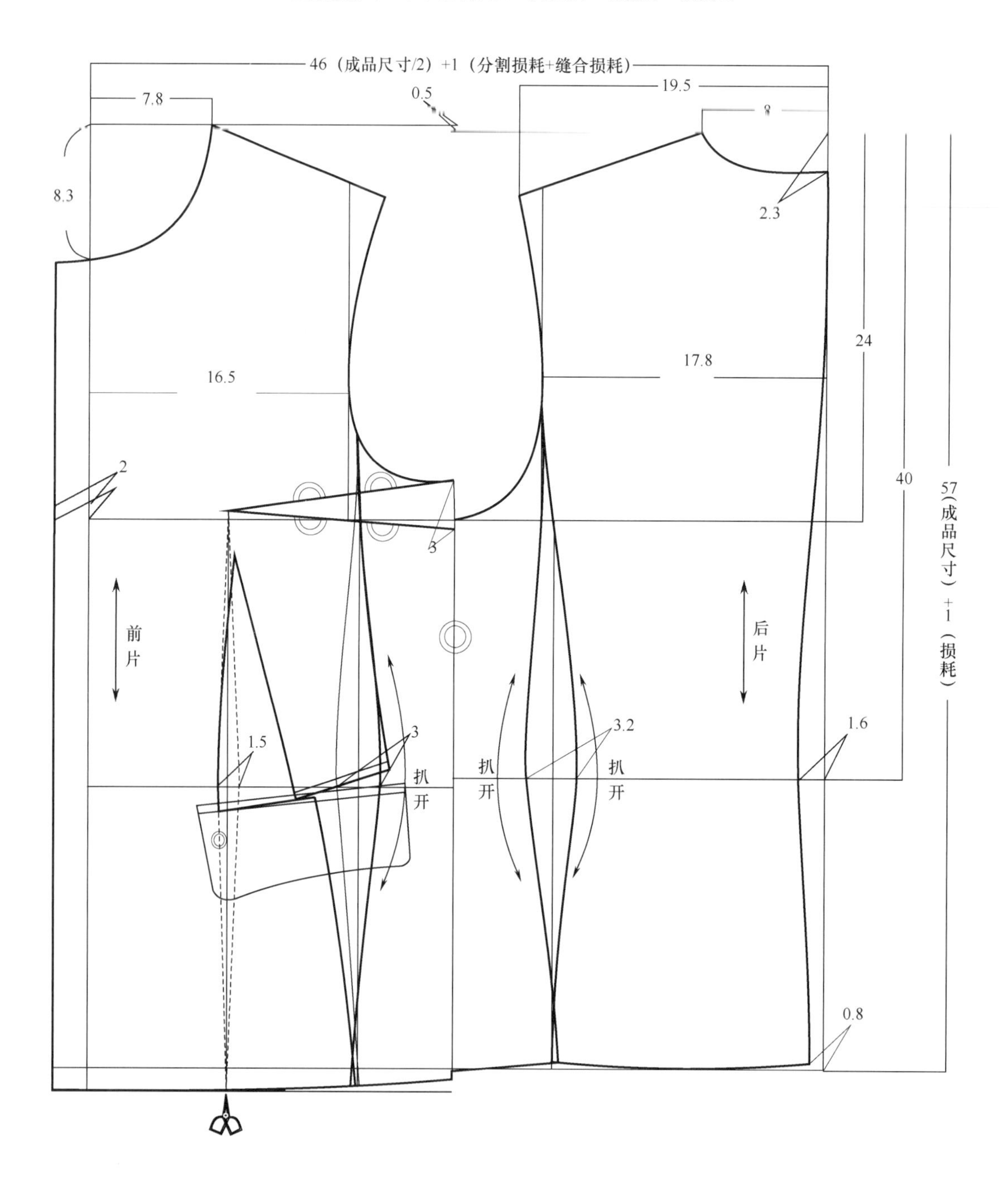

图1–18

第二章　领、袖、帽板型设计原理与造型设计

第一节　领制板原理与造型设计

一、领外弧线与领型的关系

配领是服装结构中很重要的一部分，这些随着前后肩缝线重叠量的增加或减少；外领领弧线长短变化下的领子，总领宽度相同，最后形成的领造型不同，从有些领座直至领座消失，完全倒伏在衣身上，继续旋转增长外弧线则会形成波浪形的领型，如图2–1所示。

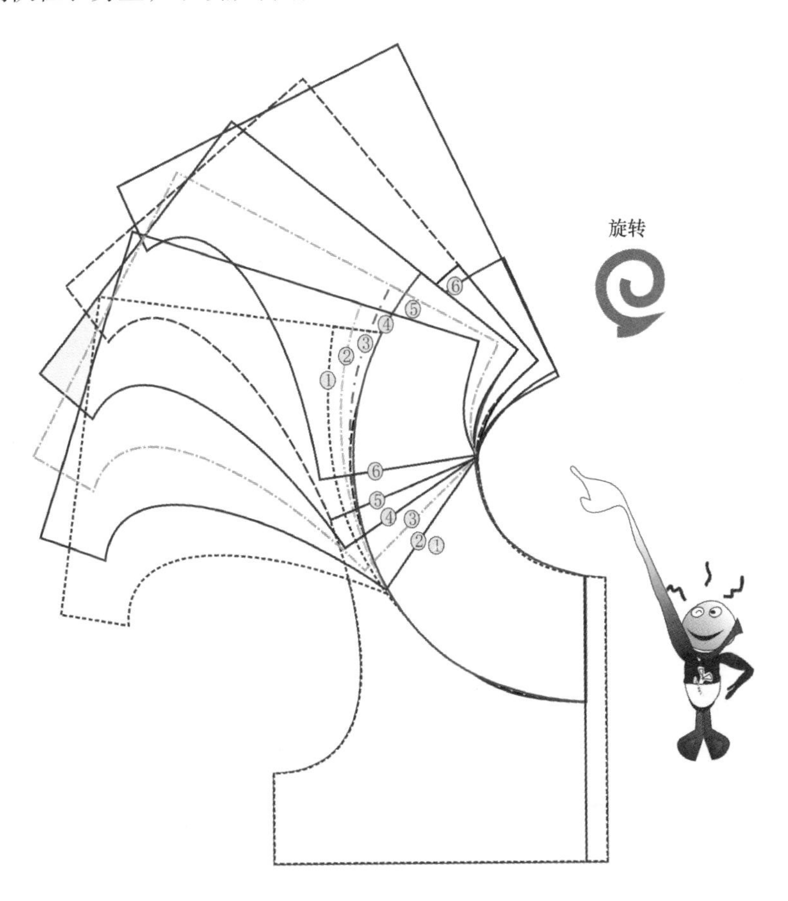

图2–1

二、领内弧线对领型的影响

图2–2中所示各色线条配出的领型，由于领内弧线的不同而塑造出不同的领型。

向领窝内弧起的线段越多，直至填满领窝，立领效果越分明，如图2–2中1、3、5。向领窝外弧起的量越多，将领窝内的量挖掉得越多，外领口弧线越长，形成坦肩效果越分明，如图2–2中2、4。量设计在哪里，哪里就会产生相应的造型，如图2–2中6。

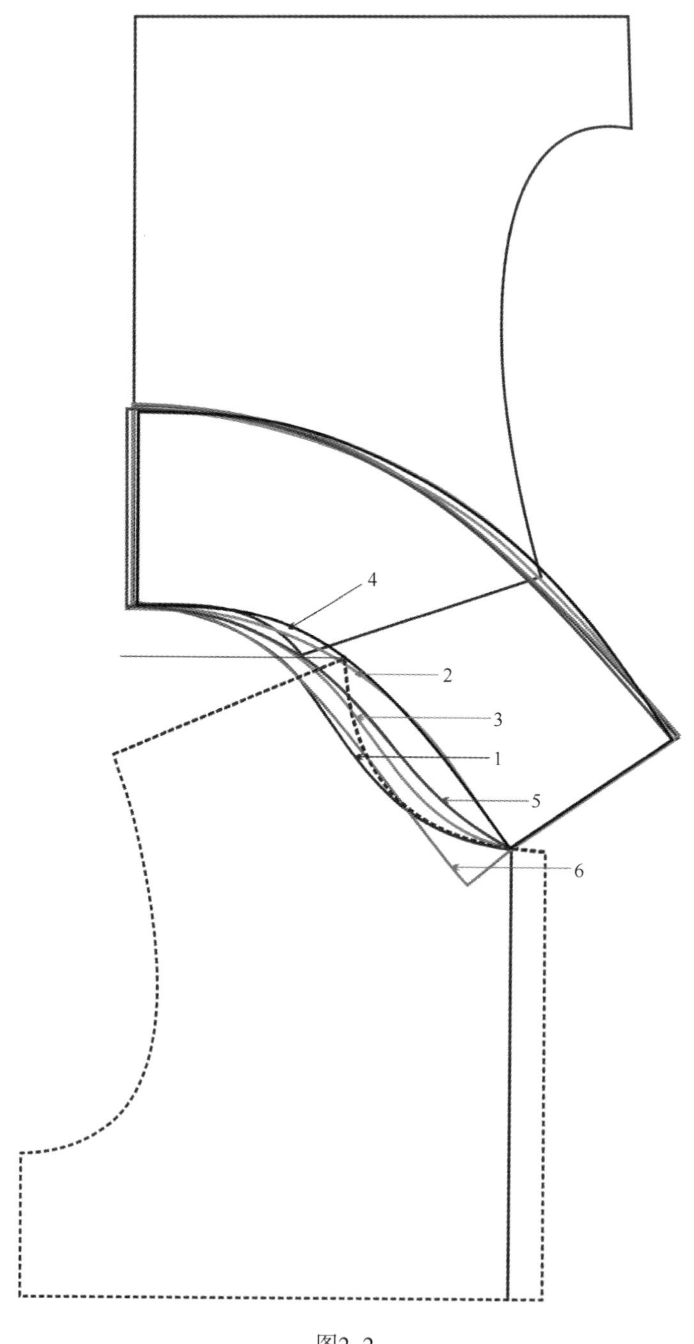

图2–2

三、领下不同量设计形成不同领座造型

细致的对比我们会发现这些内领口造型变化（图2–3）。

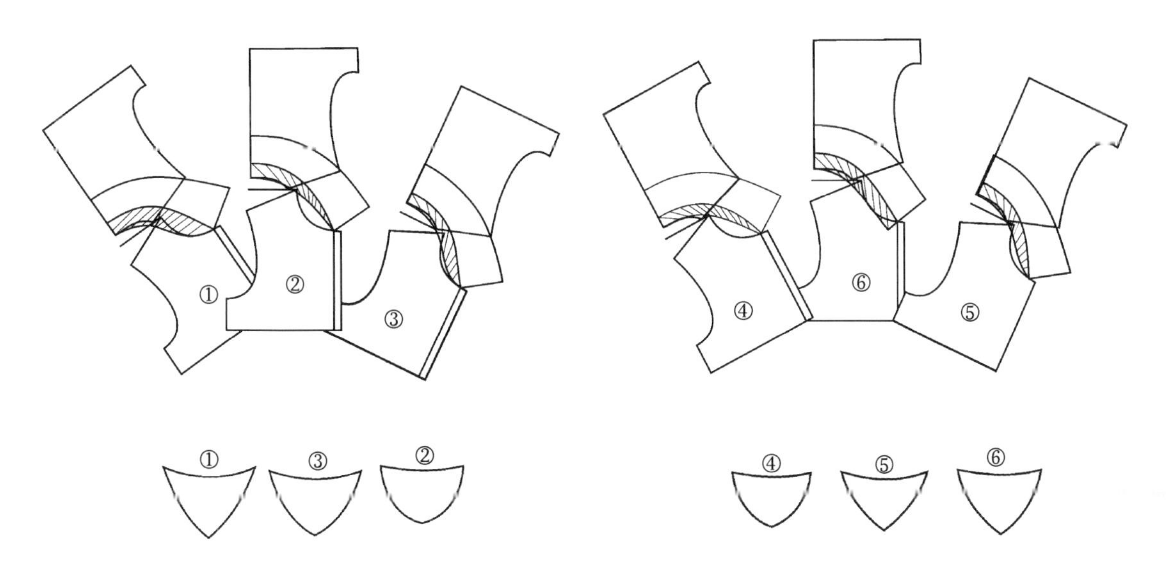

图2–3

大小相同的领面下，不同量形成的不同领座和不同内领口的形状（图2–4）。

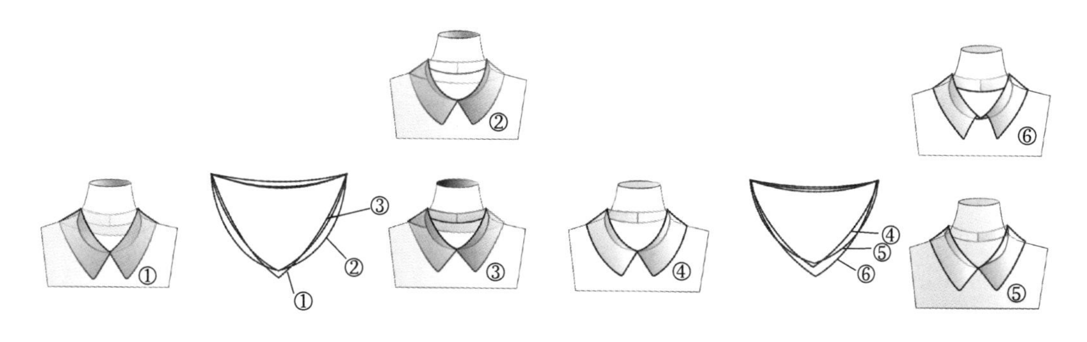

图2–4

图2–5为不开领型与板型的对比，解析如下：

①领型：前端在领窝内填量太满造成了翻折后领面太紧，使领型显得僵硬而缺乏美观性。

②、④领型：前端领座非常小，领面变宽，趴到衣身上。

③、⑤领型：前端领座适中，后端领座立起形成了可立可翻的领型。

⑥领型：此领形成了领下蹬起量，产生了前领座，整个领型立起状态很明显。

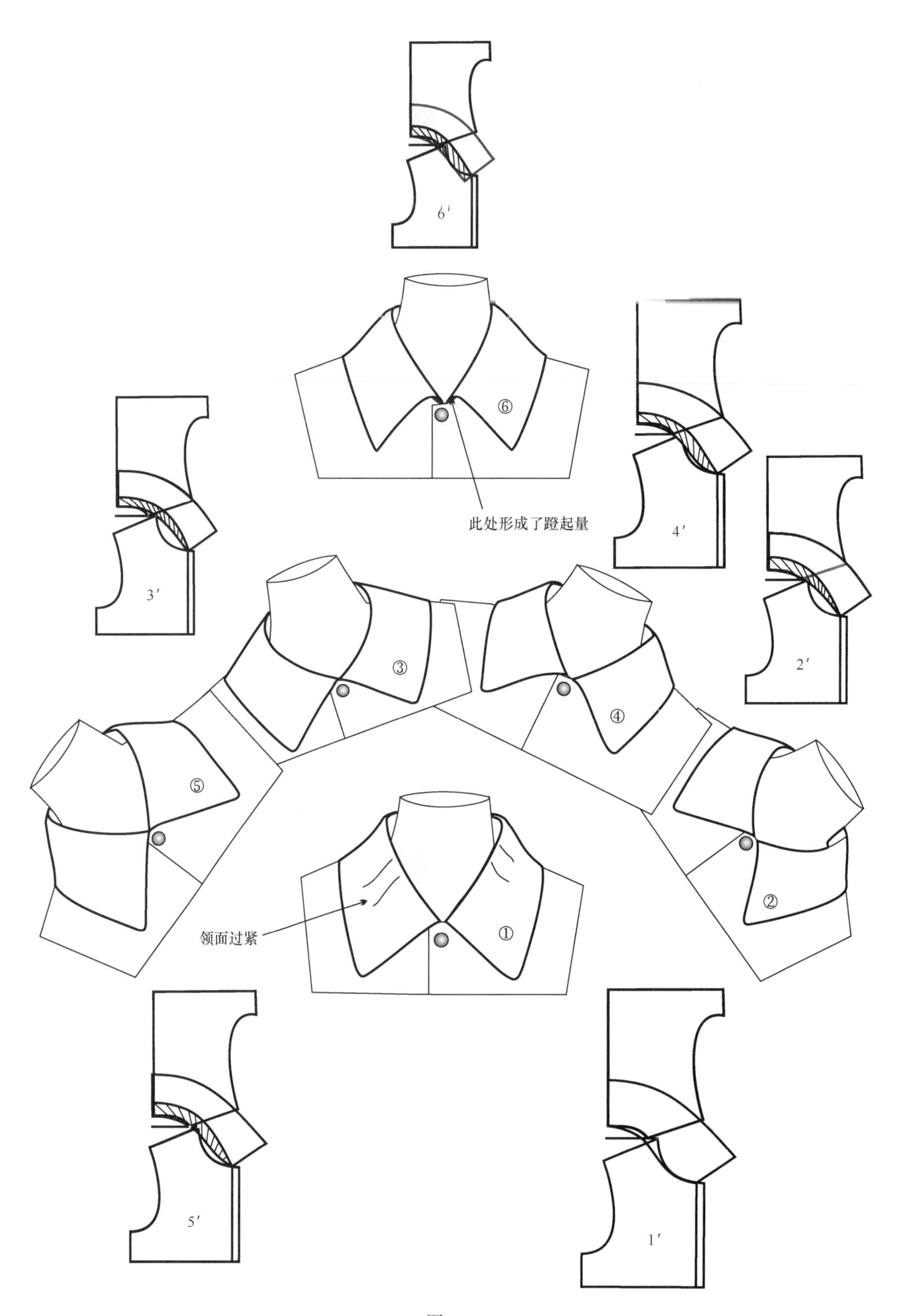

图2-5

第二节　袖制板原理与造型设计

一、一片袖制板原理

常用配袖方法有三种，其一为以B′/5±（0.5~3）cm确定袖肥来配袖；其二用袖窿高的比例来计算袖山高；其三自前肩点向下2.5~3cm来确定袖山高后绘制袖子板型。另外，不同的衣身形体袖型设计也不同，例如在以西服为代表的收身类套装中，袖子制图中袖斜线长等于前后袖窿弧长/2±（0.5~1.3）cm，泡泡袖除外。此处调节数据的大小需根据面料的吃缩性能、袖山的容位量、袖山省量的变化作出相应调整。对于常规袖类，自前肩点下降2.5~3cm来确定袖山高来源于对人体立体状态的分析。当把衣片的肩缝、侧缝缝合后（烫平缝份），由肩点垂直向袖窿底测量，得到实际袖山高，假如这个高度不适合袖子整体会受到影响（针对套装类合体立体造型较好的袖型）。而2.5~3cm则是肩膀厚度所需的量，由于肩膀厚度在立体状态下形成一种转折面，从而减少了袖山高度，所以袖山的高度不需要做到肩端点。最后袖肘线一般都定于袖山顶下30~32.5cm。袖肘线这个数据来源于人体站立状态下袖肘位于腰节位置，而袖肘本身同样是个立体形态，不是单纯的一个点，所以只要注意这一位置整体的顺畅就可以。图2-6为基本袖的配制方法。

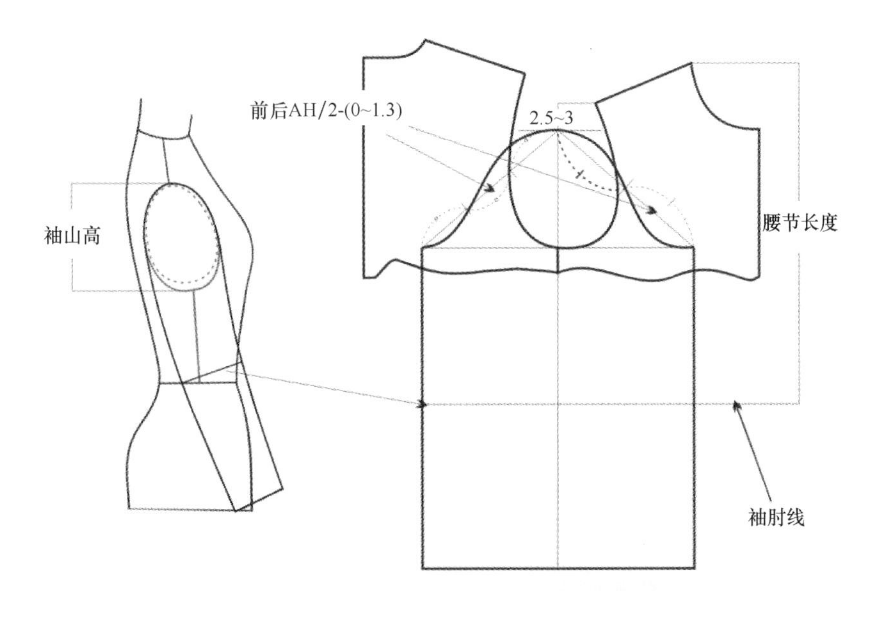

图2-6

不同的一片袖会在不同的款式设计中使用，一片无省袖造型简洁顺畅，在肘部用容量加上前袖内侧缝的扒开处理手法刻画袖臂的弯曲趋势（图2-7）。一片有省袖则利用收省做出袖臂弯势（图2-8），两种一片袖用不同的手法解决了前后袖缝的缝合差和造型需要，在对应款式设计时可根据服装风格与面料特点分别选用来制作板型。

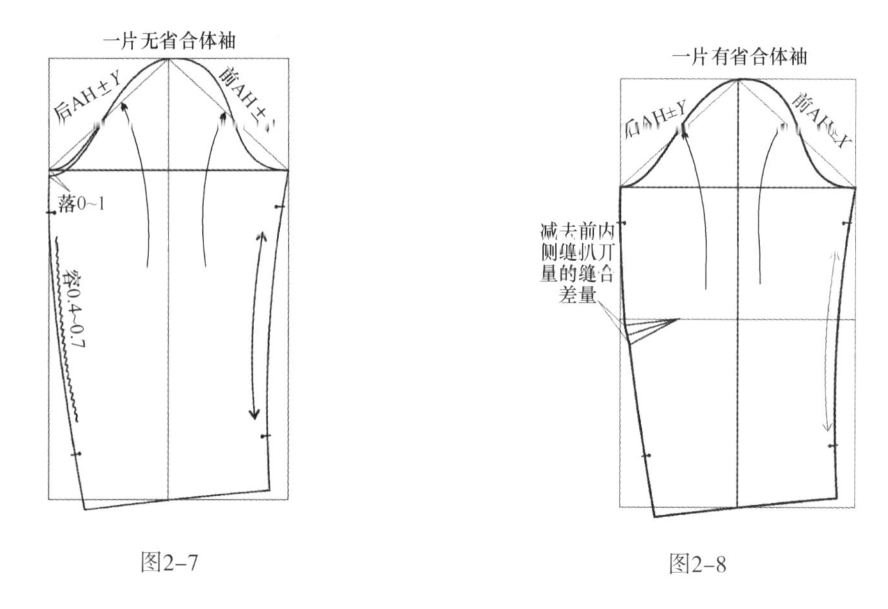

图2-7　　图2-8

用前后袖窿设计袖山弧线和袖山头造型（图2-9），其后可以根据造型变化调整袖山局部造型。

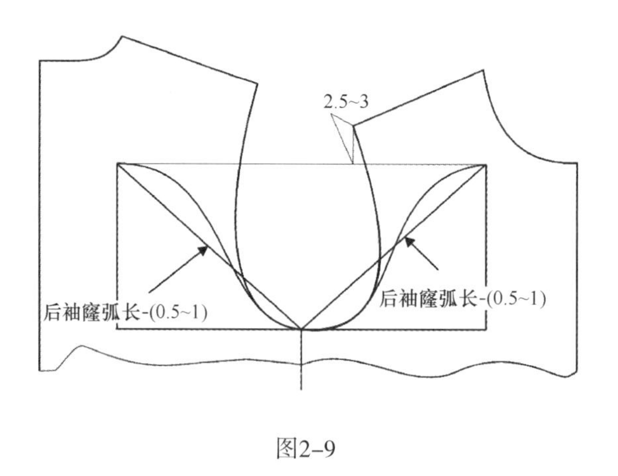

图2-9

二、袖山与袖肥的不同设计

袖山弧向上旋转，袖肥变小，腋下量挖掉的比较多，板型贴体，立体感强，由于挖掉量较多，手臂上抬受到牵制，如图2-10所示；袖山弧继续向下旋转适量，形成一个比较合体适中的袖山板型，如图2-11所示；袖山弧再向下旋转，袖肥变大，袖窿下段内的量堆积增多，如图2-12所示；袖山弧接着向下旋转，袖山也一直减低，活动量更大，如图2-13所示；袖型逐渐转向平面化，直至出现一个尖形的袖底，活动方便，松量饱满，如图2-14所示。

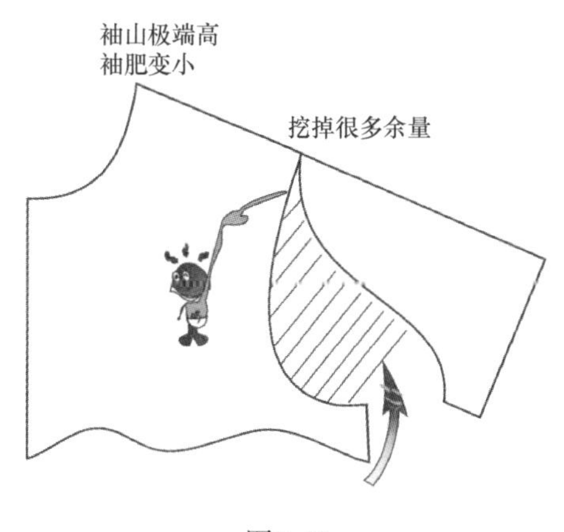

袖山极端高
袖肥变小
挖掉很多余量

图2-10

正常合理的袖子与衣身
挖掉适当的余量

图2-11

袖山开始低
袖肥变大
挖掉的余量变少

图2-12

袖山更加低
袖肥更加大
挖掉的余量更少
有多余布

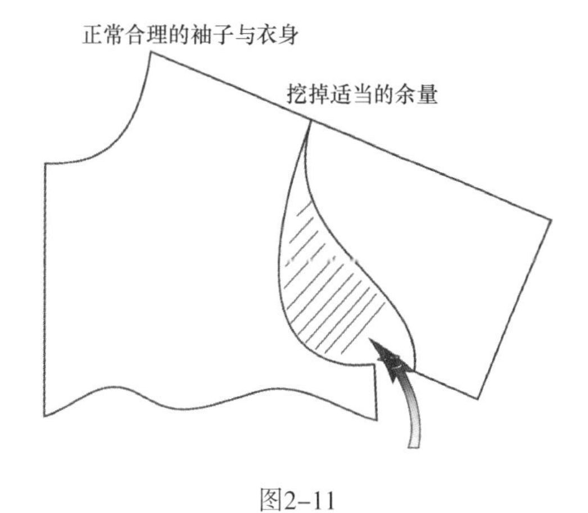

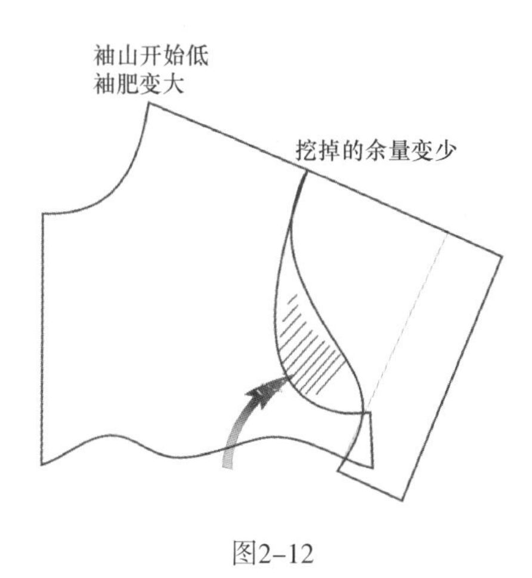

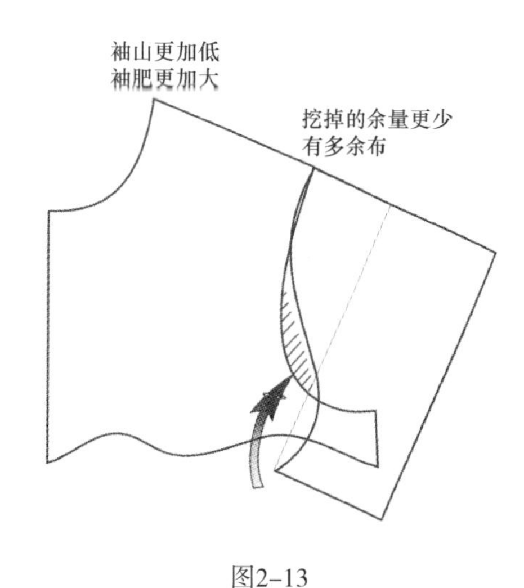

图2-13

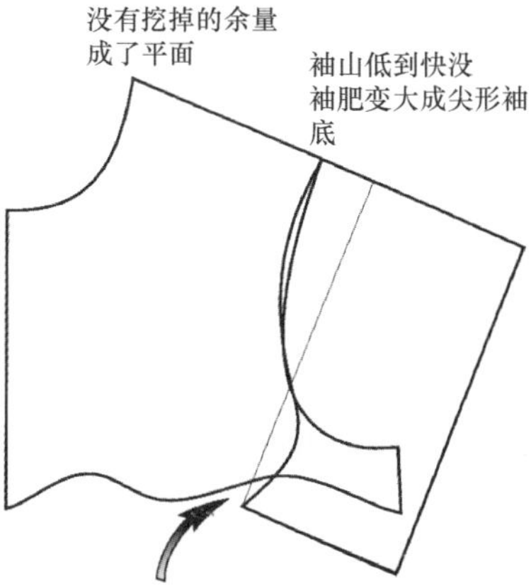

没有挖掉的余量
成了平面
袖山低到快没
袖肥变大成尖形袖
底

图2-14

根据图2–15可以看出不同的袖山高度对应不同袖肥的袖子，反之亦然，由不同的袖肥对应不同的袖山高度。袖肥越小，袖山越高，袖山下段挖掉的量越多。胸前袖窿下段堆积的量越少。反之袖肥越大，袖山越低，袖山下段挖掉的量越少。胸前袖窿下段堆积的量越多。袖山造型和袖窿造型是互补的，两个位置的造型设计以相协调为宜。

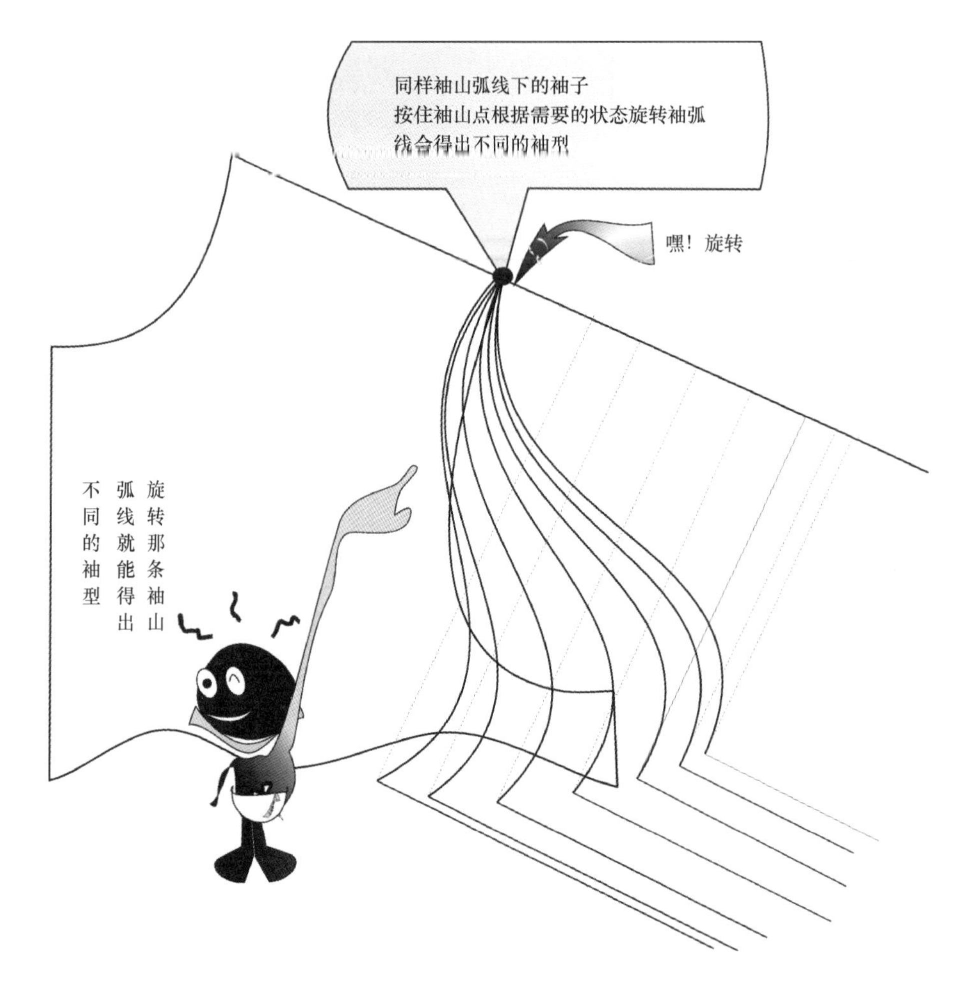

图2–15

三、合体类插肩袖

合体类插肩袖由传统的基本袖转化而成。这类插肩袖型可以将袖型做出手臂的转折状态。挖掉袖窿下段结合处的多余量，使板型贴合人体。制作方法为将基本袖配到袖窿上，重合点取重合面最长的那段，给予肩头一定的转折空间量，这个空间量结合袖窿段内空间量综合考虑，两两中和，处理协调就可得到这种袖型的板型。

基本袖型分割位置在肩点，它的构成其实就如一只手臂状态，分割在人体实际分界的位置。而这种插肩袖的分割位置从领弧处开始，分割位置的改变使量的设计随之改变，如

图2-16所示。因为Z点对应的上端位置是肩部，Z点的下段分割挖掉的量如果和基本袖一样，就需要考虑对肩部的影响。Z点下段挖掉的量越多对肩部的影响越大，造成肩斜的过大，将会使穿着舒适度受到影响。

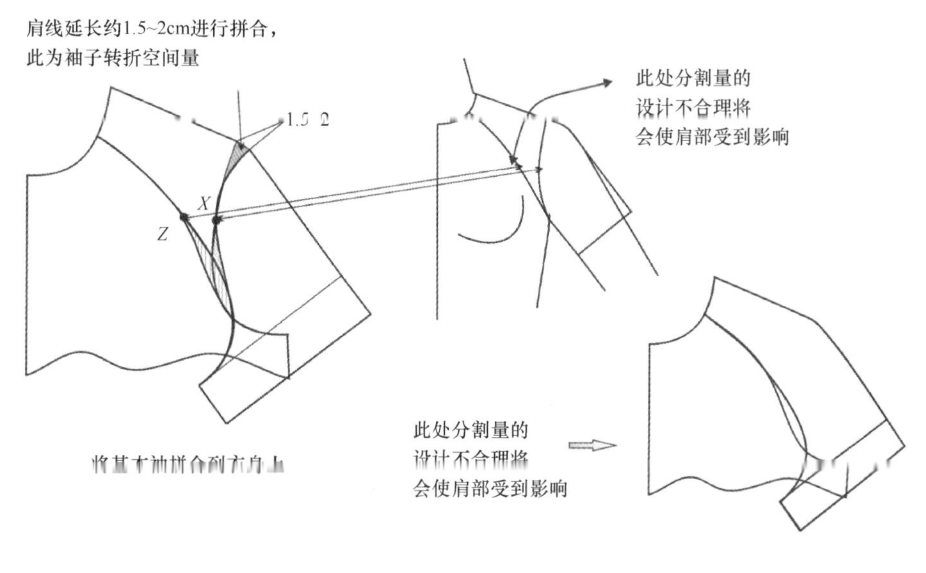

图2-16

图2-17为将基本袖拼合到衣身上演变出各种造型的插肩袖。图2-17（c）中的板型由基本袖和袖窿结合后做出自由分割，将袖窿下段不能完全分割掉的量忽略不计，从而展开新的设计线，只要两条线（新产生的袖窿与袖弧）长度相吻合，差量不超过0.5cm就可以。在这种条件下也可以分割设计出图2-17（d）~（f）等各种风格的袖型。但万变不离其宗，就是符合人体形态。在分割中由于受到分割线形走势的约束，常会遇到袖窿和袖弧不等长问题，可以采用增减袖肥、增减袖底深度、增减袖窿深度等方法来综合调整。

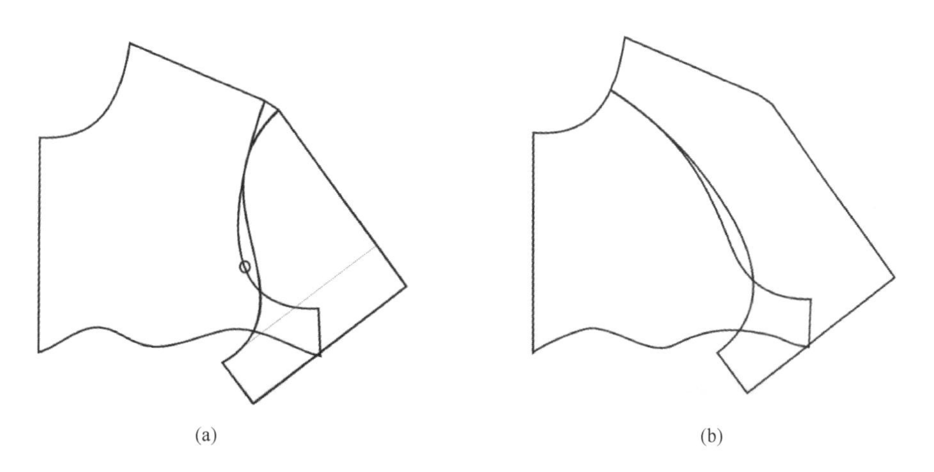

图2-17

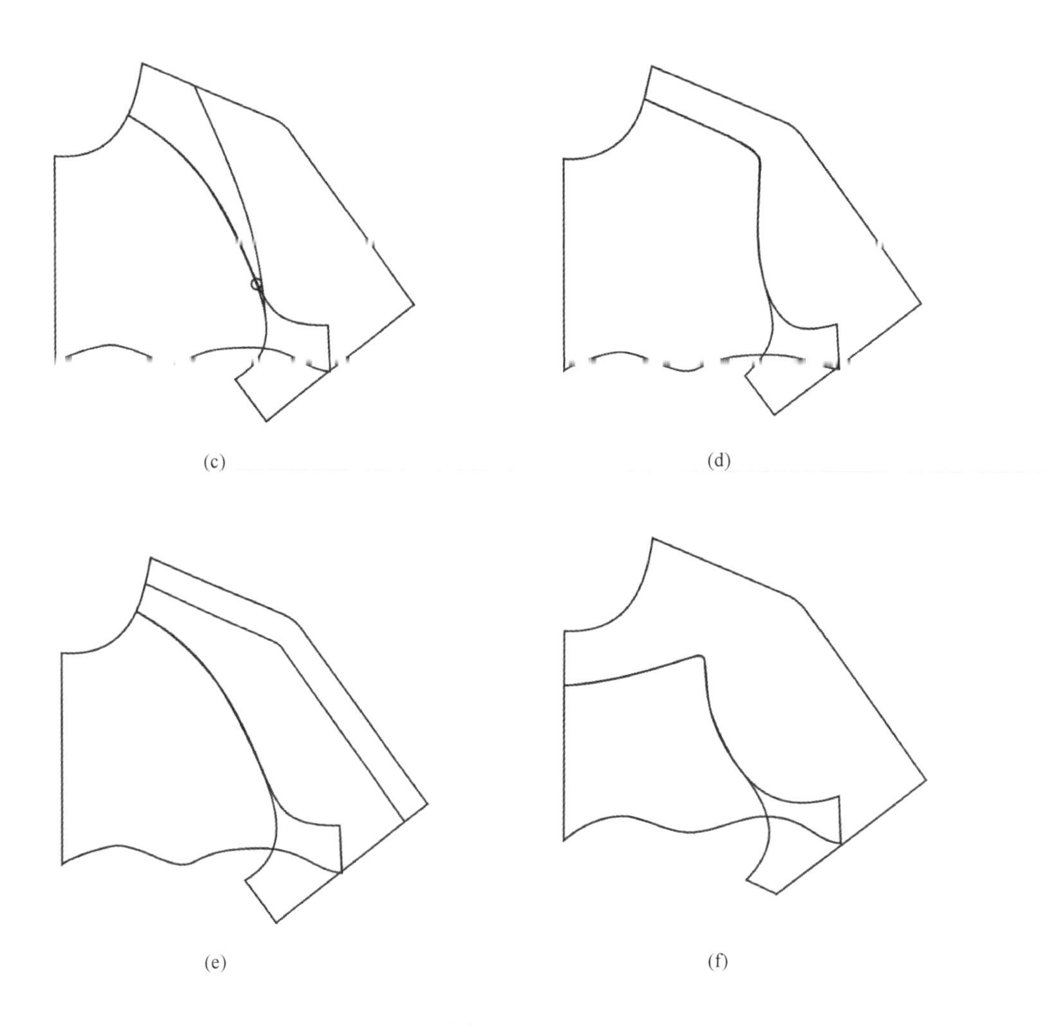

(c) (d)

(e) (f)

图2-17

四、一片式插肩袖

绘制一片式插肩袖时，先将肩线延长，袖窿深根据服装风格定下来后，在衣身上设计出造型线，然后根据胸围大小将袖肥按比例定出，接着依照衣身造型线长度画直线落到袖肥线上，其后绘制好袖片造型线，如图2-18所示。

一片式插肩袖由于受到肩缝处不断开的条件制约，所以无法实现很好的袖臂下垂转折塑造，腋下难以避免的将多余量转化为松量，这样运动方便，但静态时不美观。如果想去掉腋下多余量，就会使肩部受到影响。图2-19为正常袖窿深度状态下做出的一片式插肩袖，腋下留有大量的余量无法去除。如果袖型处理了大量多余，为了使肩部不受影响，所以衣片上的分割线会更加弯曲。图2-20中的款式分割线较为顺直，为了同时满足款式和人体两方面的需求，增加袖窿深度和袖山深度，从而实现分割线顺直，又尽可能去除多余量的一种板型。这样设计出的板型手臂活动受到些许拉拽。

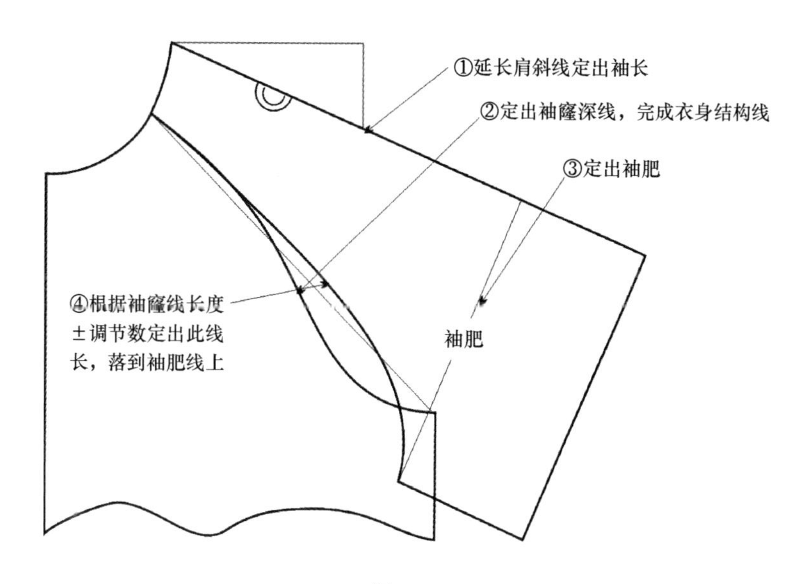

图2-18

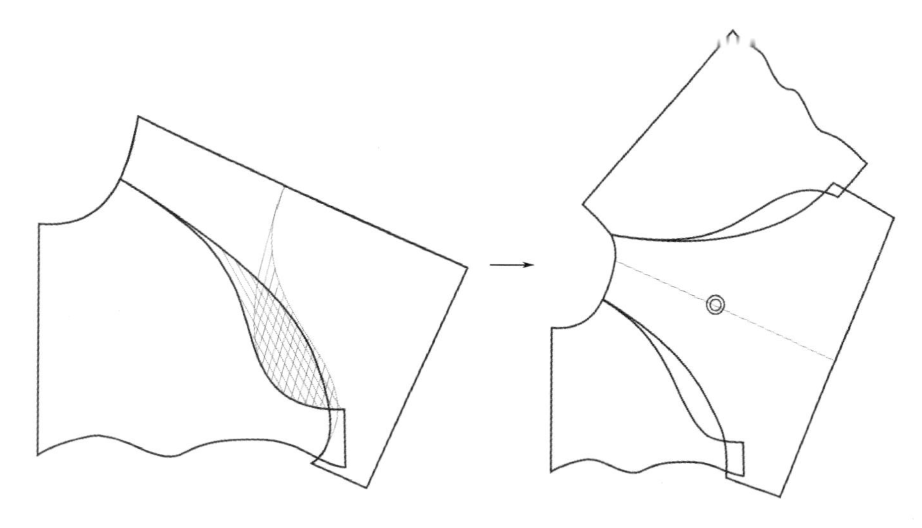

图2-19

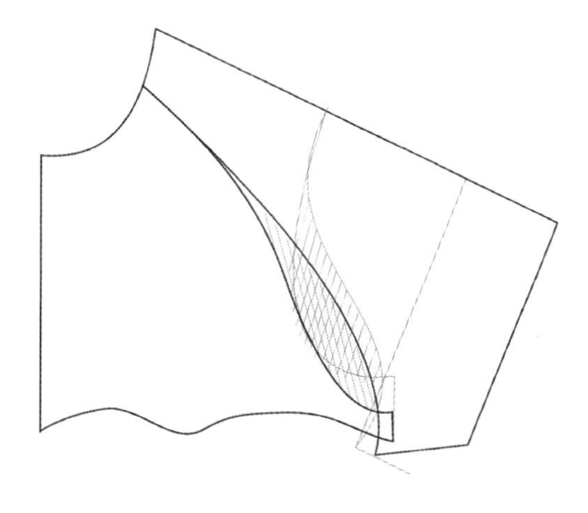

图2-20

板型设计服务于款式设计，前提是尽可能的不背离人体形态来完成款式设计，过程中遇到板型构成和人体形态不和谐的地方，需要折中处理。

按照正常的袖型需要处理插肩袖型，必须将分割造型线设计的弯度足够，才能符合体型的需要。后袖原理同前，做好前后袖后，将其合并成为一片袖。

图2-20中一片式插肩袖型如果造型线很顺直，无法将所需去掉的腋下量去掉，只能加深袖窿深度，放缓线形走势，同时起到尽可能合体的作用。但是如此处理会出现袖型对手臂的牵制，减少了活动空间量，如果弥补此缺陷就需要将袖肥加大，增加量的补给。

五、两片袖制板原理

两片袖结构是在一片袖的结构基础上，将手臂的形态分割得来的。在正装类的两片袖中，袖山分割位置在袖底距衣身腋下点2.5～4cm内，袖口的前弯势量设计随着肘线部位内弯量而变化。袖肘线分割位置设计在后袖肥的1/4附近，这个位置是后片袖分割的最佳位置，如图2-21所示。

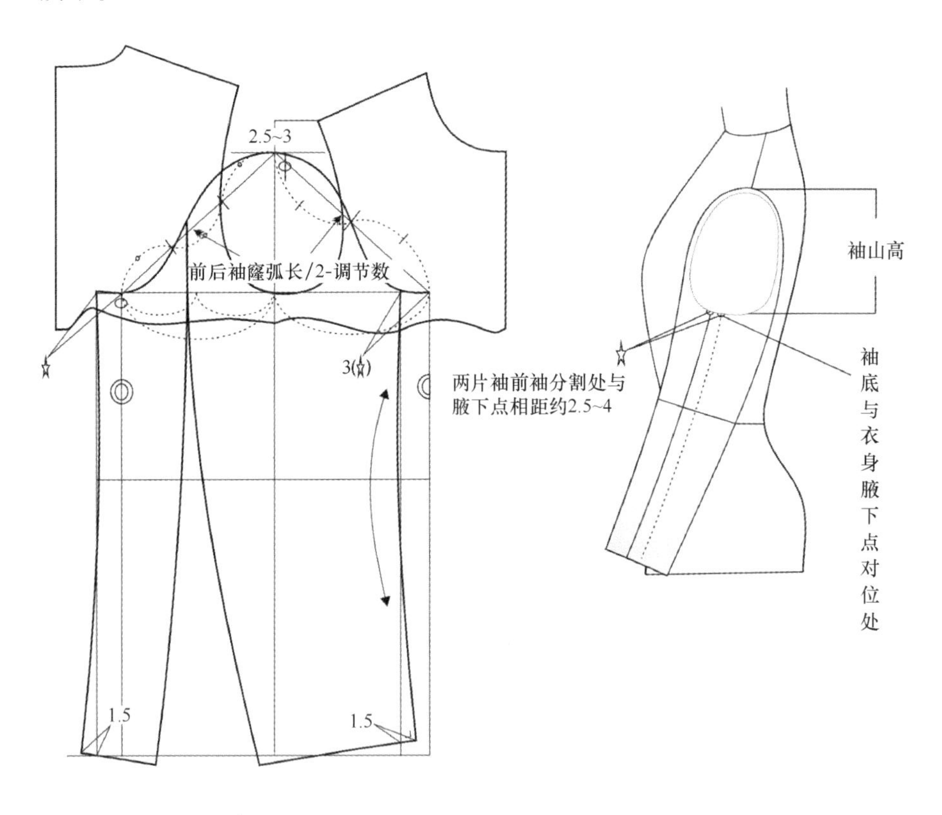

图2-21

图2-22中袖肥为B/5±（0~3）cm，此处调节数来控制袖肥大小，配合上前后袖窿总弧长的二分之一加减调节数来配袖，此处调节数根据袖山的吃缩量大小、有无而设定取值，以符合袖山造型和缝合的需要。设计袖型时，袖中和袖口的收放量配合调整。袖中收量减

少至向内外移动，袖口放出的量随之减少或者加大，始终保持袖内弯线的顺畅。

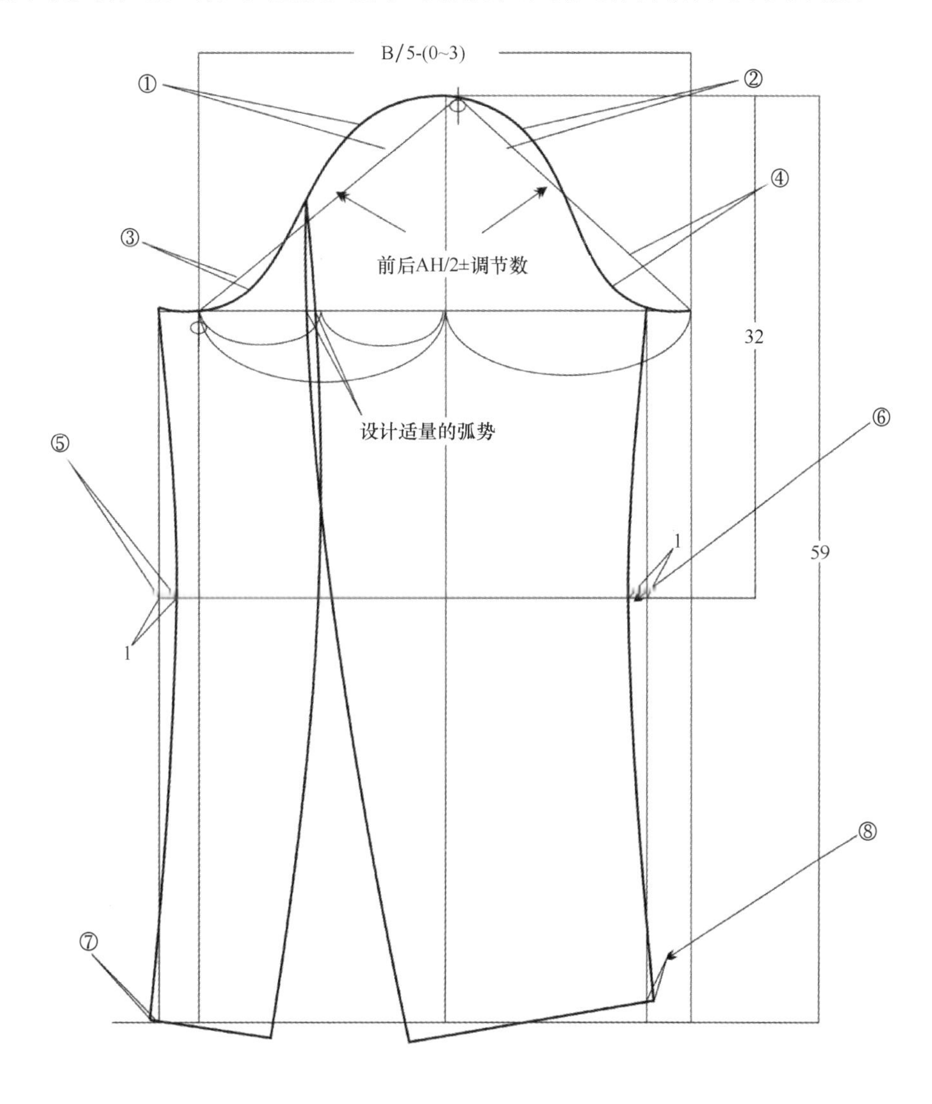

图2-22

①、②此处量根据袖山造型需要设计

③、④此处量根据袖山造型和后袖窿匹配需要设计

⑤、⑥此处量为变数，根据袖型设计需要调节

⑦、⑧此处量根据袖型设计需要调节0～3cm，特殊款式时候会大于3cm

不同的制板方法，塑造出同量不同型的板型，如图2-23、图2-24所示。

前面一片袖中提到过袖山省的设计，这个袖山省的设计是保证袖山高、袖肥大的状态下的一种处理方法，可使后袖袖型饱满圆润，如图2-25所示。

这个两片袖和前面那些略有所不同，也是最常使用的一种配袖方法，先确定袖肥为B/5 ± 调节量，然后根据前后袖窿弧长来定袖山高度，如图2-26所示。

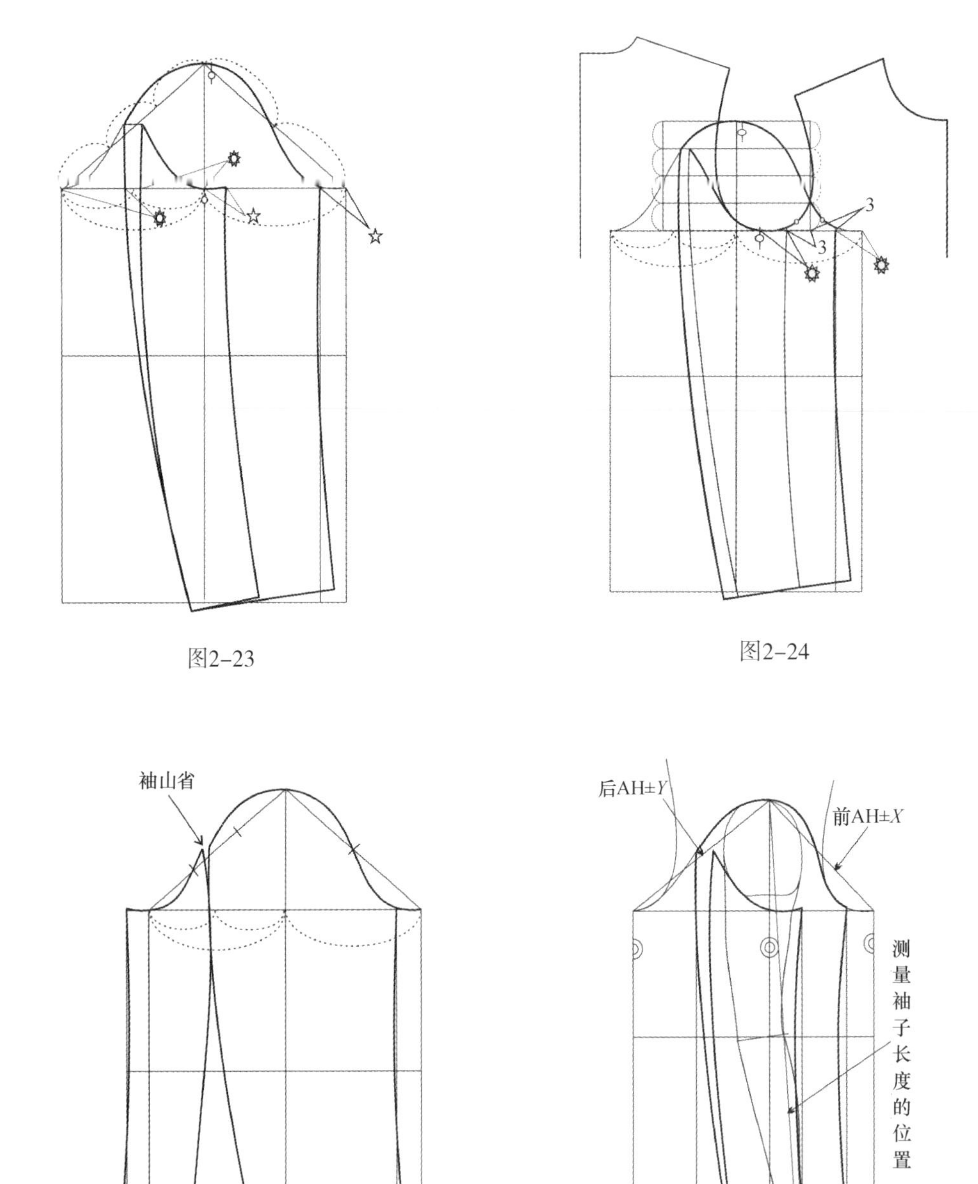

图2-23

图2-24

图2-25

图2-26

袖子内侧缝的造型设计直接影响着整个袖臂的造型，从下面的袖内侧线的形态可以看到这些变化。每个袖子因为袖臂内线的走势而弯曲或偏直，弯与弯稍不同，直与直微有异。就是这些稍微的变化，点点滴滴构成板型气质的变化，如图2-27所示。

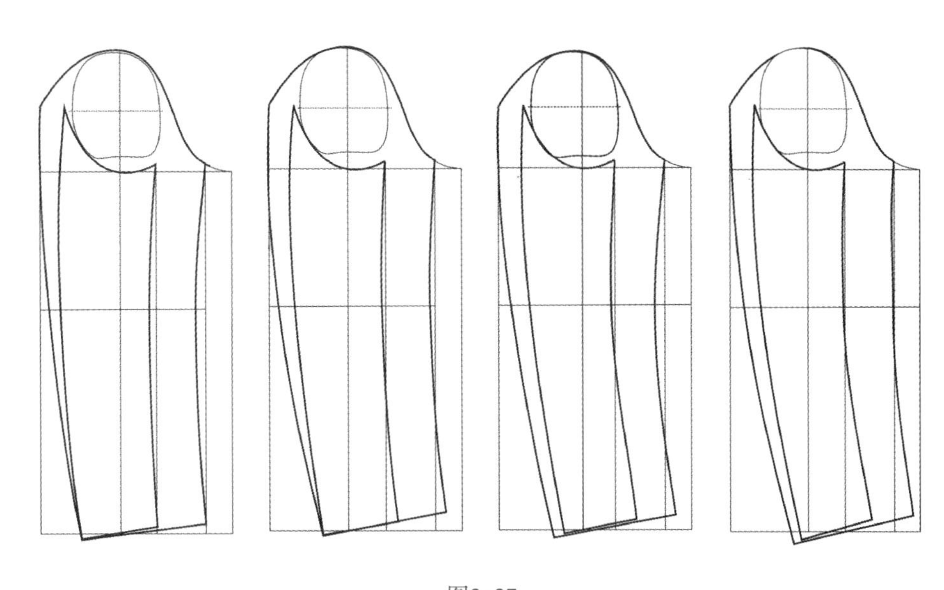

图2-27

第三节　帽子制板原理与造型设计

一、帽子构成原理

帽子配制方法遵循的是立领的切展原理，仔细观察图2-28。在保证帽宽、帽高的前提条件下，向不同方向旋转，会得到不同的状态。向下方旋转就会出现倒弧形的状态，颈部松量增多，越往下旋转，颈部松量越大。由黑色线帽子剪切，向下展开，出现帽领口弧线向下弯。一直剪切，会出现帽子摊平于肩部，如同披肩领一般。反之由黑色线帽子剪切，向上合并，出现帽领口弧线向上弯。合并越多，旋转越大，颈部松量越少，同时脑后颈部的堆积量亦越少，帽后中越贴颈。在帽子设计中，每个从业板师有自己的画图方法，如果把制图坐标设置为同向时，你会发现大家做出的效果大同小异。

图2-29中的帽型设计将帽下后中松量几乎挖净。颈部宽松度较小，后中部位干净贴颈。帽口松量增加。帽高由肩缝分界处开始测量，帽宽由帽高的二分之一处测量。在等帽高等帽宽的数据条件下，帽后中挖掉的量越多，帽口长度增加越多。

图2-30的帽型设计是让帽下量自然松置，形成服装的一种风格。在由肩缝分界处测得帽高，在帽高线二分之一的位置测得帽宽，这个帽型是由宽度弥补深度的，颈部位较宽松，帽口长度较图2-29短。

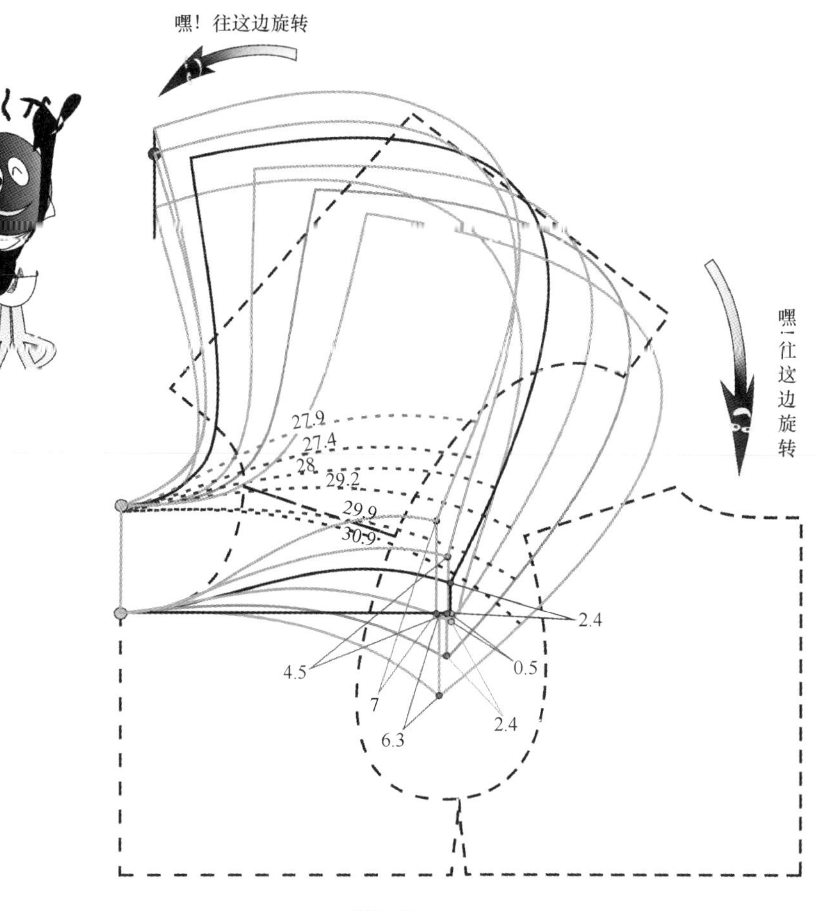

图2-28

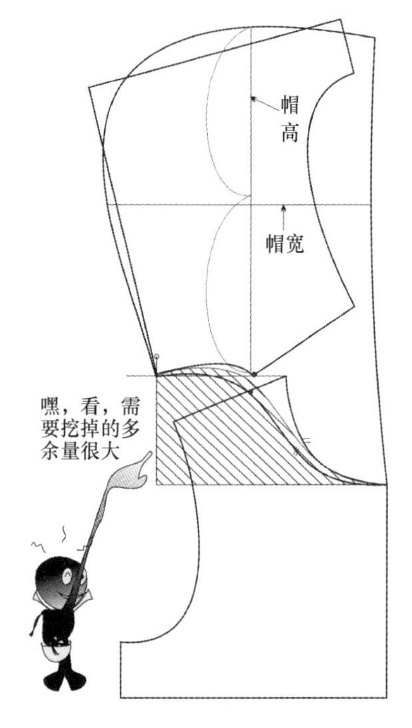

图2-29

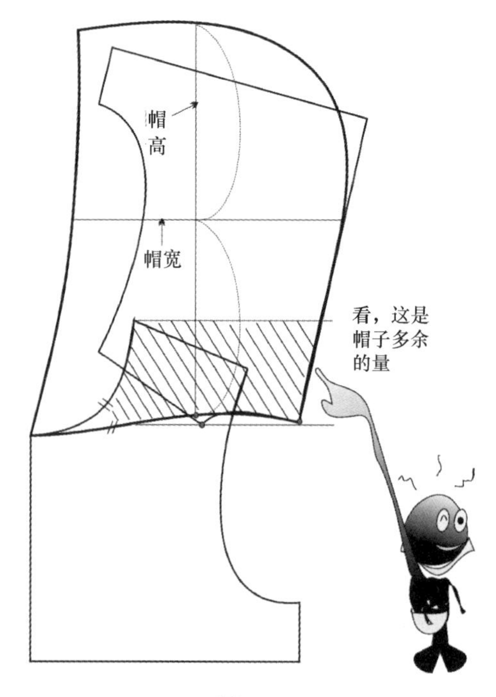

图2-30

二、帽子造型设计

同样帽宽和帽高的帽子，帽口高度随着帽后去掉量的变化而变化，如图2-31所示。

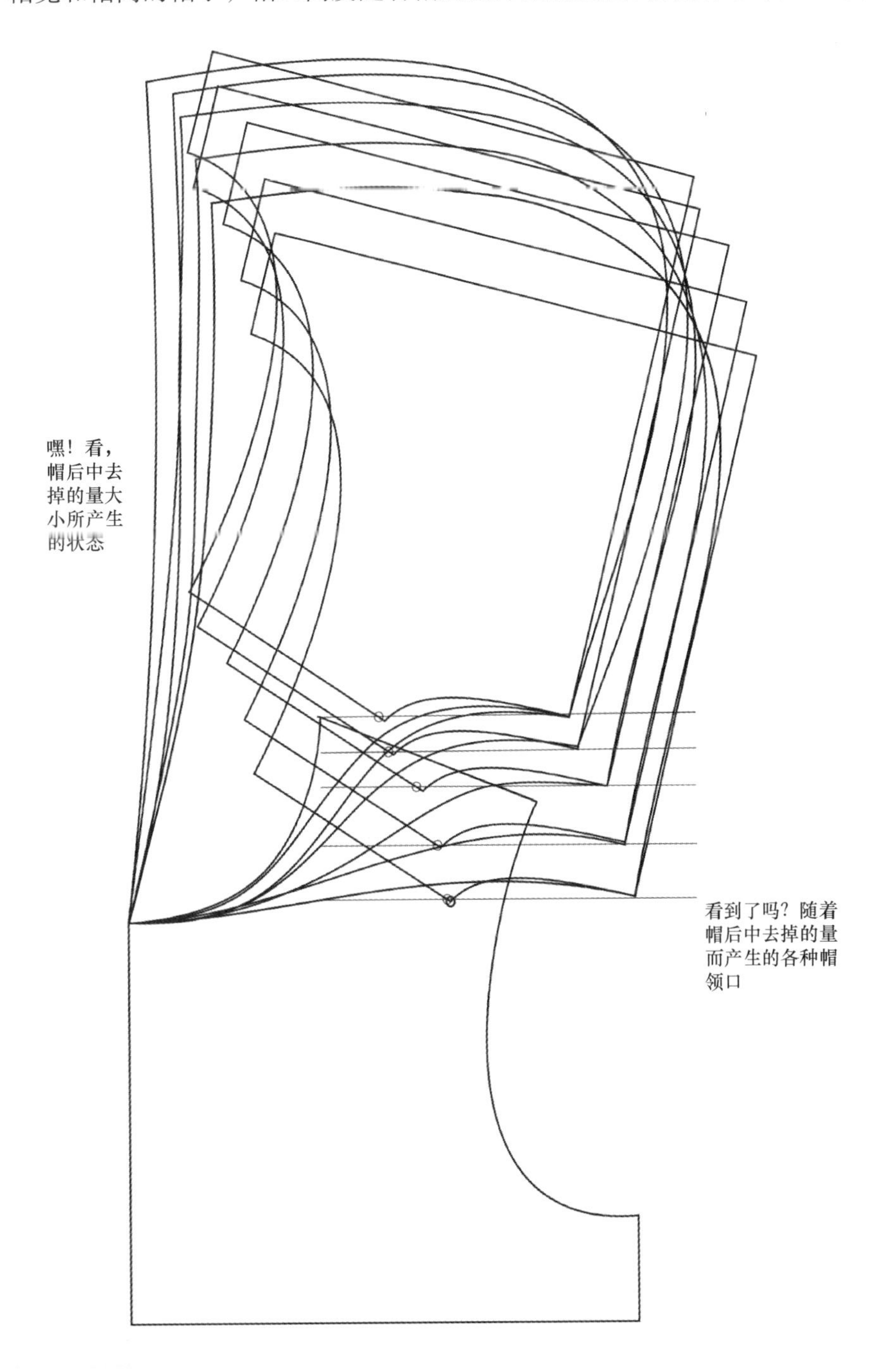

图2-31

三、帽子造型与板型的对应

帽型与板型的对应，如图2-32所示。

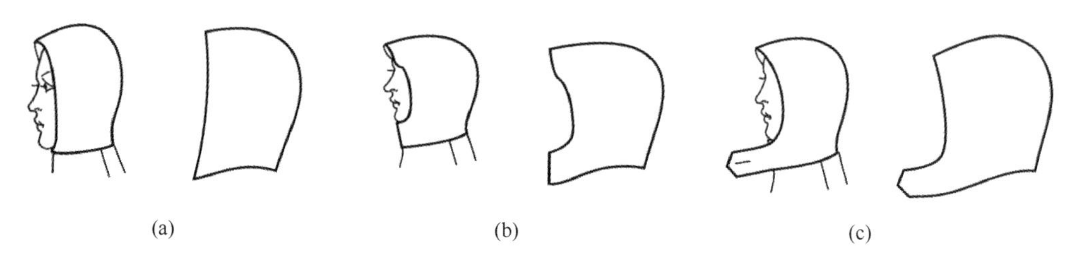

图2-32

帽子互借类板型也一样，只要把握基本帽型进行刻画，其后拼合便可。注意缝合合理性之后把握造型和面积感，就能设计出需要的帽型，如图2-33所示。

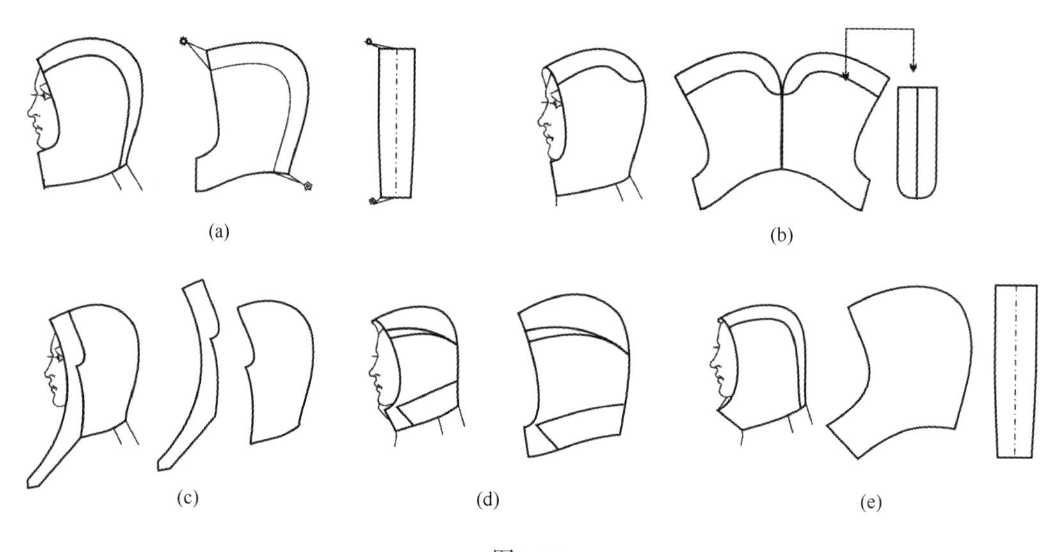

图2-33

根据帽子的款式样貌进行板型设计，板型设计需要具象操作，更需要想象力发挥创作新意，如图2-34、图2-35所示。

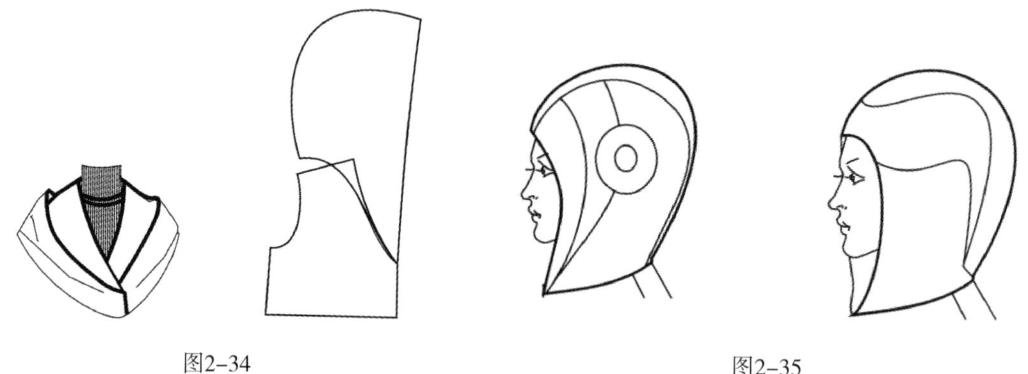

图2-34

图2-35

第三章　裤装与裙装板型设计原理

第一节　女性人体下肢平面化分析与应用

一、我国160/84A体女性的主要部位净体数值

图3-1标示出我国女性160/84A号型主要部位的净体数据，熟记这些尺寸，便于板型设计与变化。

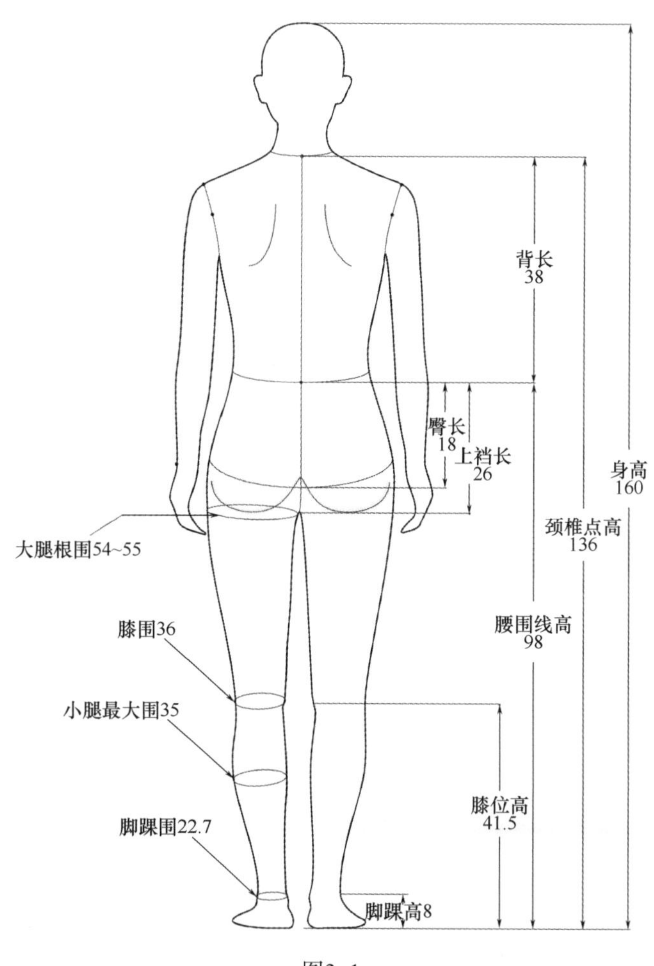

图3-1

二、人体下肢部分平面解析

结合人台获得人体下肢的平面模片，和上装相同，描摹出各个部分的轮廓，如图3-2所示，可以看到腰部到裆部的分界和收量配置。

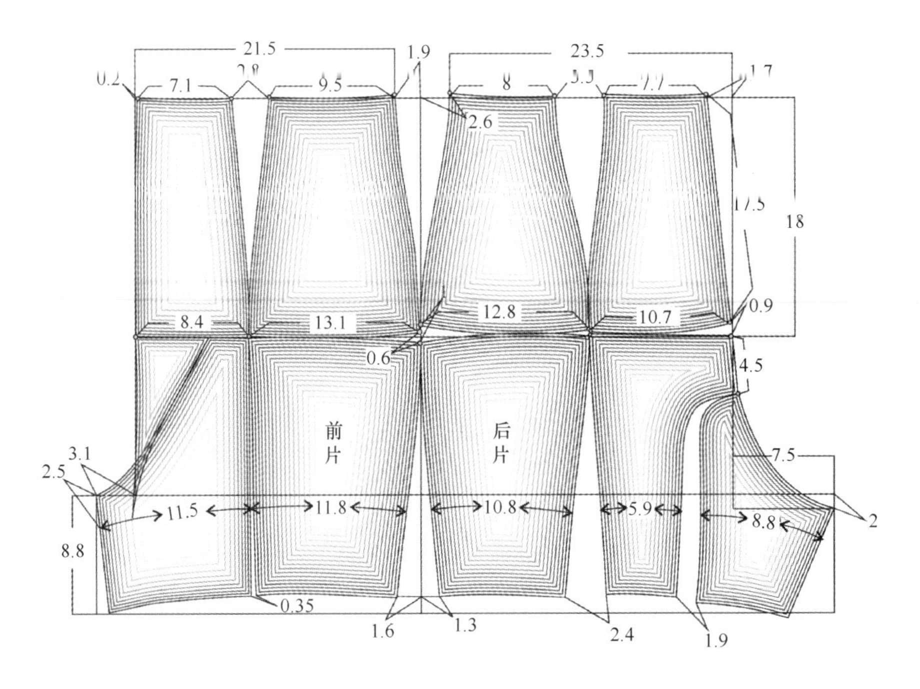

图3-2

将后片裆部下段向下旋转，落裆量增大，后窿门变小，后横裆减小，将其再向上旋转，发现横裆增大，后腿根部松量增多，如图3-3所示。由此我们可以看出落裆量可以根据板型造型需要来设计。后落裆数值设计配合裆底缝扒开的方法，可使裆下段自然地贴体，非常适合合体板型设计。落裆数值过大会为车缝带来很大的困难，所以制板时除了考虑成衣美观，还要考虑到大批量生产的效率。

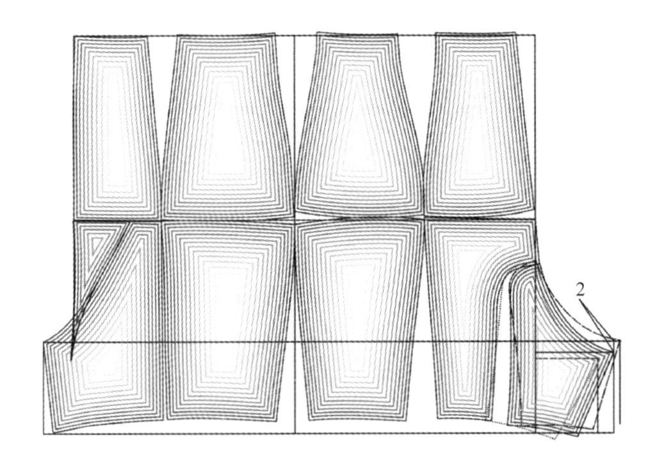

图3-3

三、裤型的演变和落档设计

图3-4各部位省量的合并和前后窿门的向上旋转在臀围下出现松量，这些松量变成款式需要的状态，横档并没增大太多，这样的演变将使腿部松量化成很自然的波浪，塑造出一个随意潇洒的裙裤板型。

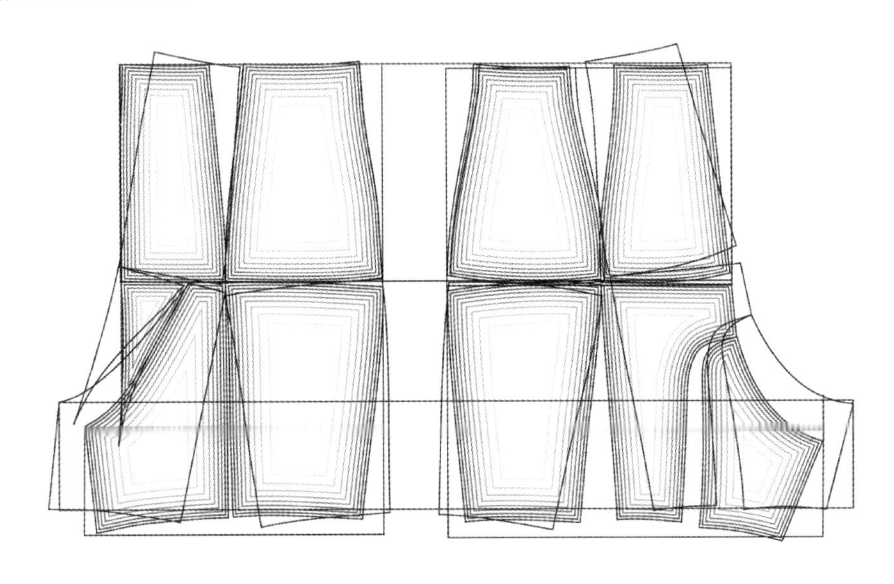

图3-4

合体裤过大的窿门设计将使板型的造型受到影响，板型呈宽扁状态，是一种突出宽度的设计。大腿根围度很大程度上限制了窿门的宽度，如图3-5所示，所以如果以臀围比例来公式计算窿门的宽度使板型设计不能有的放矢。计算公式后的加减调节数使没有经验的板师们有些茫然。为此将大腿根围度有个深度的了解和记忆，便于在裤类板型中运用。

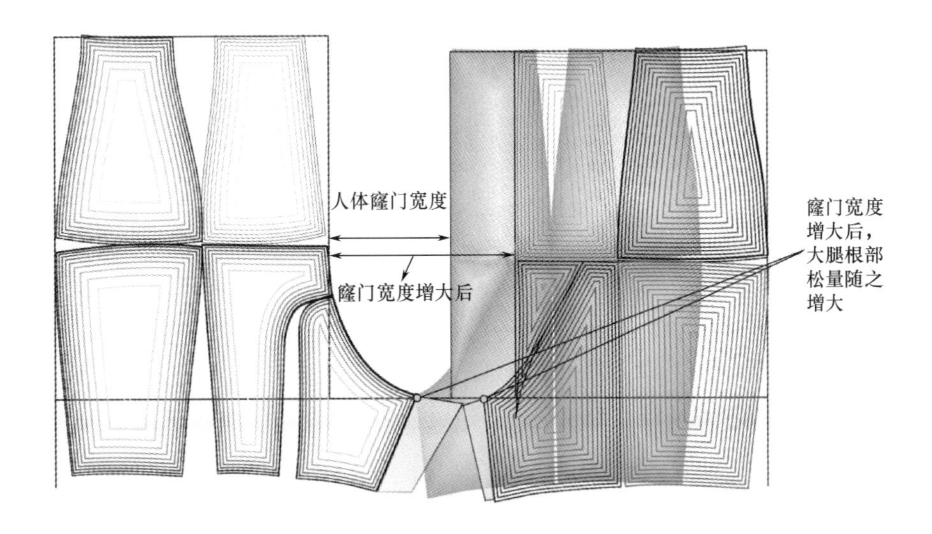

图3-5

四、下肢局部量转化后的各种状态

为达到合体又符合款式造型需要，制板常常需要整体协调处理松量，以保持板型立体状态下的平衡。转动各个分解后的块片，会出现图3-6、图3-7的各种状态。

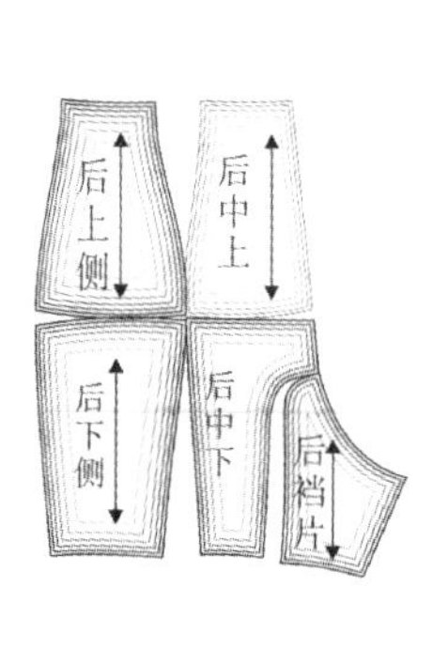

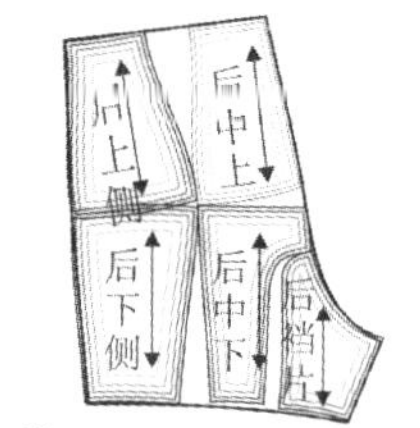

① 转化出较直的侧缝，后中裆线变长，裆部余量增加，产生了后翘起量

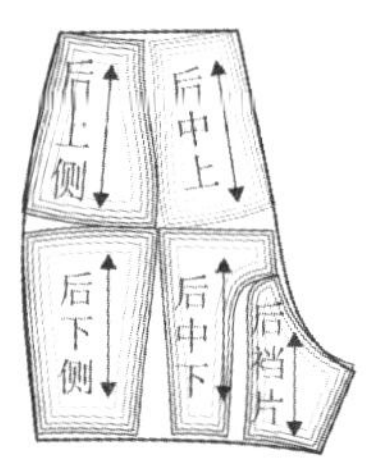

② 用后上侧和后中上共同消减腰臀差，后侧缝出现拱起

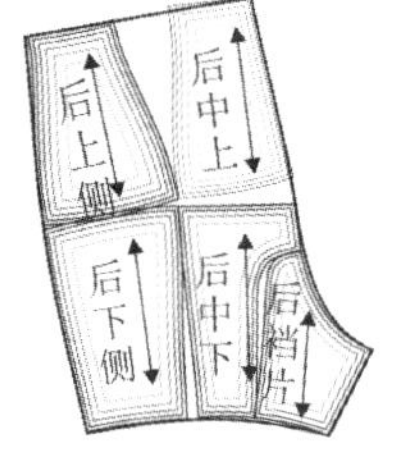

③ 后裆片向后中下片靠拢，消减间隙，落裆增大

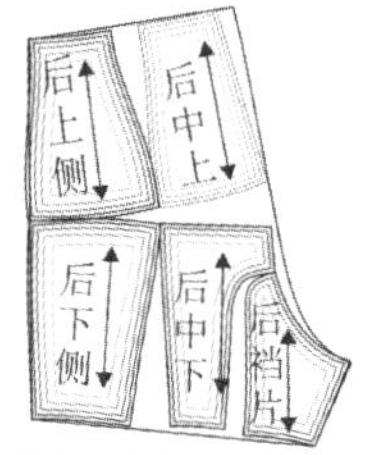

④ 将后侧缝变得垂直

图3-6

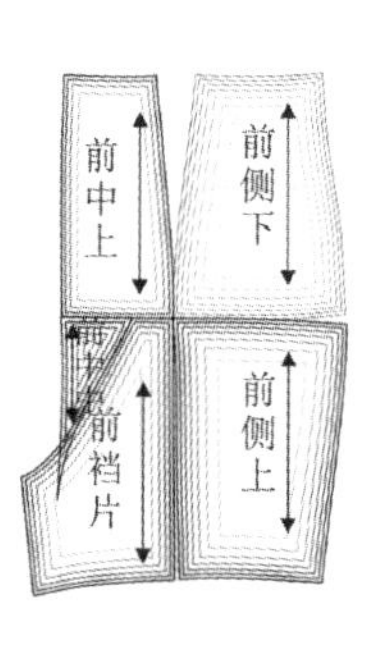

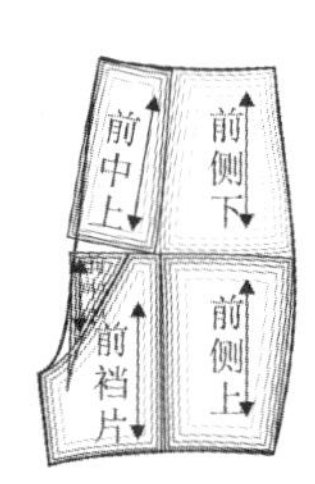

① 前中上偏向侧缝，消减臀腰差使前中腹部增加了拱起量

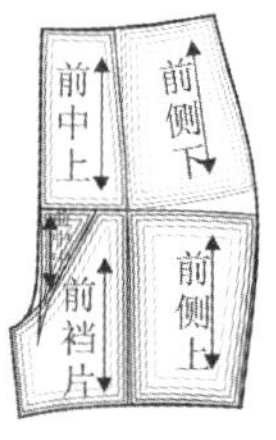

② 前侧下片偏向侧缝，消减臀腰差，使侧缝增加了拱起量

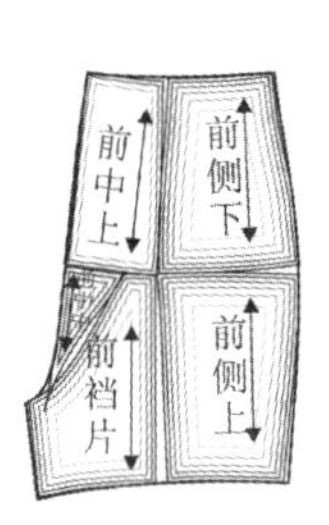

③ 将各部位协调，量分散，形成合理量化

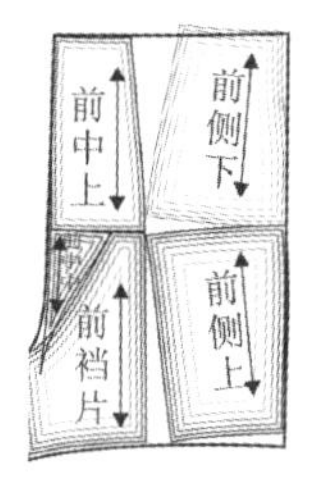

④ 将侧缝变得垂直，省量作为松量放置在板型内

图3-7

五、裤内外侧缝变化下的各种裤型

“*a*”前小裆（窿门）大：2~4cm较为常用，该量根据大腿根围数值的大小和款式需要而综合设计取值。“*b*”正常裤型情况下0~3cm，根据后片侧缝线的形态趋势取值。臀围线视测量方法而设定，一般情况下为裆上7~8cm。后臀围线后中部斜起量一般为1.5~3cm，此量也根据测量成品常用方法而定。如图3-8所示。

常见的基本裤型与调整内外侧缝后形成新板型的裤子对比（虚线为基本裤型），如图3-9所示。

同样腰围臀围尺寸下的各种裤子板型（虚线为基本裤型），如图3-10所示。

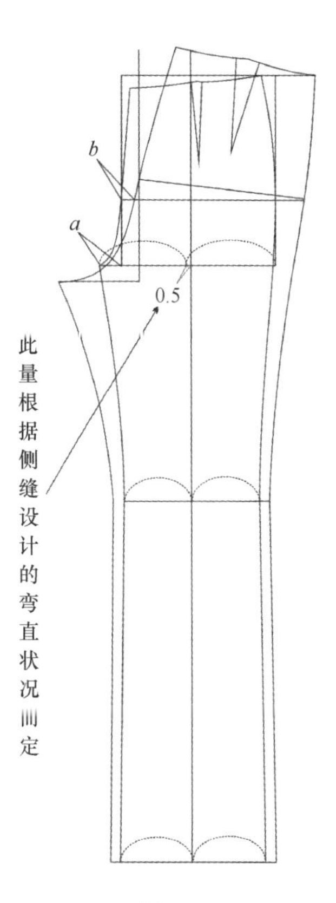

图3-8

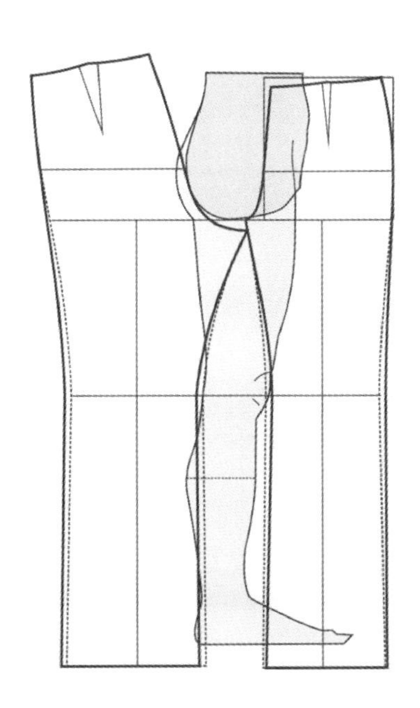
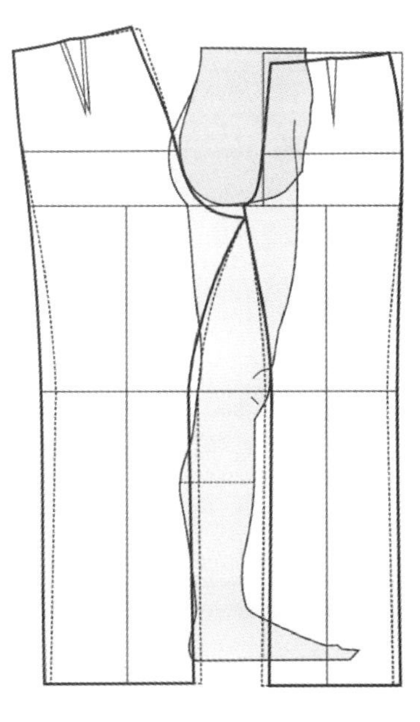
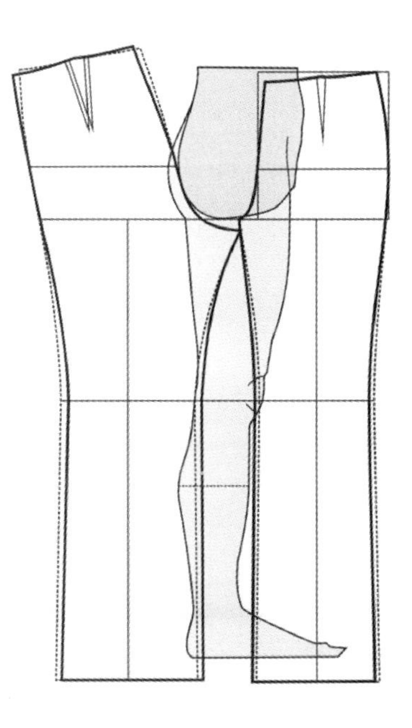

图3-9

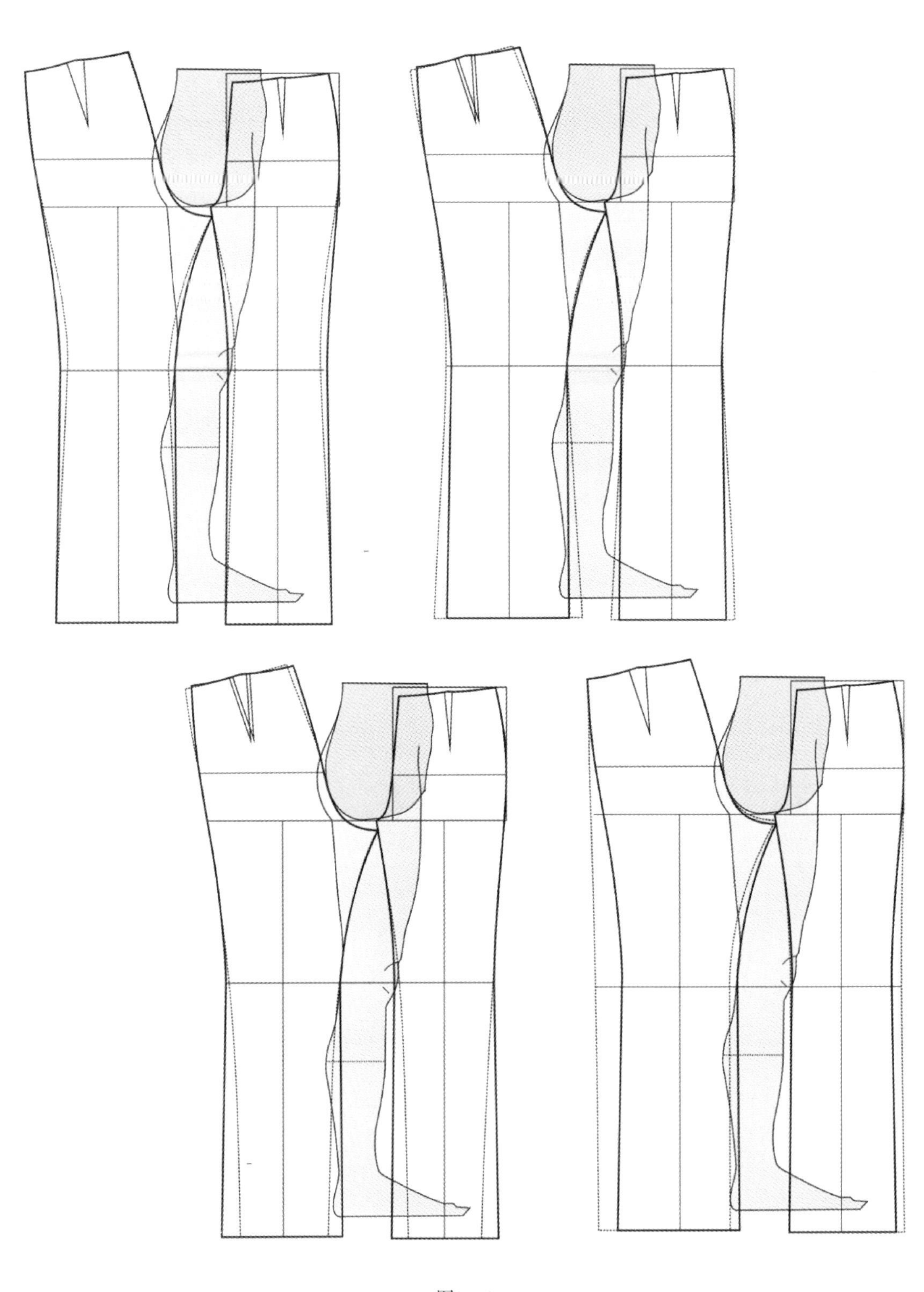

图3-10

第二节　典型裤装板型制作与结构分析

一、低腰牛仔喇叭裤（图3-11）

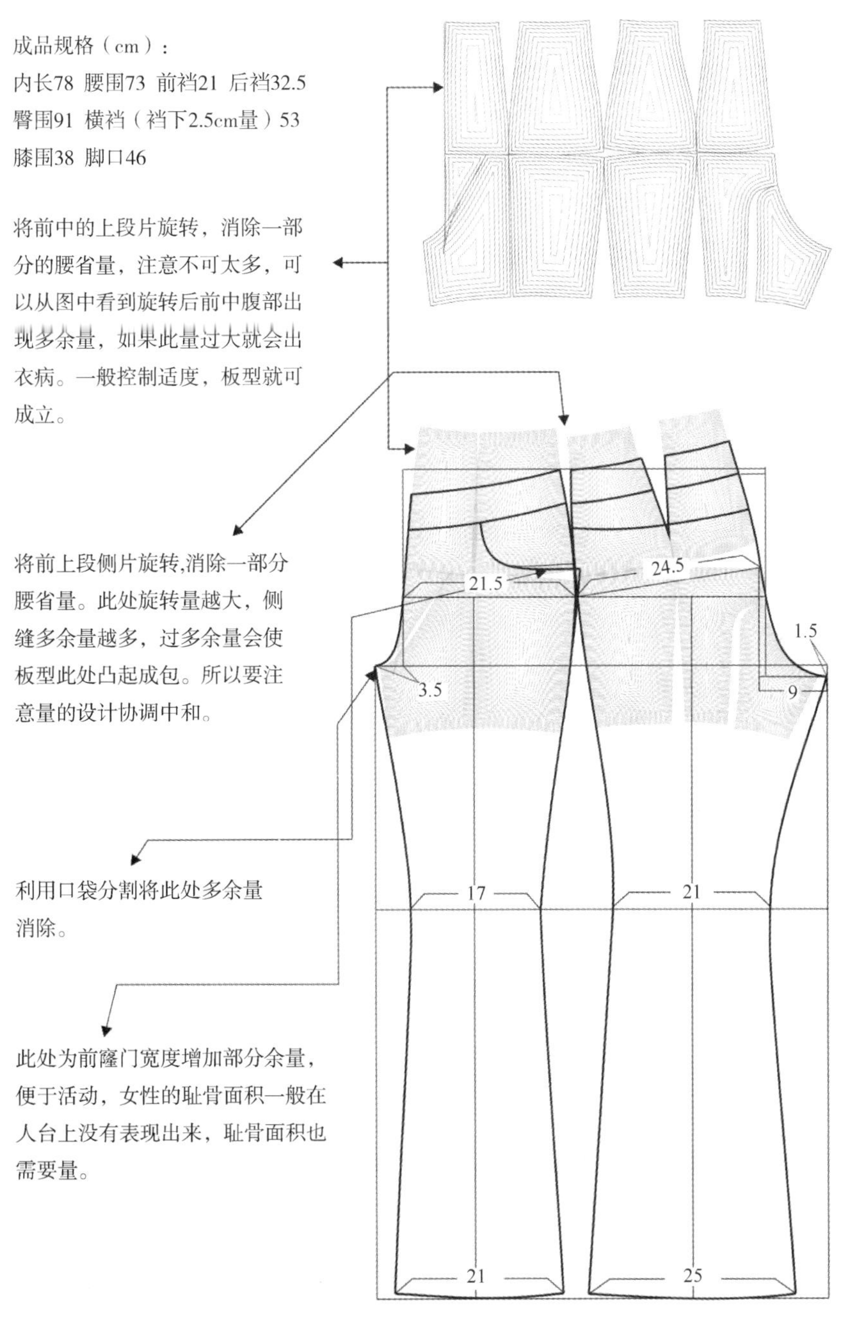

图3-11

旋转后上段后侧片，将人体臀围线处侧缝位置的多余量尽可能的消除至视觉可忽略范围。侧缝尽可能地直一些。

旋转后上段后中片，消除一部分腰省量。这个时候就出现传统板型设计中用的方法，后控势就由此产生。控势量数值太大使后裆内线偏长，屁股中间出现鼓包，凸起应该产生在两瓣屁股位置，不是后裆股沟部。现在可以看到此处转换后已经出现一个多余量，不过这个量是合理范围，如图3-12所示。裆缝线不是深陷在股沟内，必定有点余量能捏得起来。面料不同于皮肤这一点在板型设计上始终要辩证地看待。

后窿门加一些松量，臀围线下端的那些空量就当自然松量放在里面，毕竟不需要把屁股刻画的那么挺拔，只要看上去比较翘凸就可。

二、中年女性裤板型

女性的体型随着岁月流动很快地变化着，如图3-13所示。30岁后进入了中青年时期，大腿臀部腰围出现不同的胖势，赘肉增加，如图3-14所示对比。少女时期，体型挺拔，肌肉皮肤结实脂肪较少。进入中年运动量减少，脂肪集多，皮肤松弛臀部下坠，老年情况愈加明显。在板型上也就必须有所变化，所以面对不同的客户群体，制定基础码尺寸规格也需有所针对。

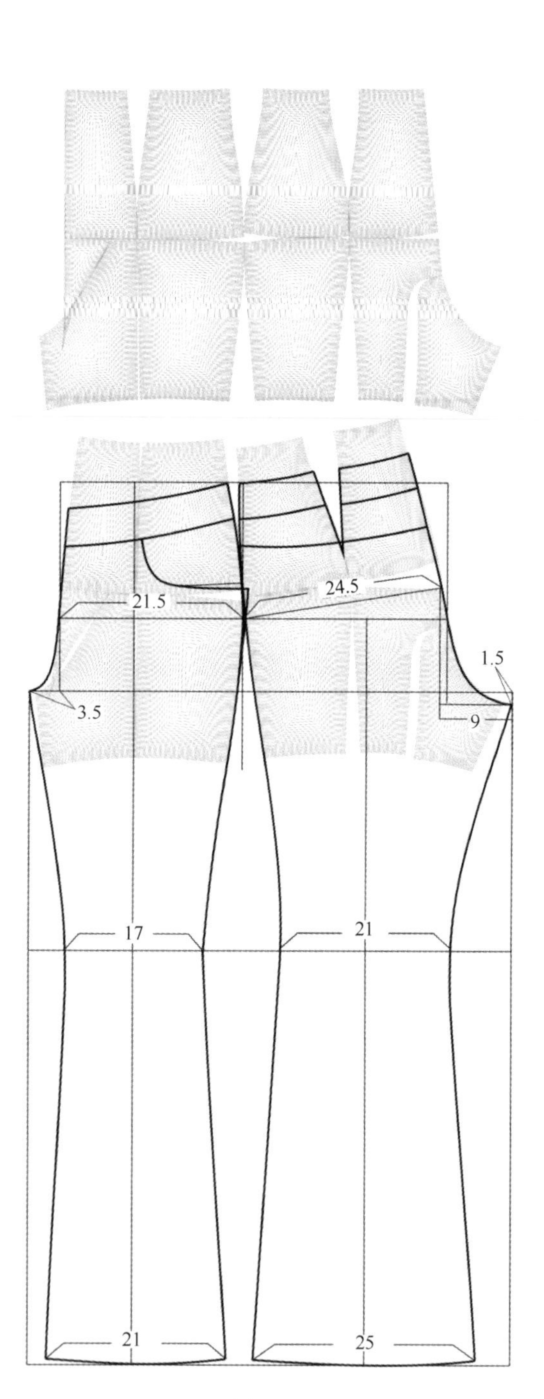

图3-12

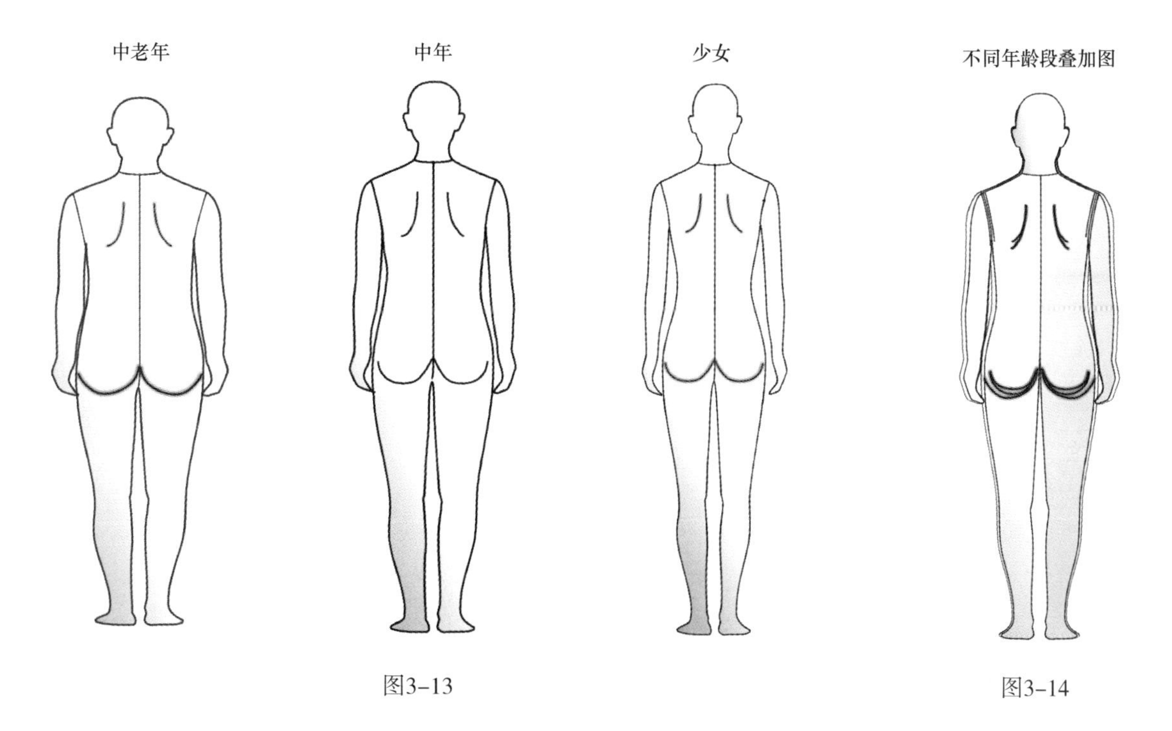

图3-13　　图3-14

利用少女平面人体半肢体可以将中年女性裤子板型做出来，在大腿部、腰侧、臀围、腰围做出中年女性体型所需量，如图3-15所示。

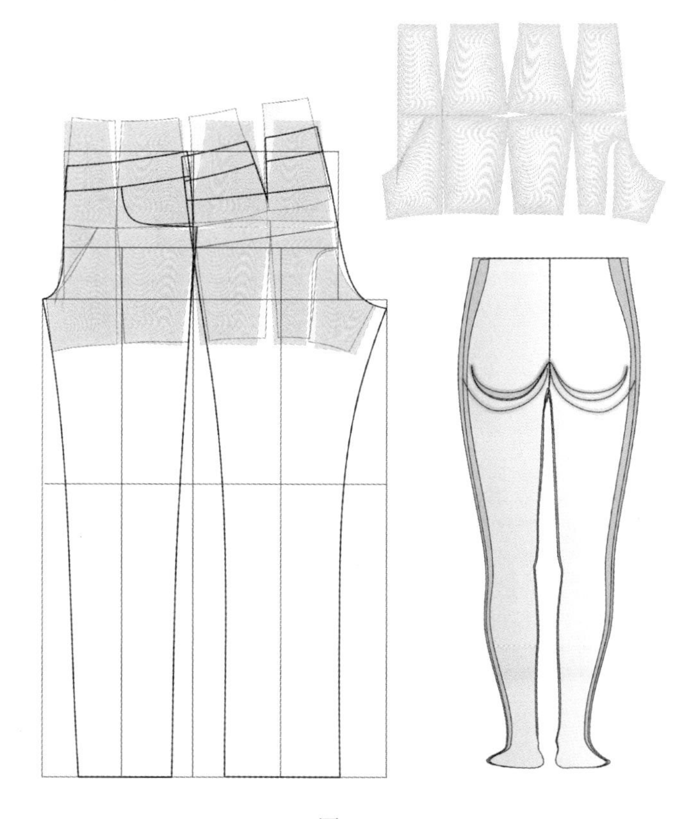

图3-15

三、短裤板型

前后裆给定的尺寸，都来源于板型需要设计的位置，一般低腰裤的前裆长度为18～21cm，或者更小的数值，但是后裆一定注意，长度不够将会出现人下蹲后屁股走光的问题。有了前裆和后裆的数据，侧缝便是两个点之间的一个过渡段位，加上内长给的数据，外长自然产生了，合理的外长也是保持裤子美观与好穿的一个因素，然后将腰头从前中至后中连接顺畅。从下图中可以清楚地看到制图与人体下肢的关系，每个量的设计要根据款式需要的同时对应人体给定的条件。松量无法去除时，所产生的状态与产生的位置都在板师的掌控中，板型设计变得处处可以量化，再根据款式给的面料条件去综合的设计板型，如图3-16、图3-17所示。

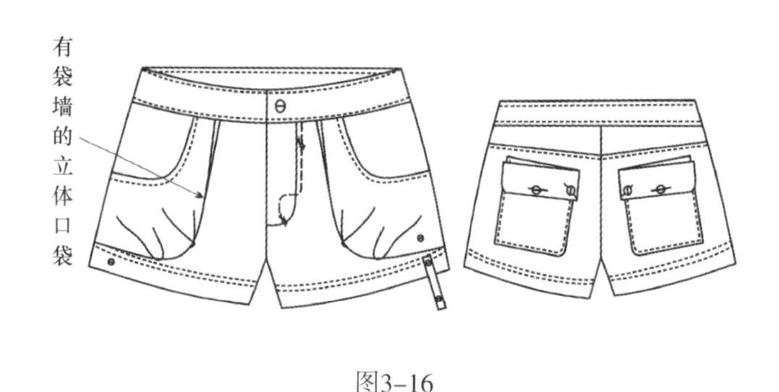

图3-16

成品规格（cm）：外长29　臀围90　腰围72　前裆22　后裆32.5　脚口46

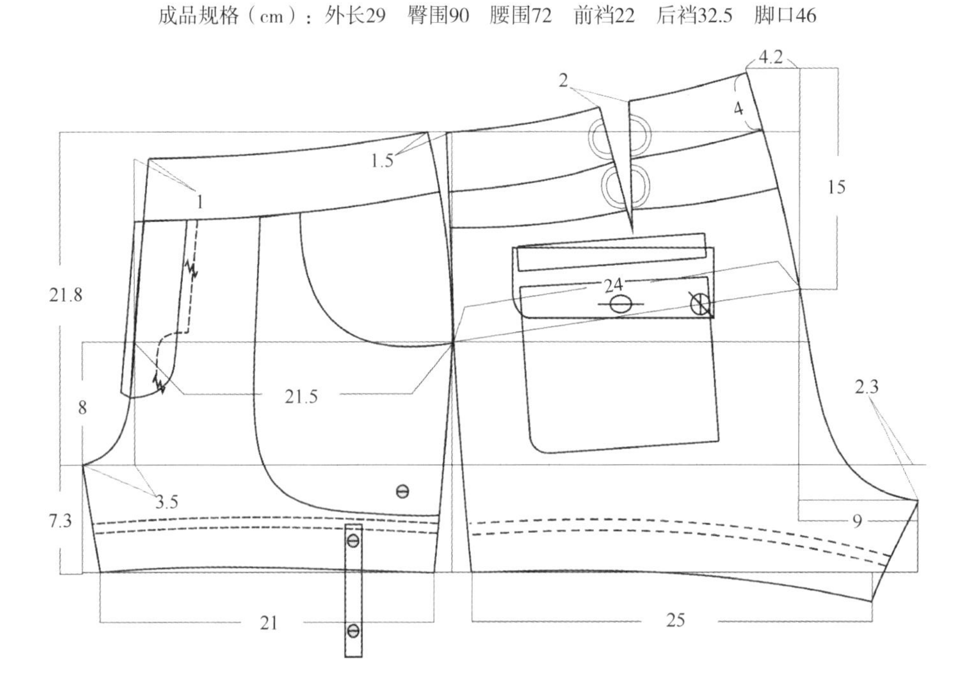

图3-17

四、时装类宽筒裤

在裤类板型设计中，以裤中线等分内外两侧面积来设计裤型不一定理想，因为要考虑内外侧缝板型产生的状态。不过，裤中线始终是个非常好的参照坐标。在此坐标下调整两边的面积，量多集中在裆下的内侧缝一边的是一种裤型，量多分配到侧缝一边的也是一种裤型，量平均在裤中线两边的又是一种裤型。具体的要看款式的风格与设计对象的形体气质，来有所针对地进行刻画。

由于人的视错觉关系，宽筒裤类的板型一般脚口规格设计要比膝围大一点，如果脚口小于膝围让人感觉就是小脚裤，反之裤子的板型才能潇洒流畅，显得人腿长、身材高挑。没有过多的设计元素运用，只要完成袋样型本身的立体感，加上面料的质感，就能体现出这个款式的独特气质，如图3-18所示。

臀围腰围的差量用省量转换、前侧缝偏进削掉、后控势削掉部分量差等方法处理。后侧缝须保持略微顺直。

成品规格（cm）：
裤外长97
裤内长79
臀围91
腰围72
前裆（含腰头高）22.5
后裆（含腰头高）33
膝围45
脚口47
横裆（裆下2.5cm量）53

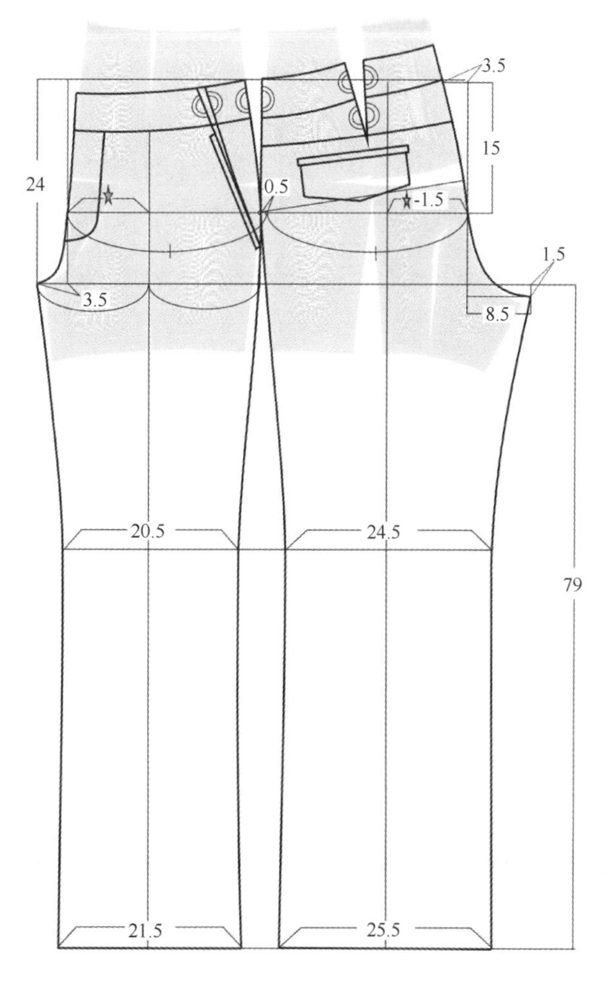

图3-18

第三节　裙装板型设计原理

一、直接绘制裙装基础板型

1.双省裙

双省裙为低腰设计，臀围线设置在从正腰围位向下15cm。后中前中的腰部下凹量由整个腰围弧线合并省量后所需的造型而设计。由于腹凸量小于臀凸量，所以前省量小于后省量。省量大小由腰臀差决定。省长取决于板型腰位高低。下摆的量随着具体款式需要收放，如图3-19所示。

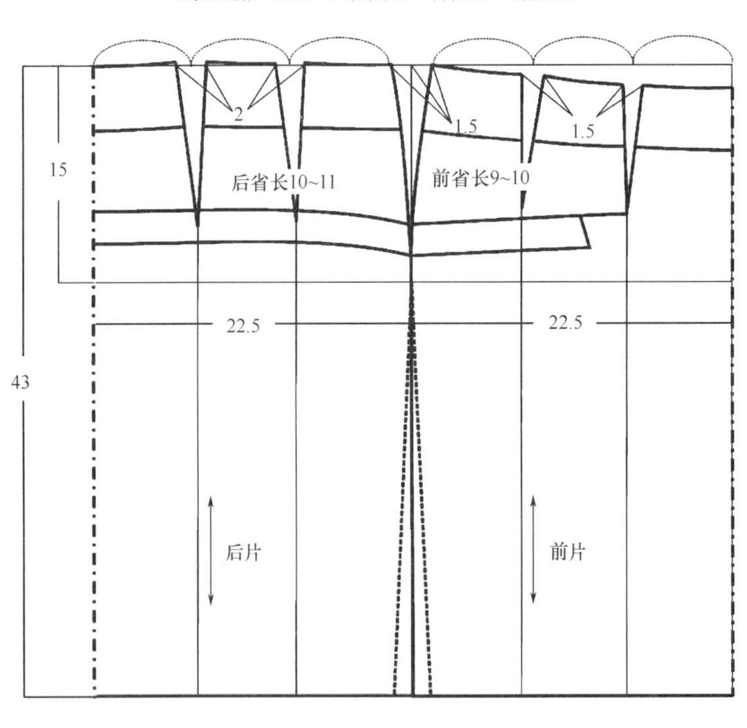

图3-19

2.单省裙

单省裙将省量在各处做了分解，利用后中收省、侧缝收省、腰省合并转换、腰围留有松量等手法完成腰部设计，样片利用前片小、后片大的方法将分割线位置偏前引导视觉感受，最后形成一个简洁精巧、富有青春气息的短款裙，如图3-20所示。

成品规格（cm）：腰围74　臀围90　裙长34

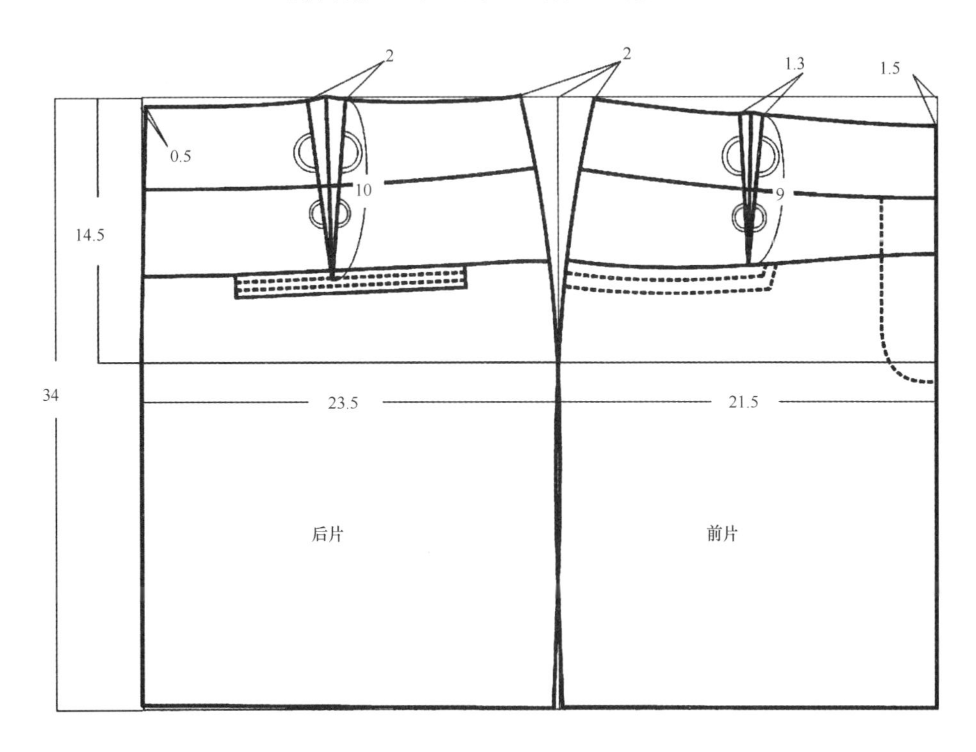

图3-20

二、不同下摆大小的裙装板型构成

1.下摆略收的裙型（图3-21）

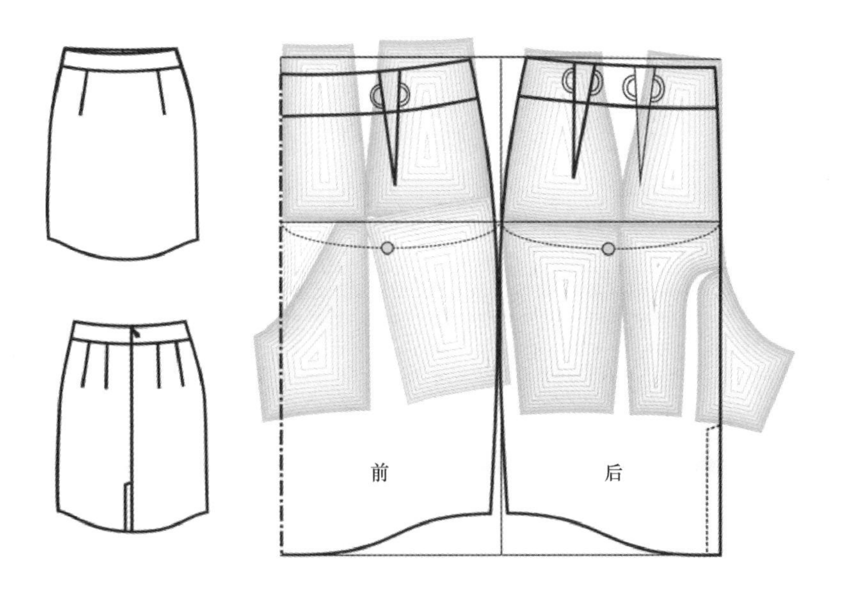

图3-21

2.A字型的裙型（图3-22）

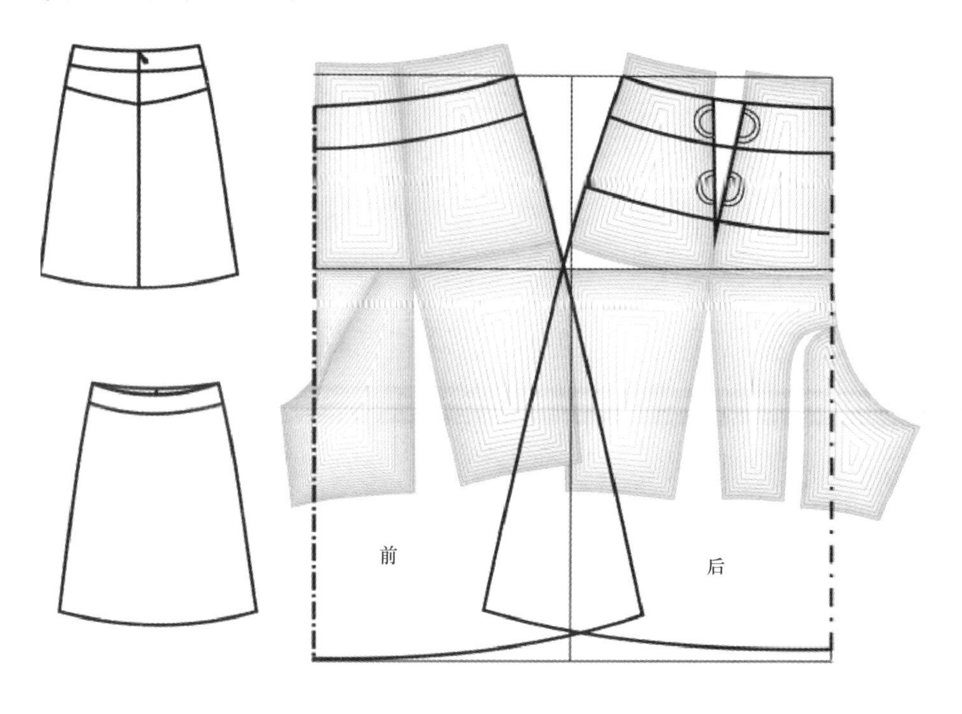

图3-22

3.下摆稍有波浪的裙型（图3-23）

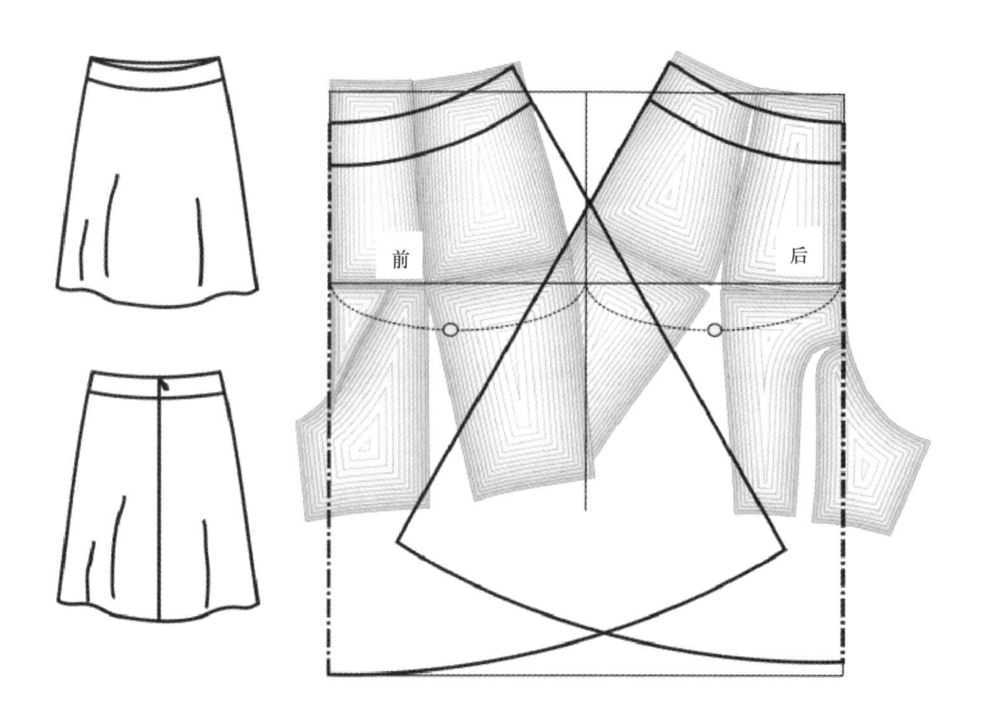

图3-23

4.下摆有较大波浪的裙（图3-24）

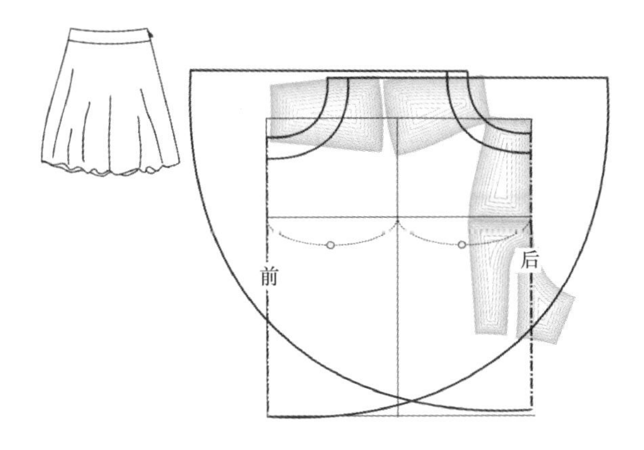

图3-24

5.180° 的大摆裙型（图3-25）

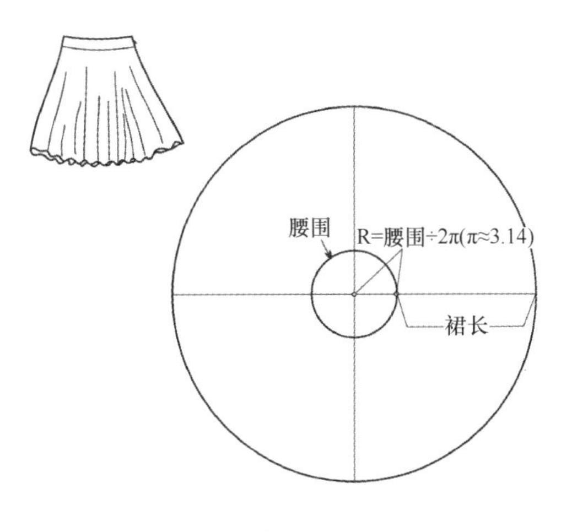

图3-25

6.四角的下摆多波浪裙型（图3-26）

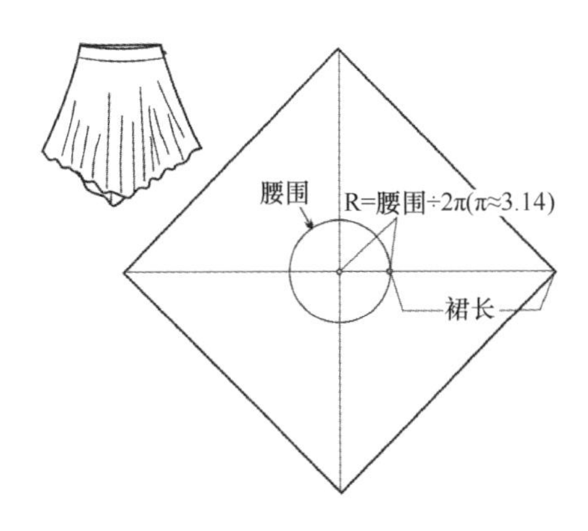

图3-26

7.用基本型转化出的下摆适中的大摆裙（图3–27）

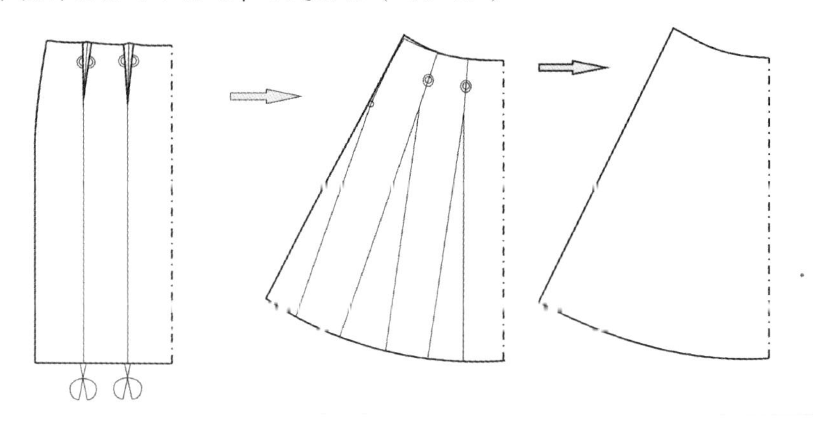

图3–27

8.直接靠臀围和腰差转变出下摆适中的大摆裙（图3–28）

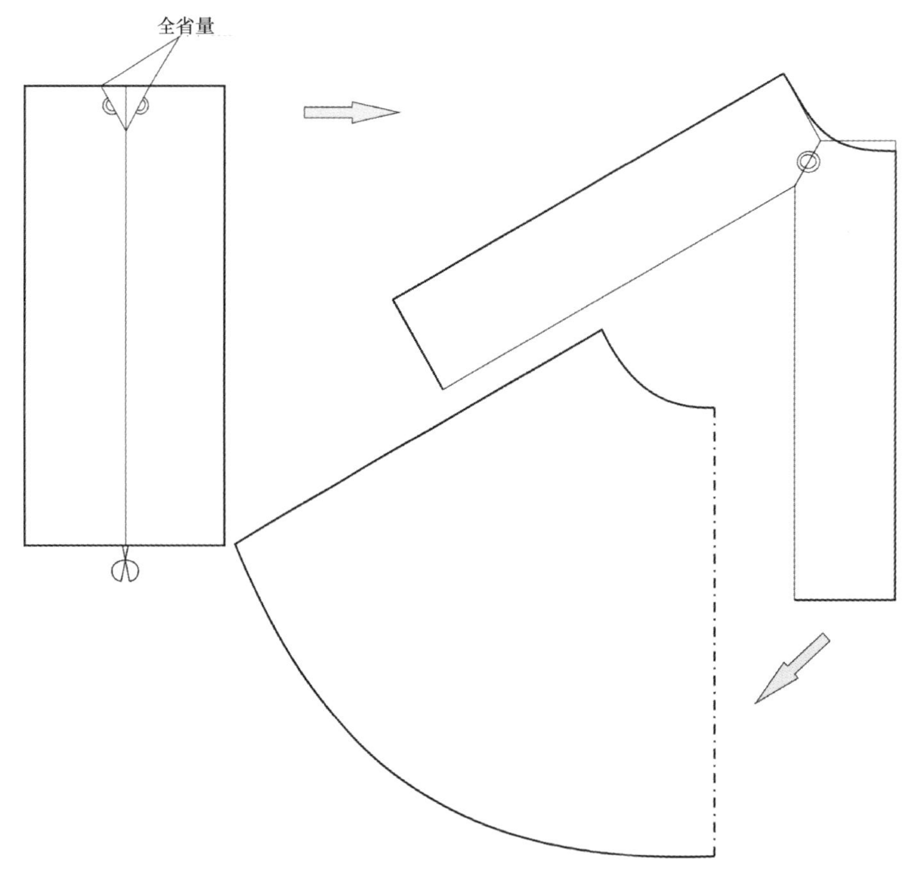

图3–28

不论多么大摆的裙子，都可以靠剪切设计出需要的板型。

案例篇

第四章　短衫和衬衣

一、泡泡袖短上衣（图4–1）

成品规格（cm）：
后中长45　袖长19
胸围89　肩宽35.5
袖口31.5　袖肥32
前肩斜15：4.5
后肩斜15：3.5

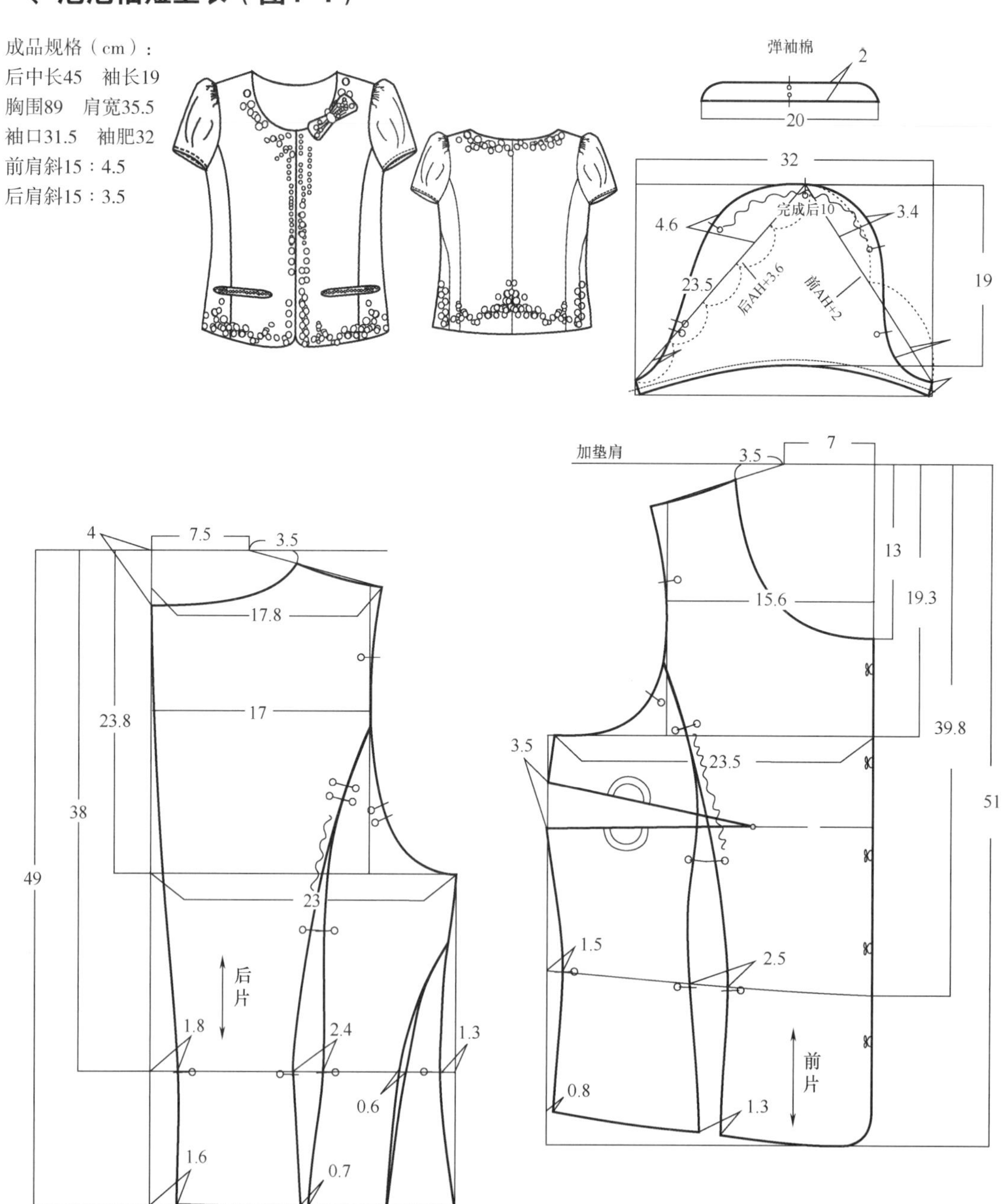

图4–1

此类板型衣长适中，围度松量紧凑。未过臀围的短装使中年女性的凸腹体态模糊。其板型整体塑造严谨气质，干练又不失柔美。

袖子板型塑造要考虑到衣身肩宽，保持袖下段弧线形，袖肥不动切展后向上拉出高度，产生多余量形成碎褶量所需，既弥补了肩宽处的需要，也满足造型需要。无过多臃肿的褶量下垂，松量挺拔的搁置在袖山头上段。

二、胸前分割圆领薄衫（图4-2）

此类板型根据前面讲述的插肩袖的构成原理，先做出基本的身结构和一片袖，其后进行插肩袖设计，遵循结构原理和缝制需要调整完成整个板型制作，如图4-2所示。

成品规格（cm）：
后中长68
胸围94
袖长23
袖肥35
前肩斜15：4
后肩斜15：3.1

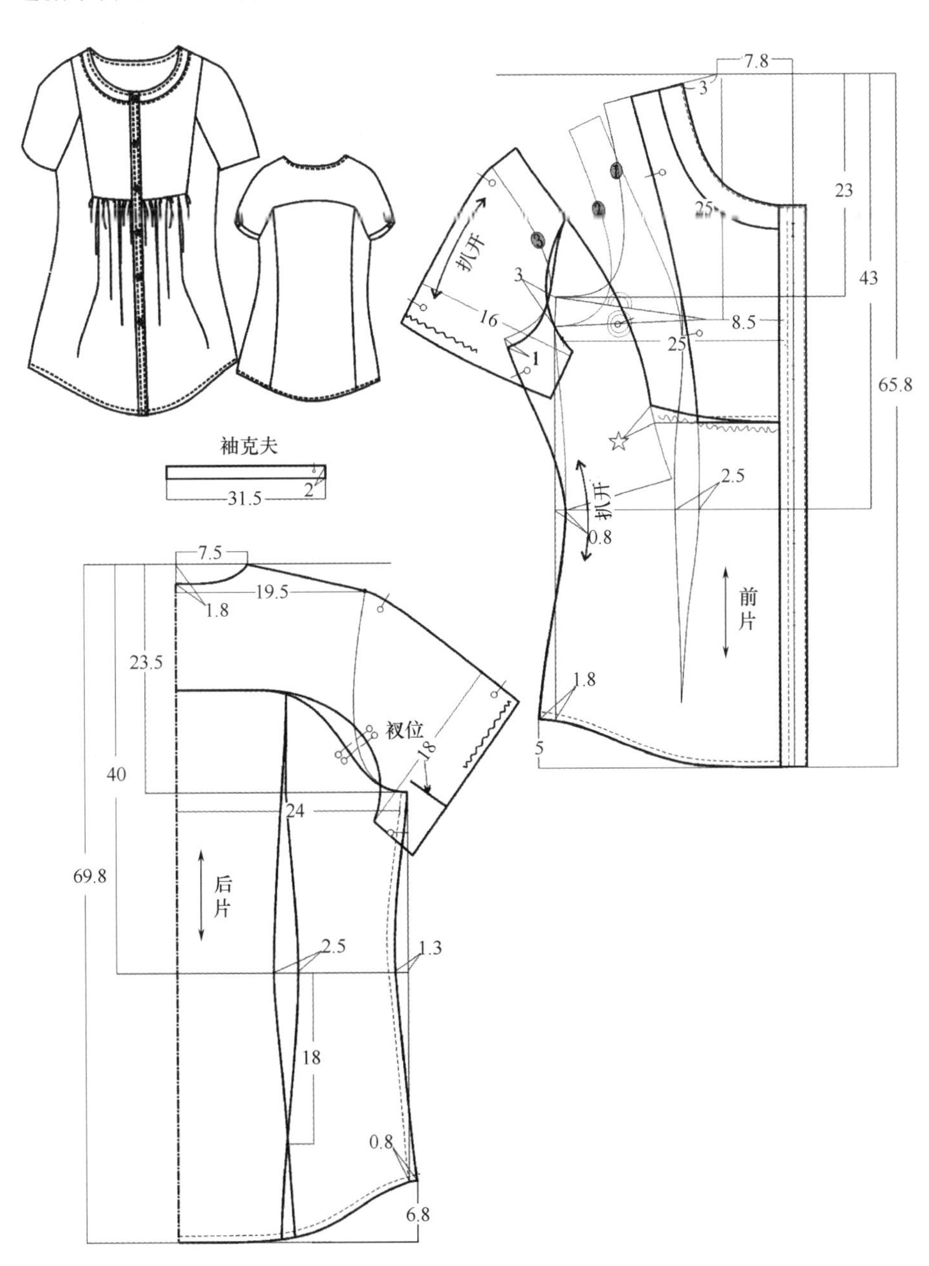

图4-2

三、韩版针织长衫

1.款式一（图4-3）

成品规格（cm）：后中长71.5　肩宽36　胸围81　袖长12　前肩斜15：6.2　后肩斜15：5.2

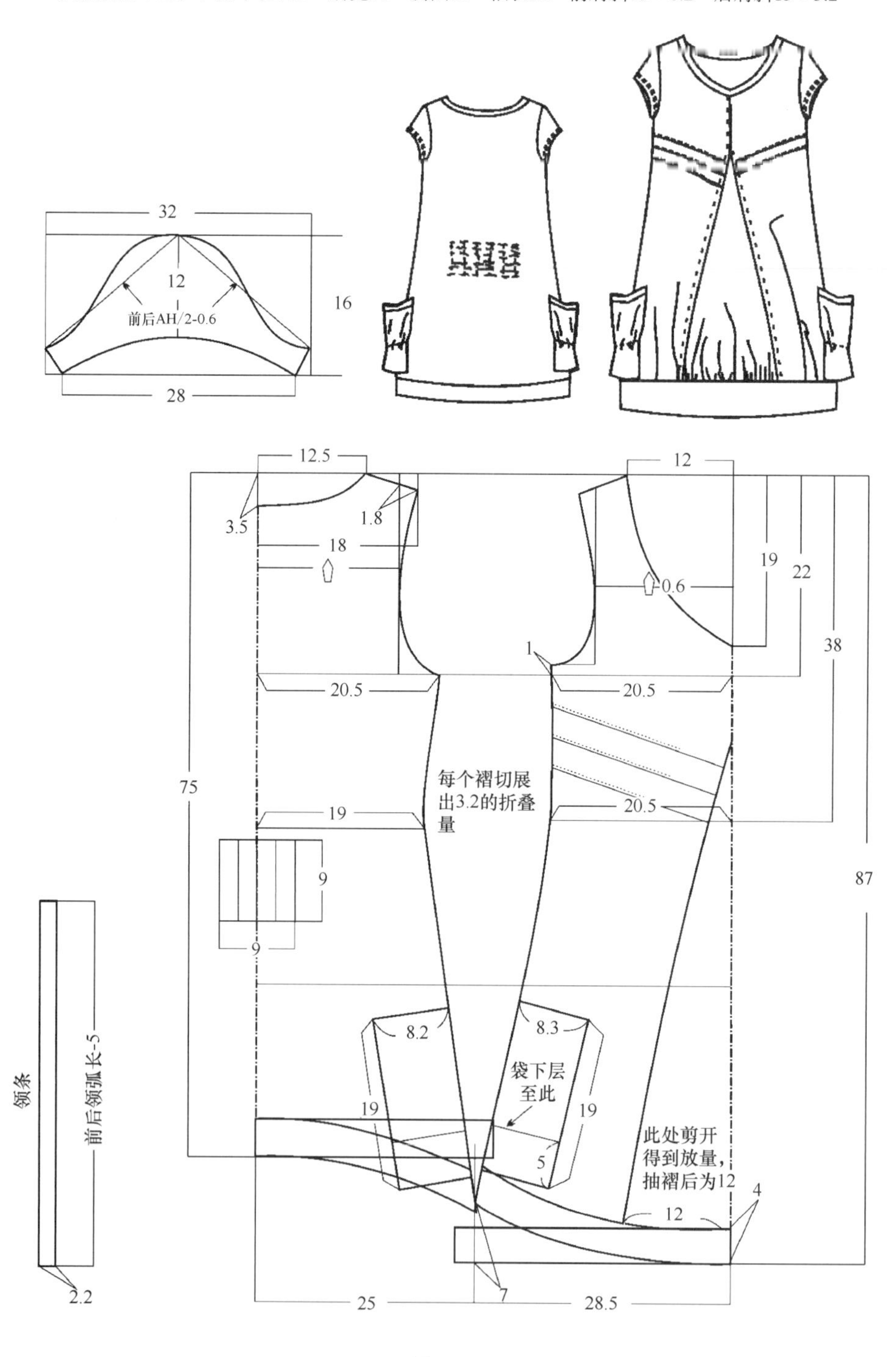

图4-3

2.款式二（图4–4）

成品规格（cm）：后中长75.5 胸围84 挂肩19 袖肥32 袖口28 小肩宽4.5 肩斜15：5.6

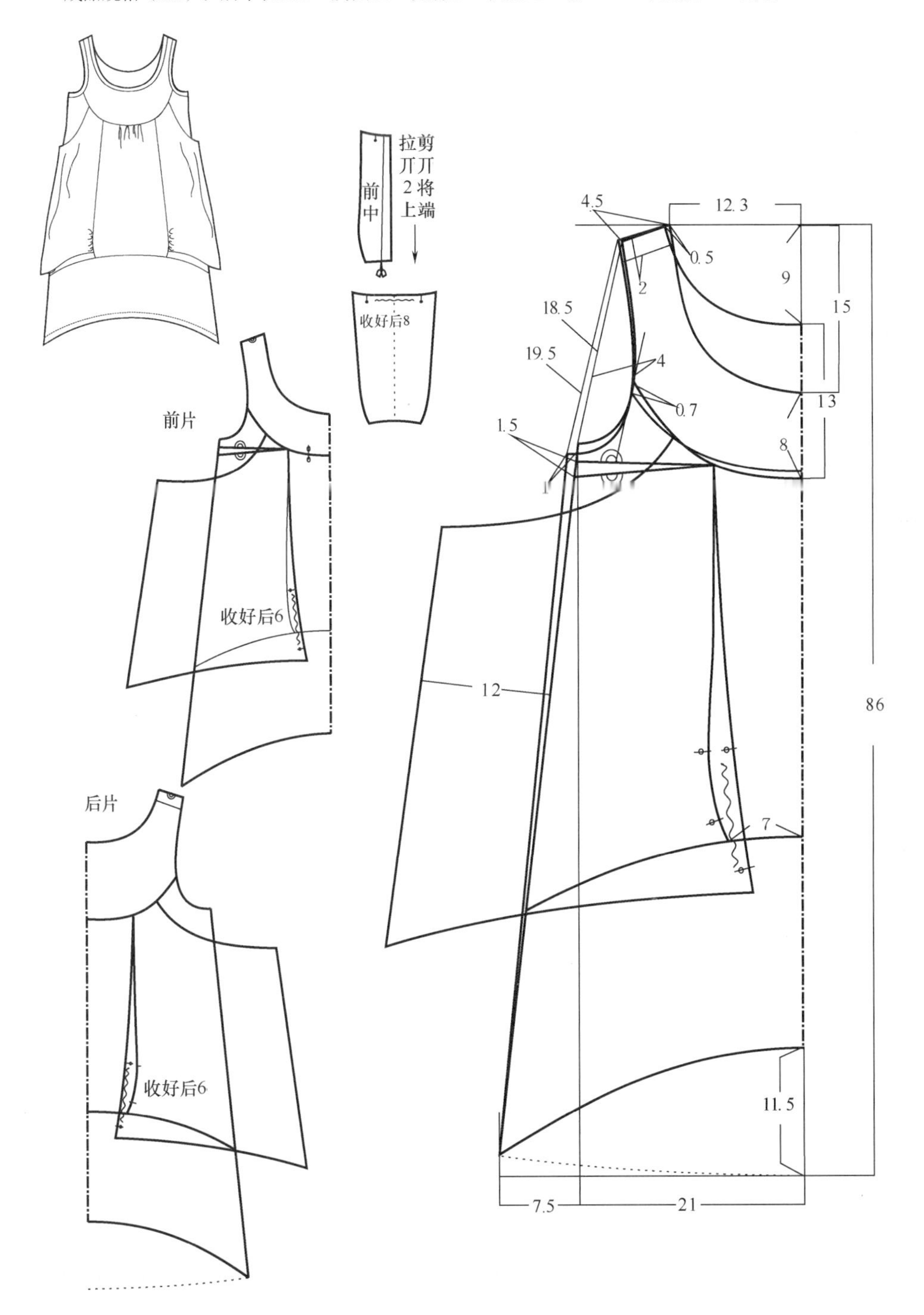

图4–4

3.款式三（图4–5）

成品规格（cm）：后中长75.5　袖长12.5　胸围104　袖口37

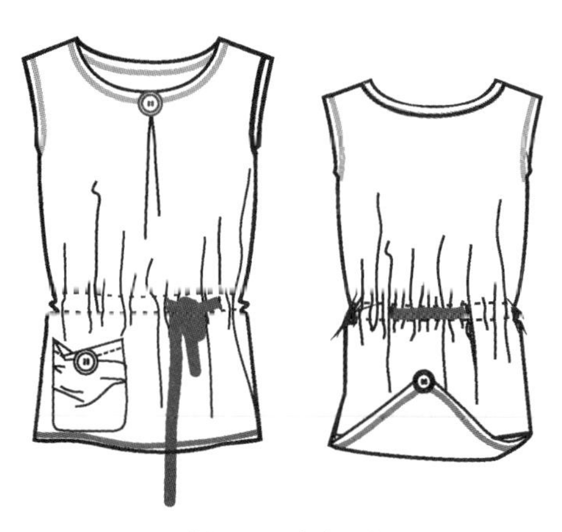
弹性较小的针织面料

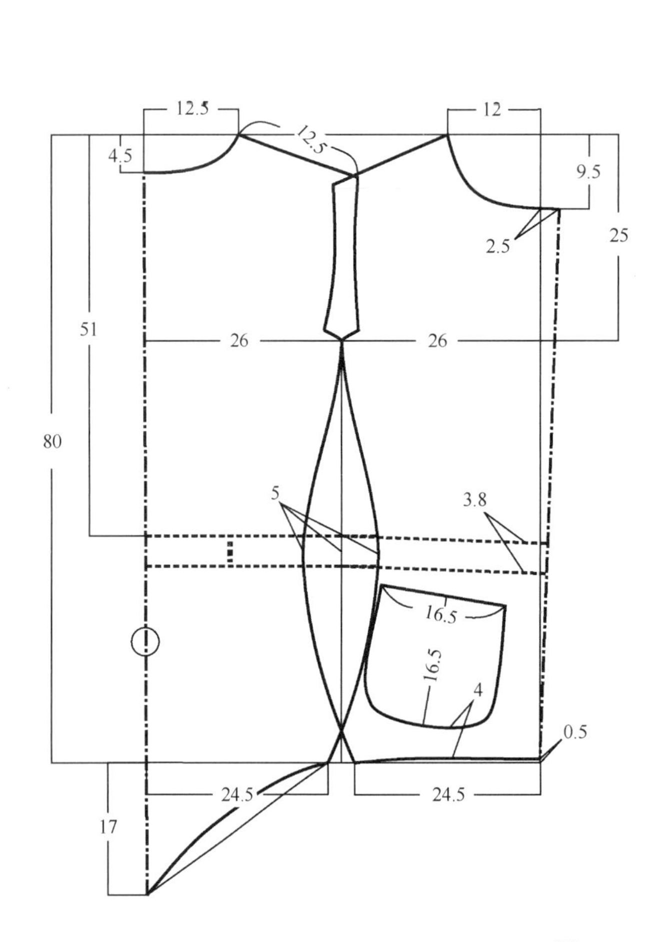

图4–5

这个款式最值得借鉴的地方是腰部设计，腰部外凸的形状满足腰部松量塑造造型的需要，松量空间为褶皱的表达提供了良好条件。一个平面的板型在如此设计下气质发生了变化，腰间带子收回后立体感自然衍生。

款式比较平面的宽松式服装比较讲究平面卖相，在工艺方法上尽可能地处理得平整简单。在这个款式中领圈和脚边袖口都是直接坎虾苏线，缝份留到1.5cm，不用单独出内贴。如此大的缝份既配合了款式的比例也符合简单的工艺。如果缝份再加大，将会出现缝合差过大，造成不平服，熨烫也解决不了如此矛盾。太小则与款式面积比例失调。

四、胸前收皱长袖衫（图4-6）

成品规格（cm）：后中长61　胸围90　肩宽33.6　袖长59.5　袖肥　33.5　袖口20　前肩斜15：5.5　后肩斜15：5

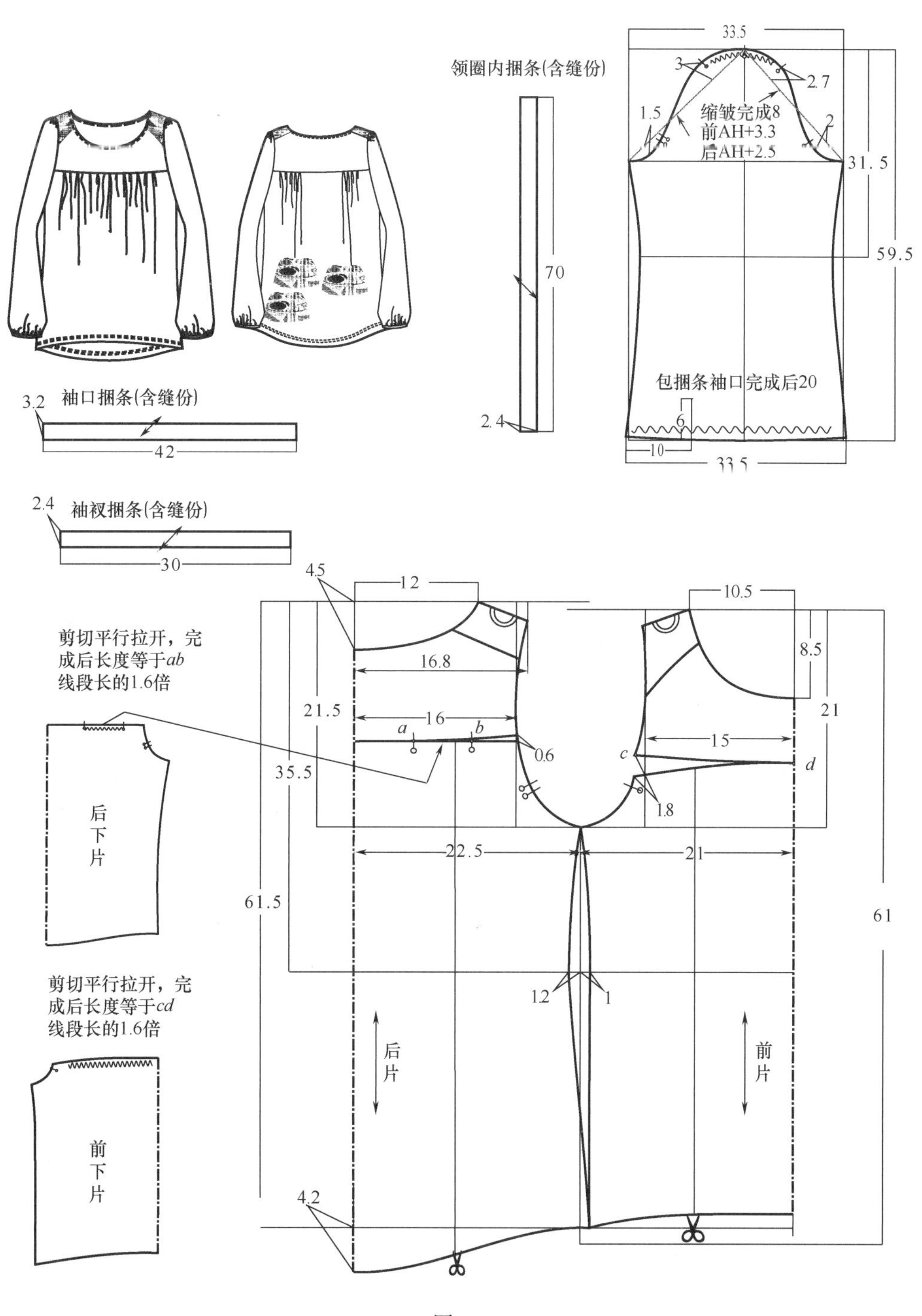

图4-6

五、V型门襟衬衫（图4-7）

成品规格（cm）：后中长74　肩宽38　胸围92　袖长61　袖肥32　袖口29　前肩斜15：5　后肩斜15：5.3

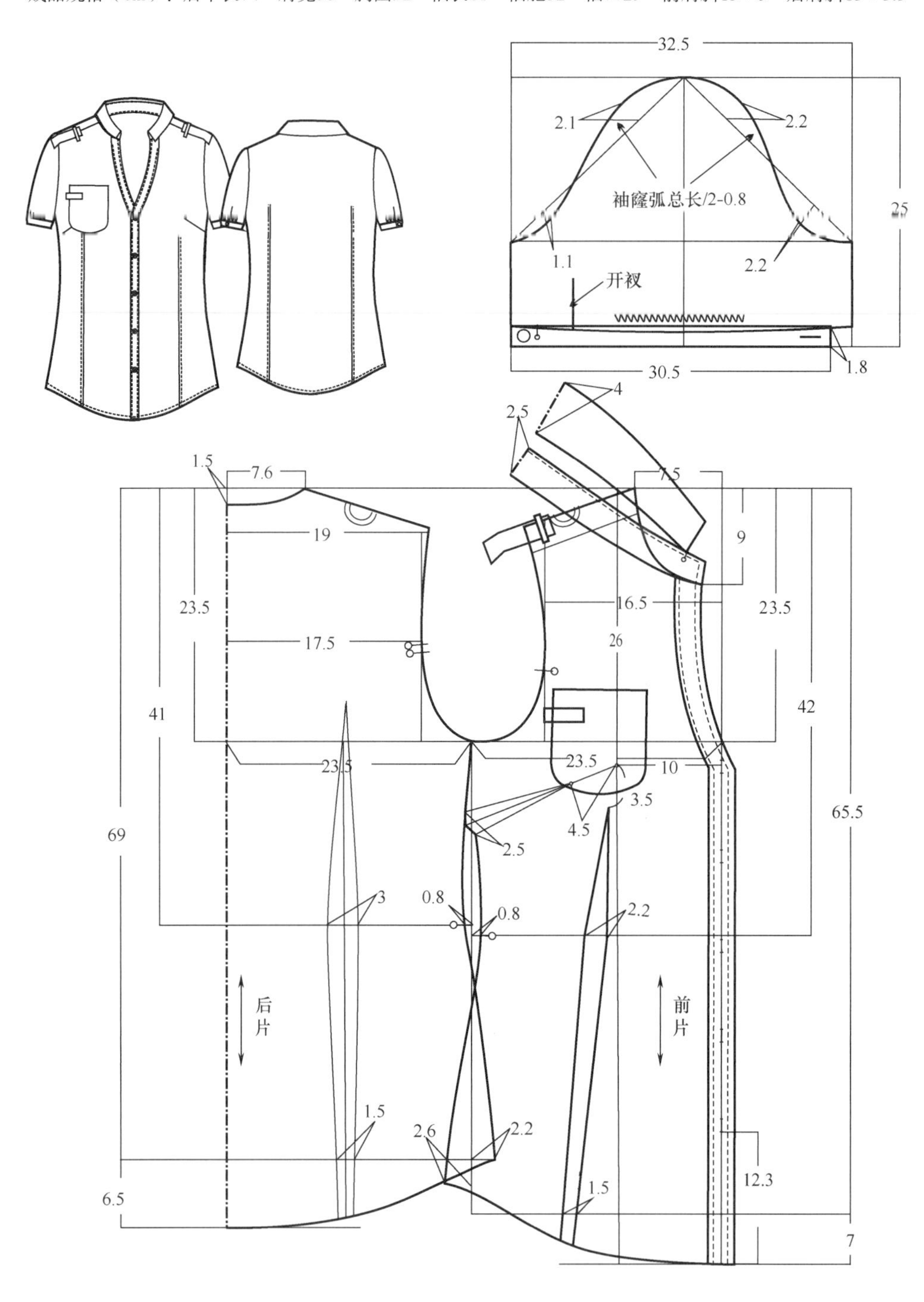

图4-7

六、泡泡袖荷叶边衬衫（图4-8～图4-12）

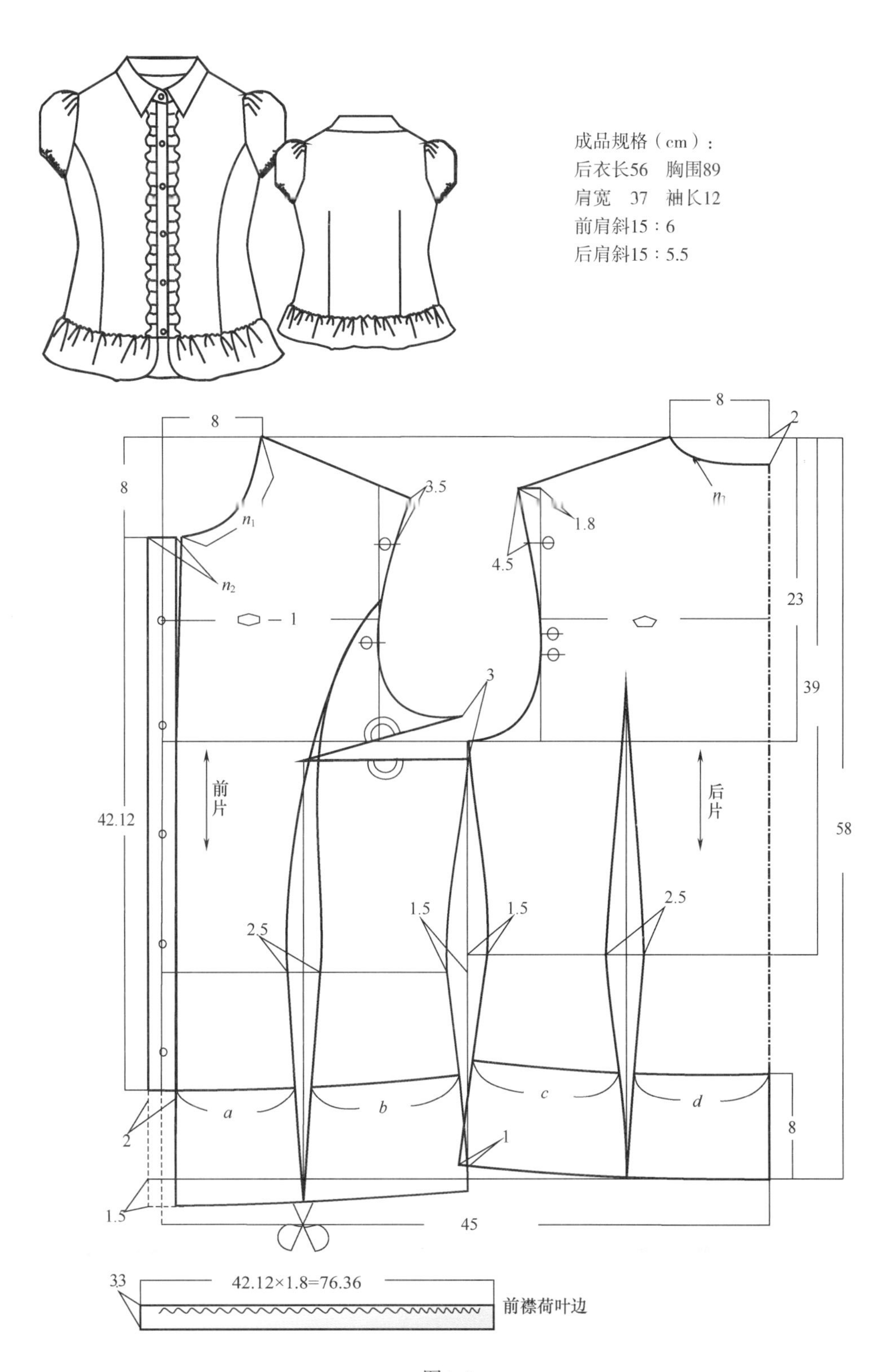

图4-8

根据八片结构思路略作变通，运用到此款衬衫制板中。把分割的位置换为省道，胸省量转化到腰省里。

下脚边的褶量设计如图4-9所示。图中乘号后面的数据1.8是缩褶需要的设计倍数。如果缩褶越密集，这个数值越大，反之如果需要的缩皱量小则此数值改小即可，一般最常用的就是1.2～2倍。例如，脚口荷叶边大，脚口下段尺寸相加后乘以1.8倍，最后车缝时控制到原脚口下段尺寸相加之和，前中的花边亦是如此。

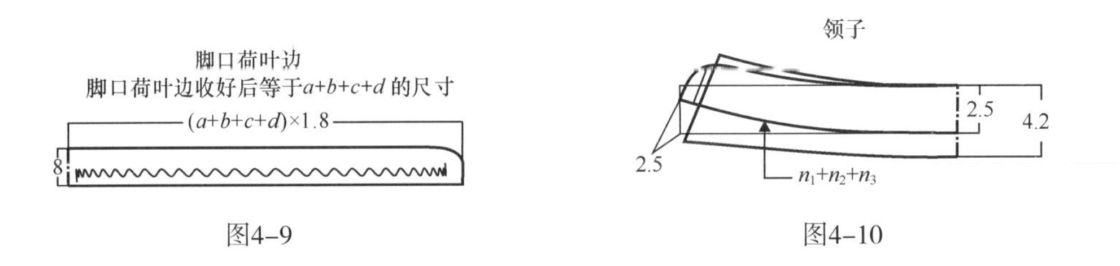

图4-9　　图4-10

在平面制板中遇到有褶皱的款式，利用纸样切展的方法将平面演化为立体。先将正常的基本袖配好，然后据此切展出自己所需要的褶皱量。在款式需要褶皱位置剪开拉大到板型所需要的量。本款是袖山肩部前后4cm段内需要褶皱，袖口由橡筋线缩回至成品所需的一种上下都需要褶皱的泡泡袖，所以采用下面的方法平行拉开就可，如图4-11所示。

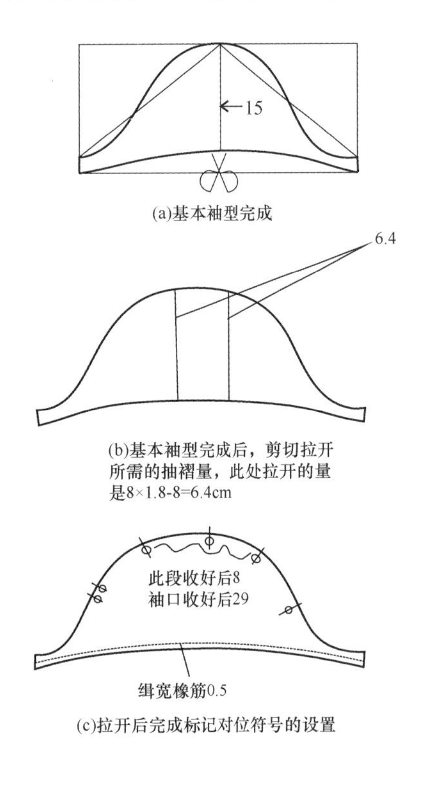

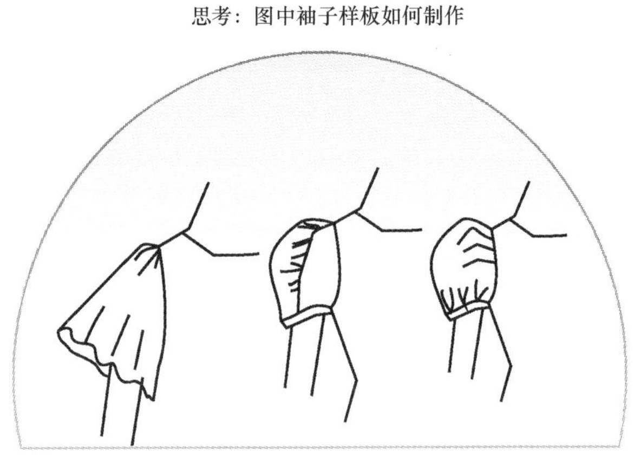

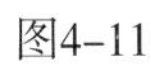
图4-11　　图4-12

七、灯笼袖衬衫（图4-13）

成品规格（cm）：后中长58　胸围90　肩宽29　袖肥32　袖口25.5　袖长40　前肩斜15：5.2　后肩斜15：4.6

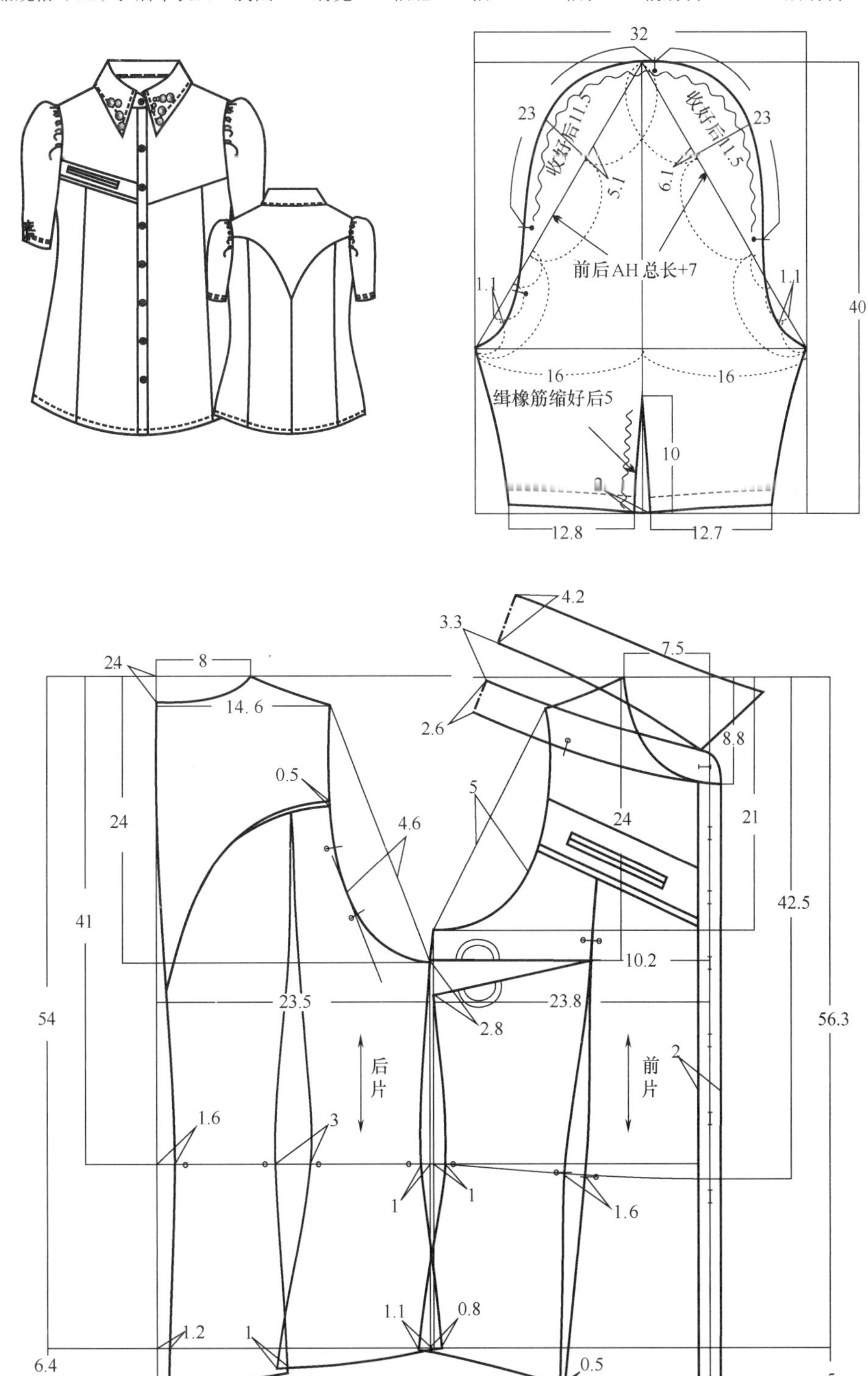

图4-13

近年流行的泡泡袖造型有所减肥，衣身肩宽小，袖肥小。泡起的量堆积在袖山上端，立体感强、精致。这个款式的袖型设计就是充分利用袖山升高既做出了造型所需量，又用袖山弥补了肩宽不足，前后肩线稍稍内弯。

八、胸前分割长袖衬衫（图4-14、图4-15）

成品规格（cm）：
后中长56　肩宽38
袖长58　胸围90
袖肥10　摆围93
袖口19　前肩斜15：6
后肩斜15：5

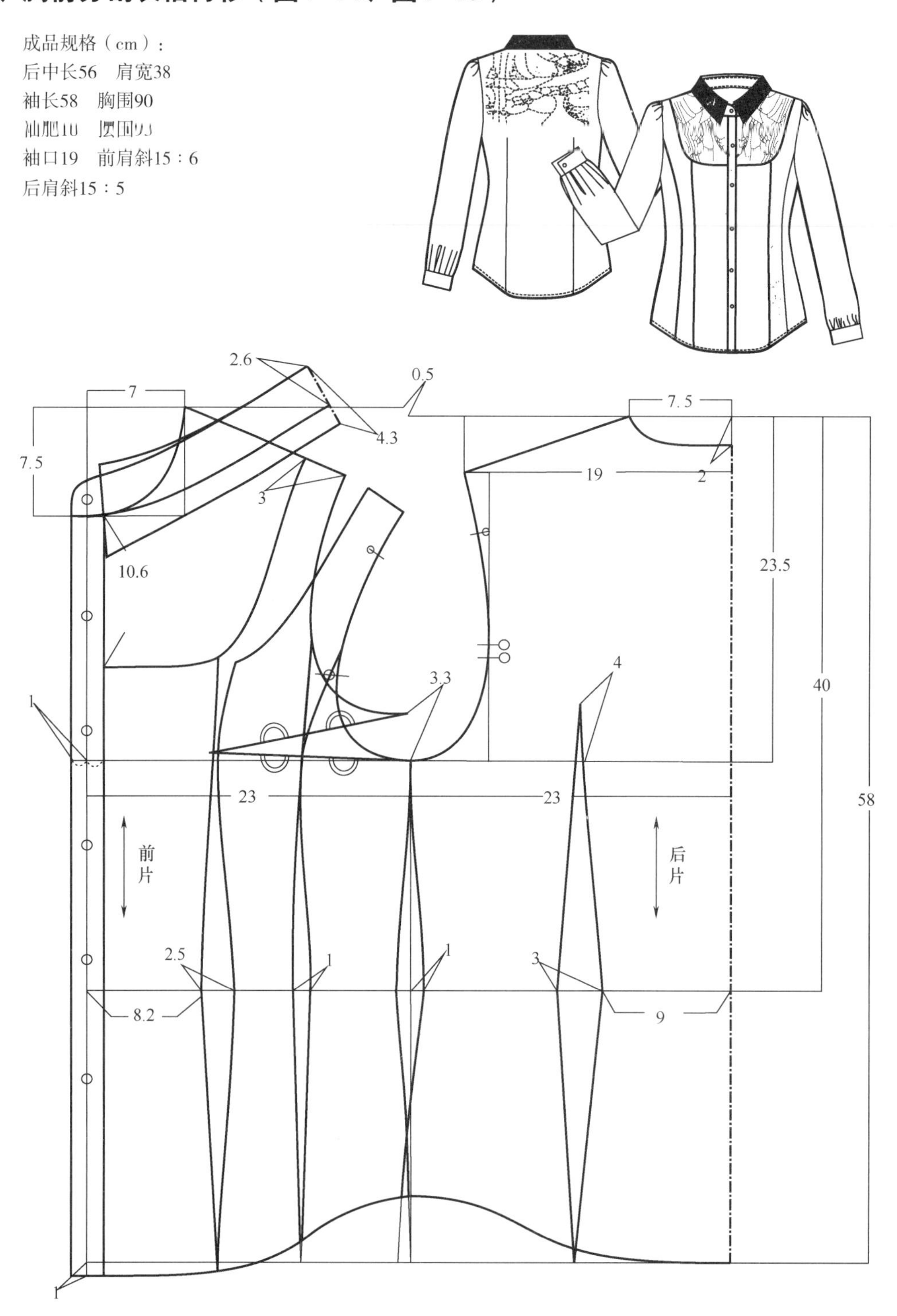

图4-14

设计好袖山头的褶量和位置段设计好，把所有对位点标上。此处袖山头的是一种碎褶，与袖口不同，袖口则是倒褶。袖口褶位置设计安排要合理。收够袖克夫所需尺寸；画好袖叉位置，袖口的褶倒向用箭头表示。

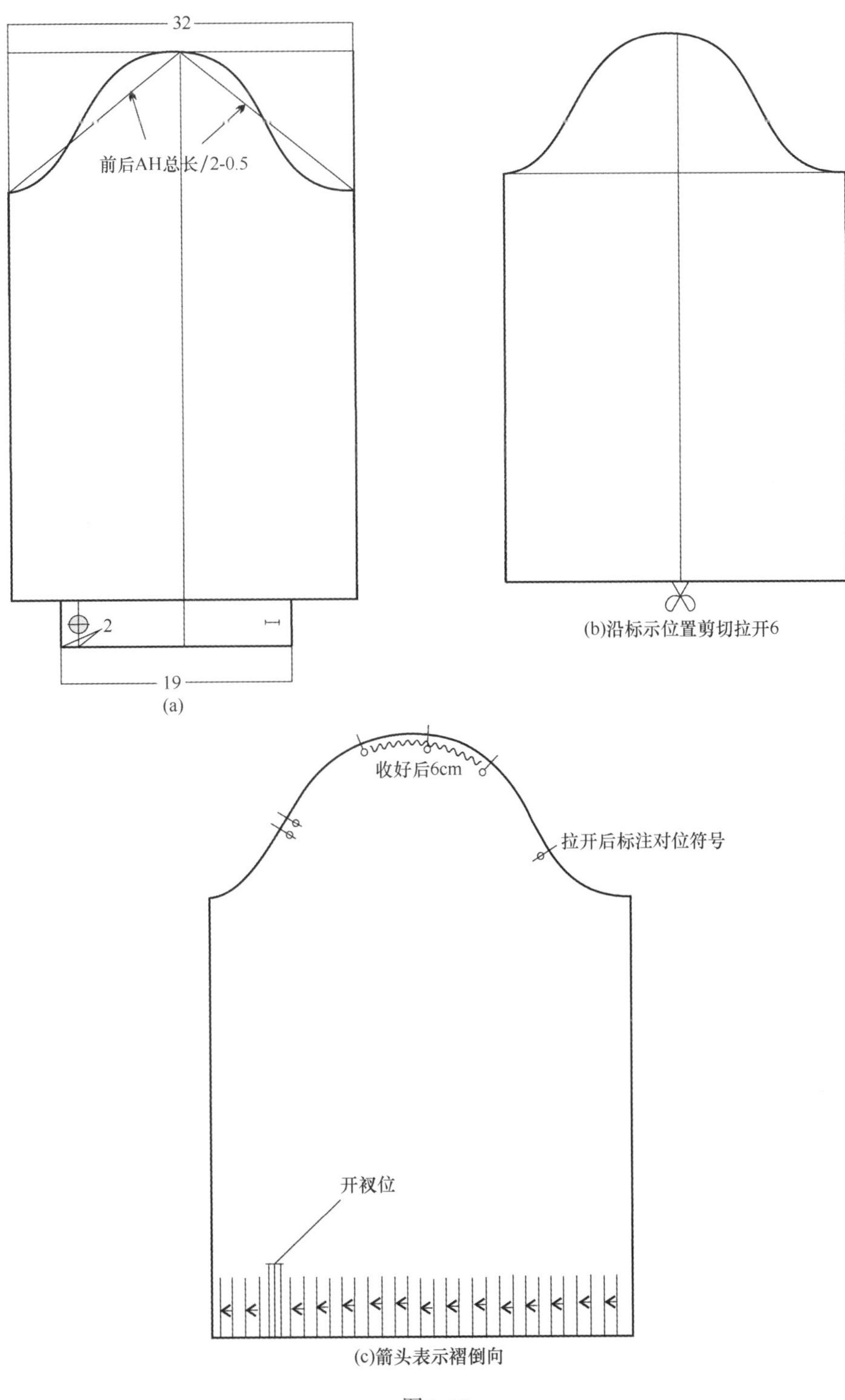

(a)

(b)沿标示位置剪切拉开6

(c)箭头表示褶倒向

图4-15

九、圆弧下摆衬衫（图4–16）

成品规格（cm）：后中长60.5　袖长60　胸围90　肩宽38　袖口（扣起）21　袖肥31　前肩斜15：6.2　后肩斜15：5.3

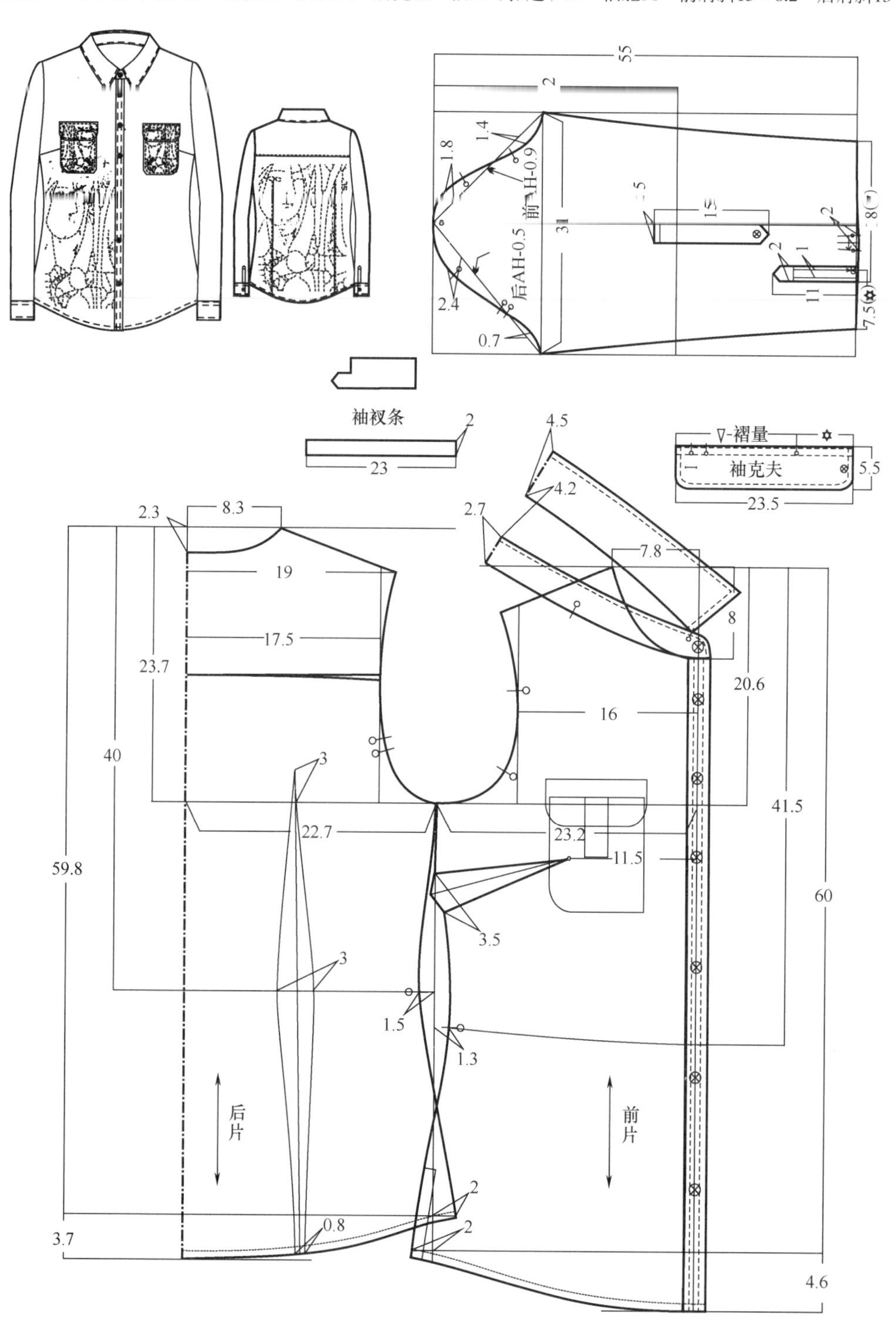

图4–16

十、创意门襟衬衫（图4-17）

成品规格（cm）：后中长56　袖长58　胸围94　肩宽37　袖口29　袖肥32　前肩斜15：6　后肩斜15：5

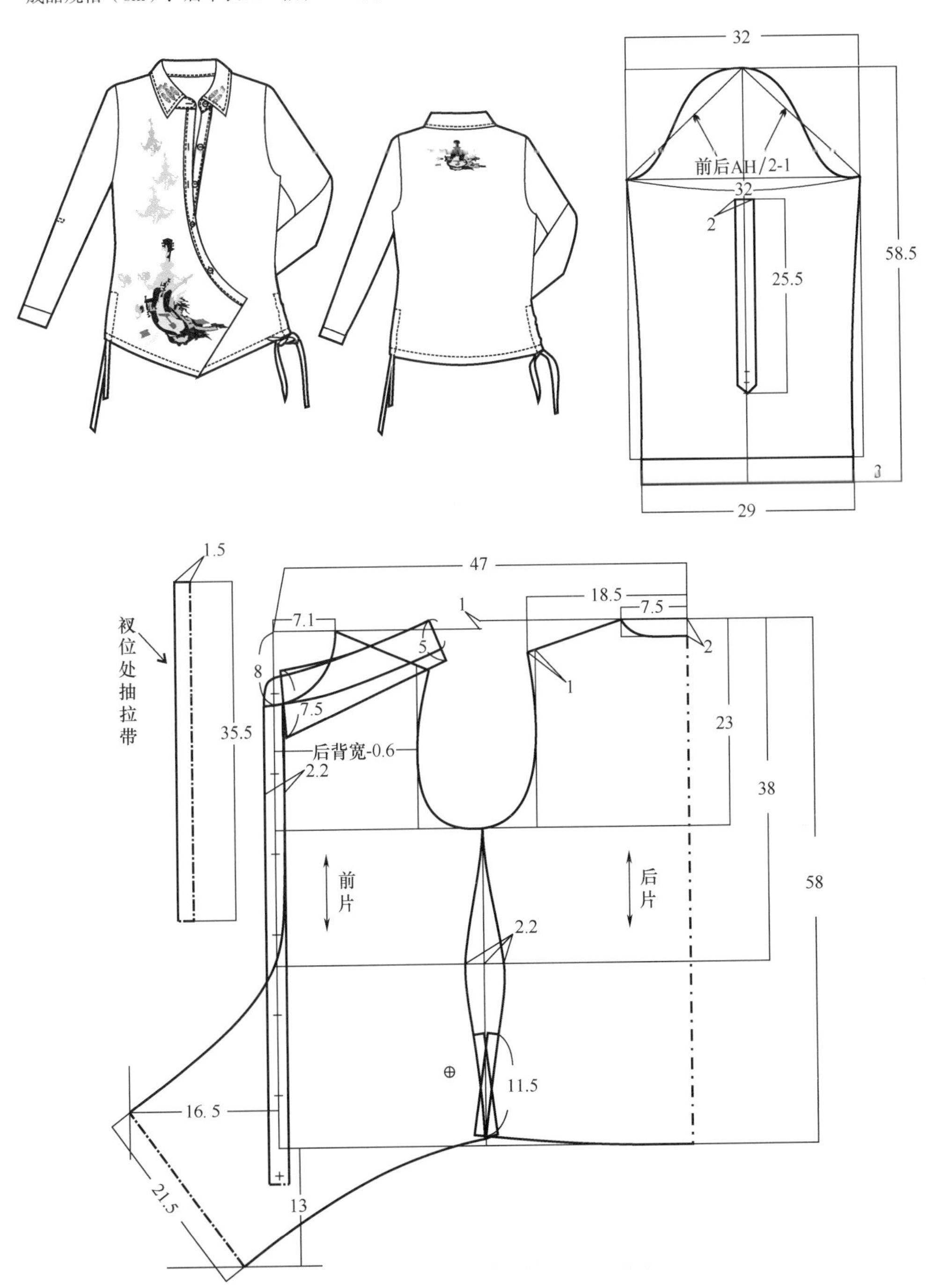

图4-17

十一、后背分割长款衬衫（图4-18）

成品规格（cm）：
后中长92　肩宽40
胸围96　袖长59.5
袖肥36
袖口（扣起）20.5
前肩斜15：5.8
后肩斜15：4.5

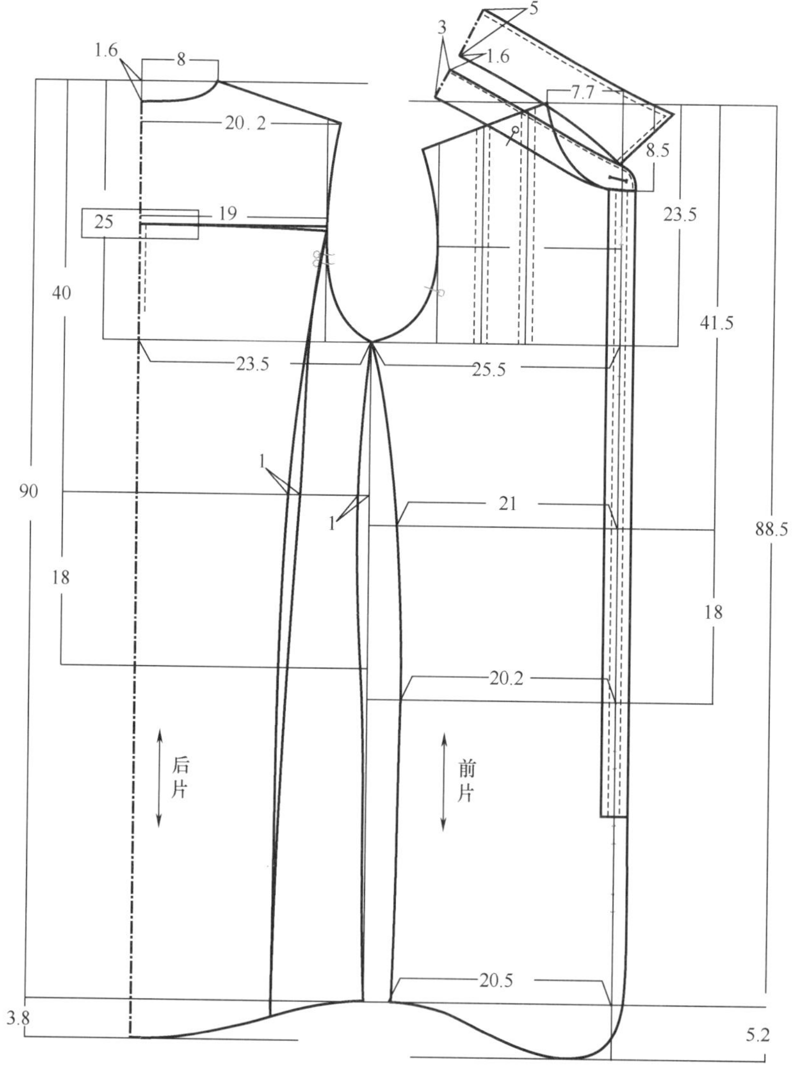

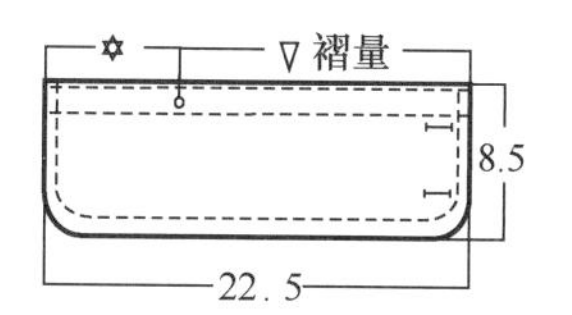

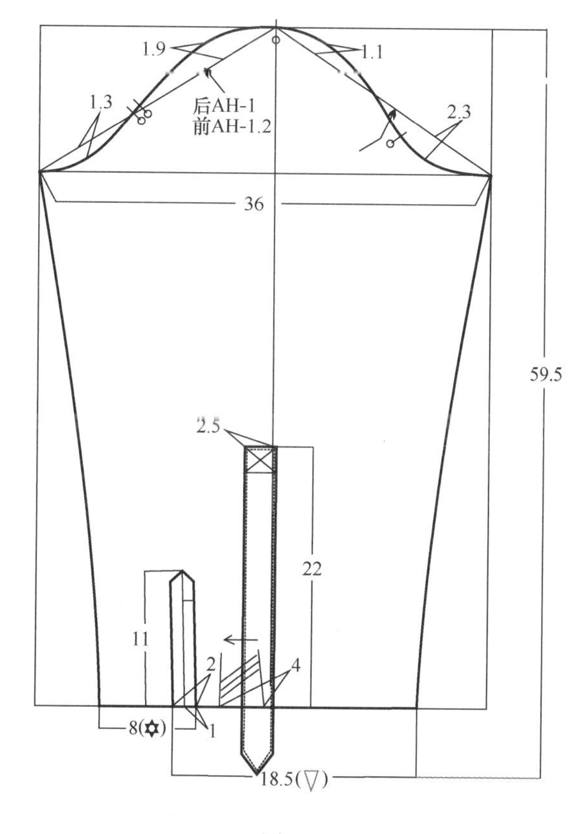

图4-18

此款是修长的板型，修去腋下至下摆部分面积后，显得修长精致，整体轮廓形成一种有尺度的放松与起伏。肩宽的面积与整体板型轮廓感配合，再加入褶量后生成一款自然风格的长衬衫。

第五章　裤装

一、修身小脚牛仔裤（图5-1）

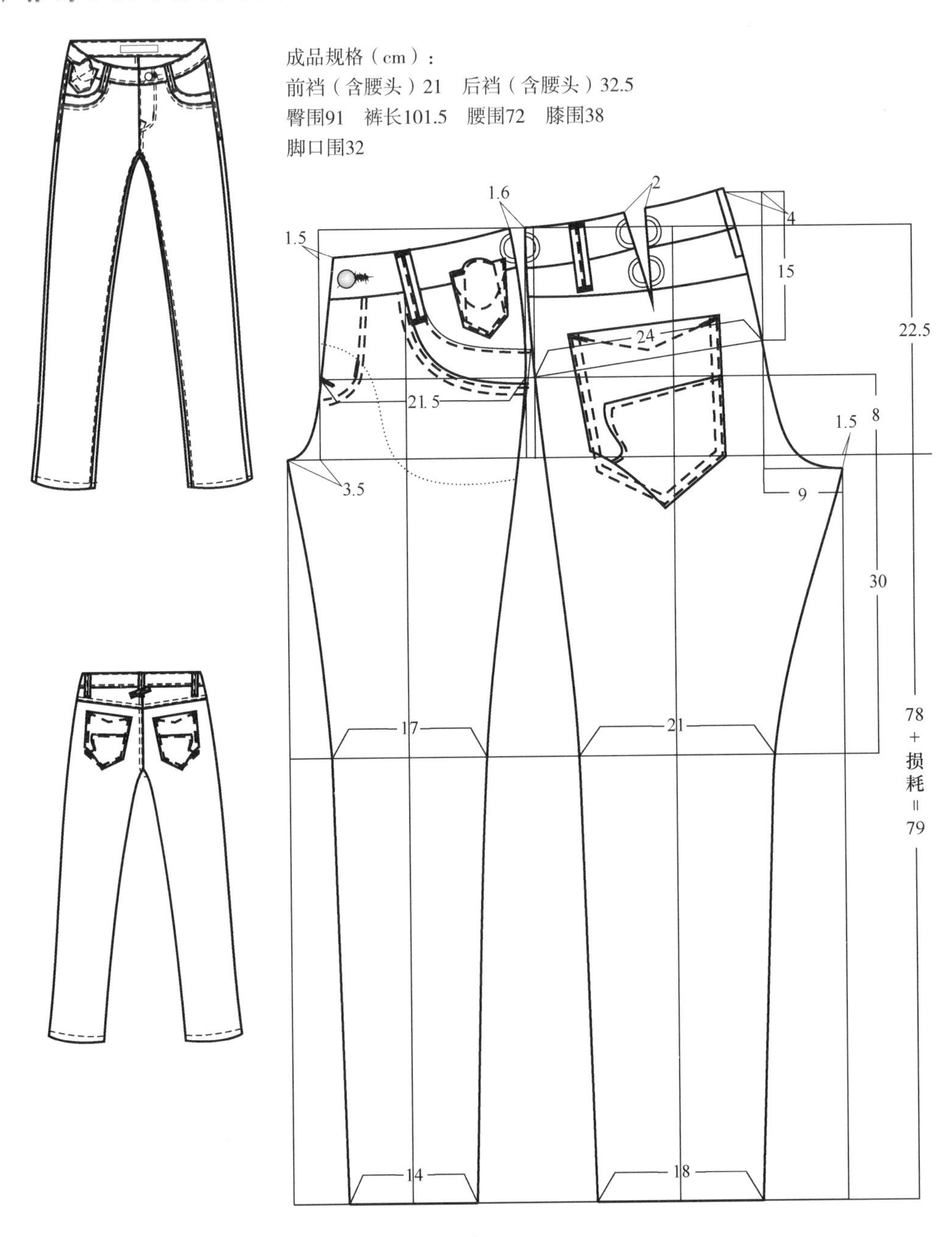

图5-1

二、直筒牛仔裤（图5-2）

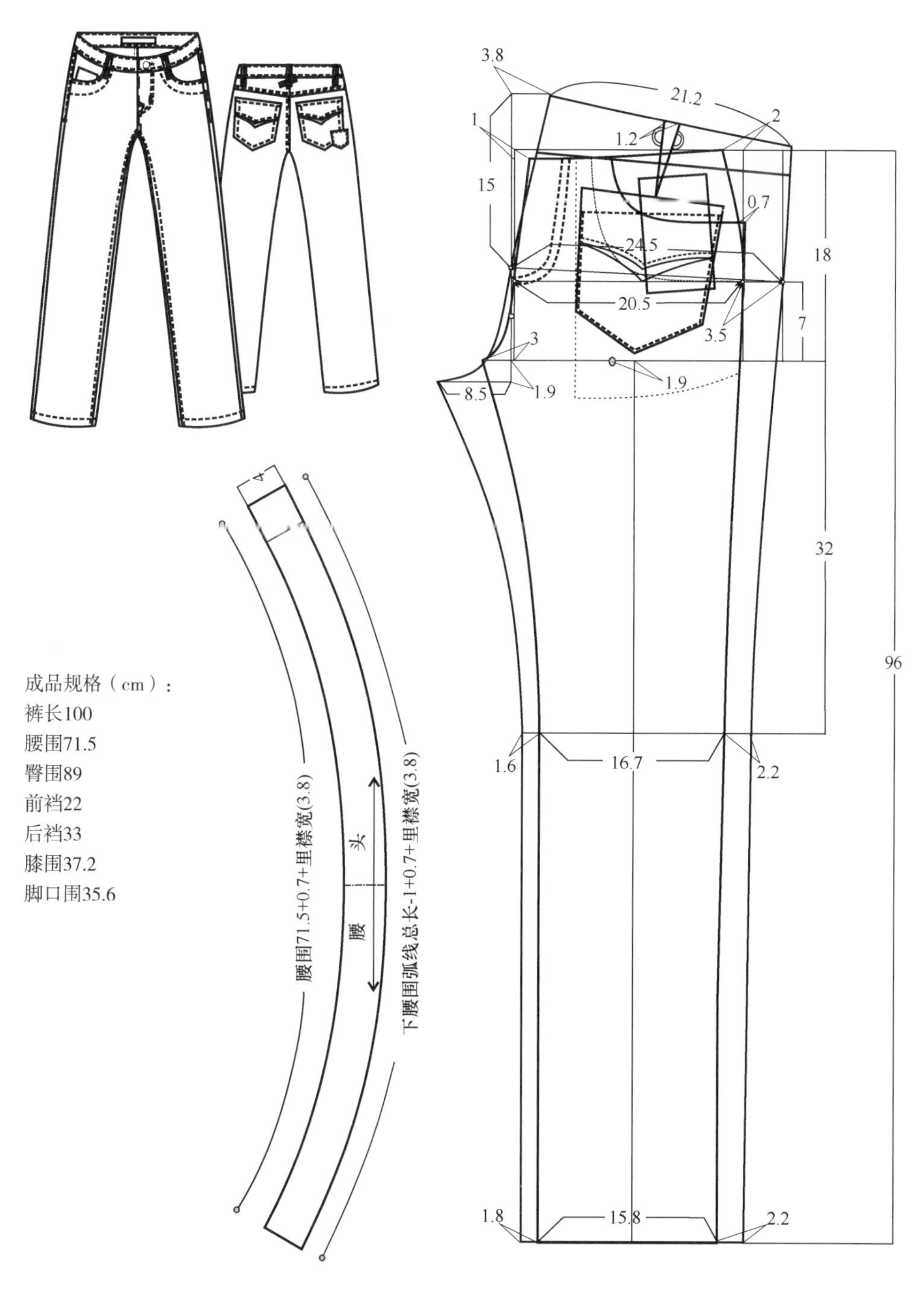

图5-2

三、宽松牛仔裤（图5-3）

牛仔裤的板型变化并不是特别大，在口袋、腰头等细节处变化较多，加以印花和绣花洗水等工艺手法推陈出新。这种款式与合体裤子相比较为宽松，在裤腿、臀围、前后裆的松量都较为宽裕，整体展现出一种大气的立体造型。

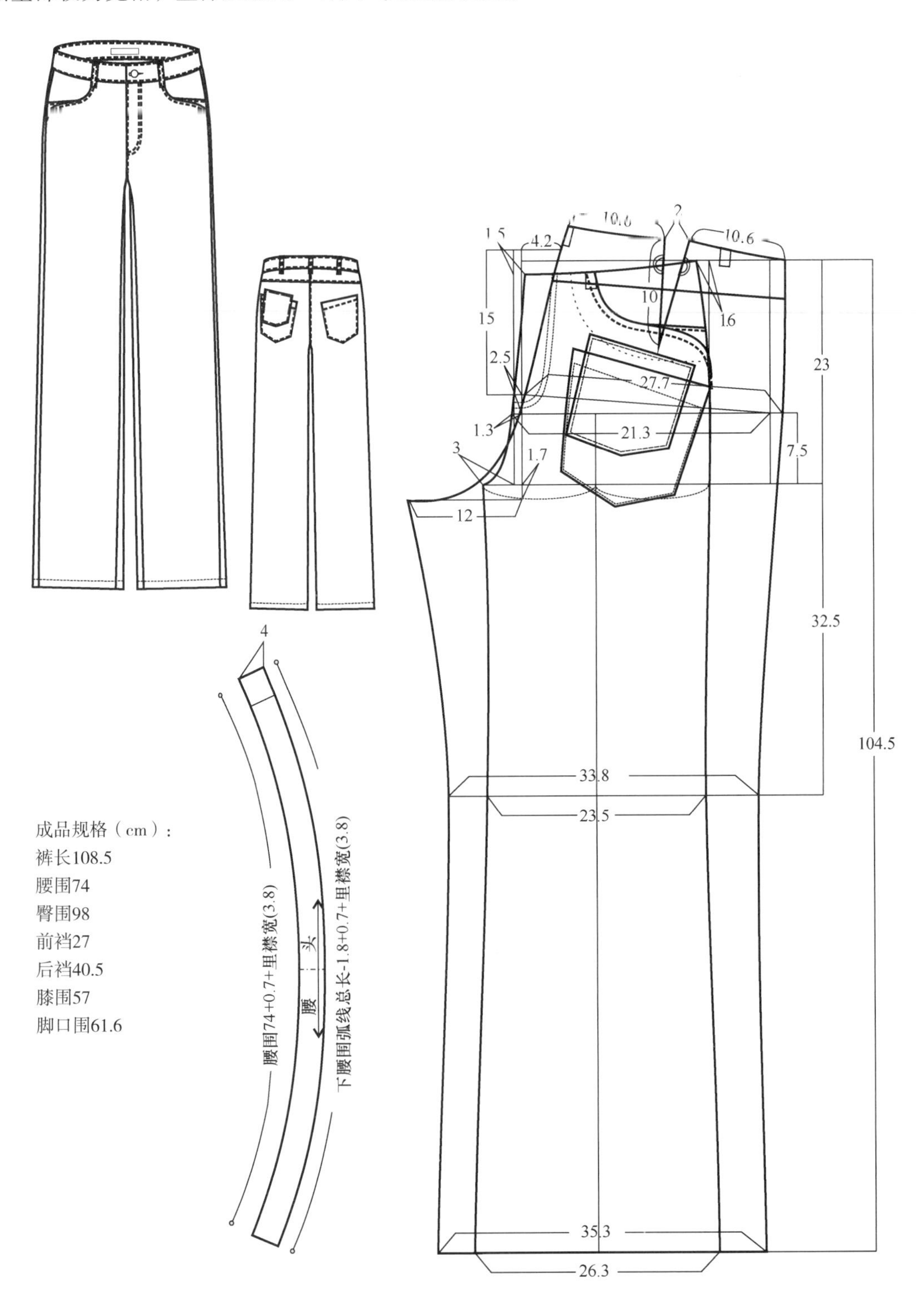

图5-3

四、喇叭牛仔裤（图5-4）

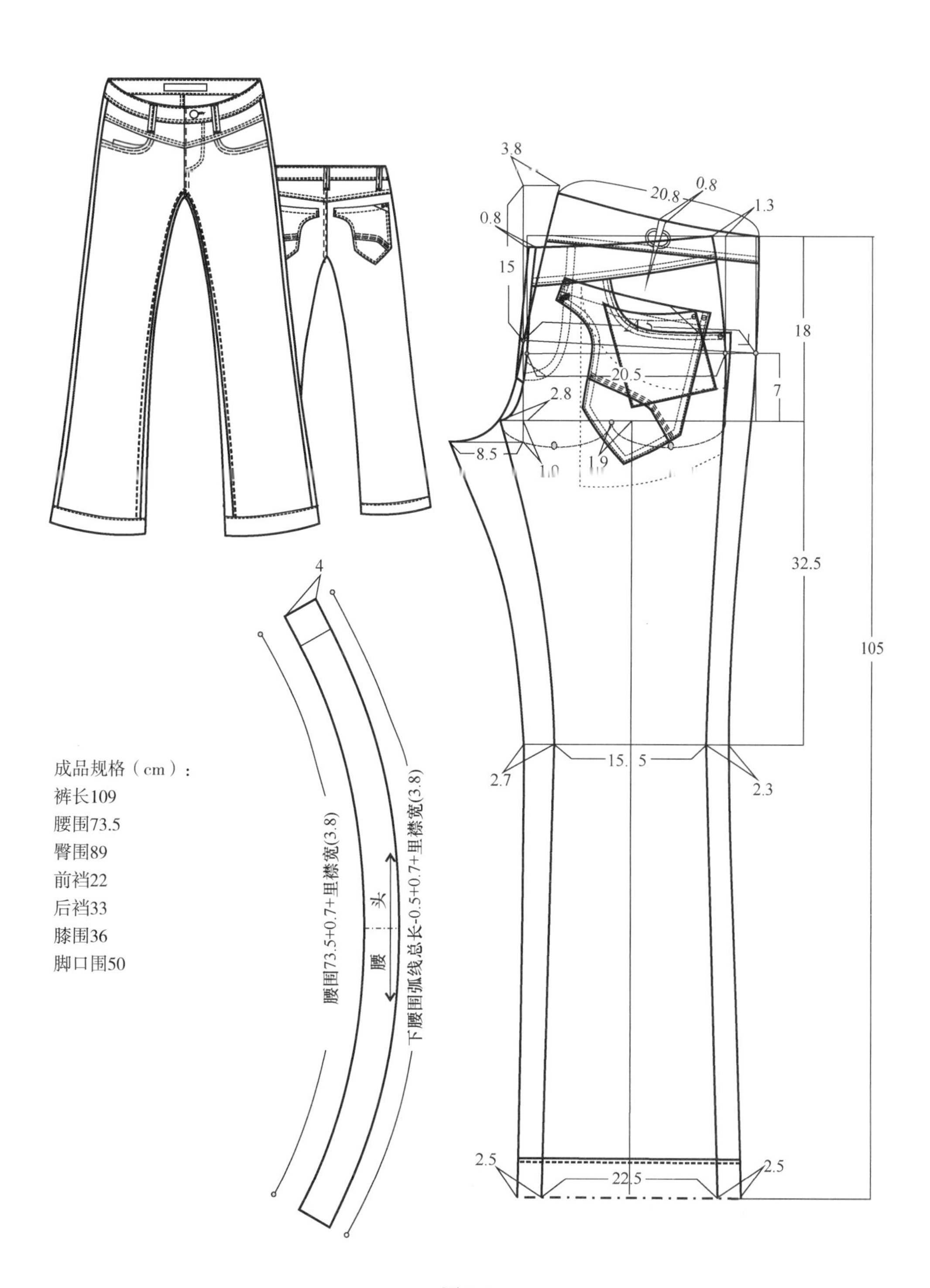

图5-4

五、袋口有省牛仔裤（图5-5）

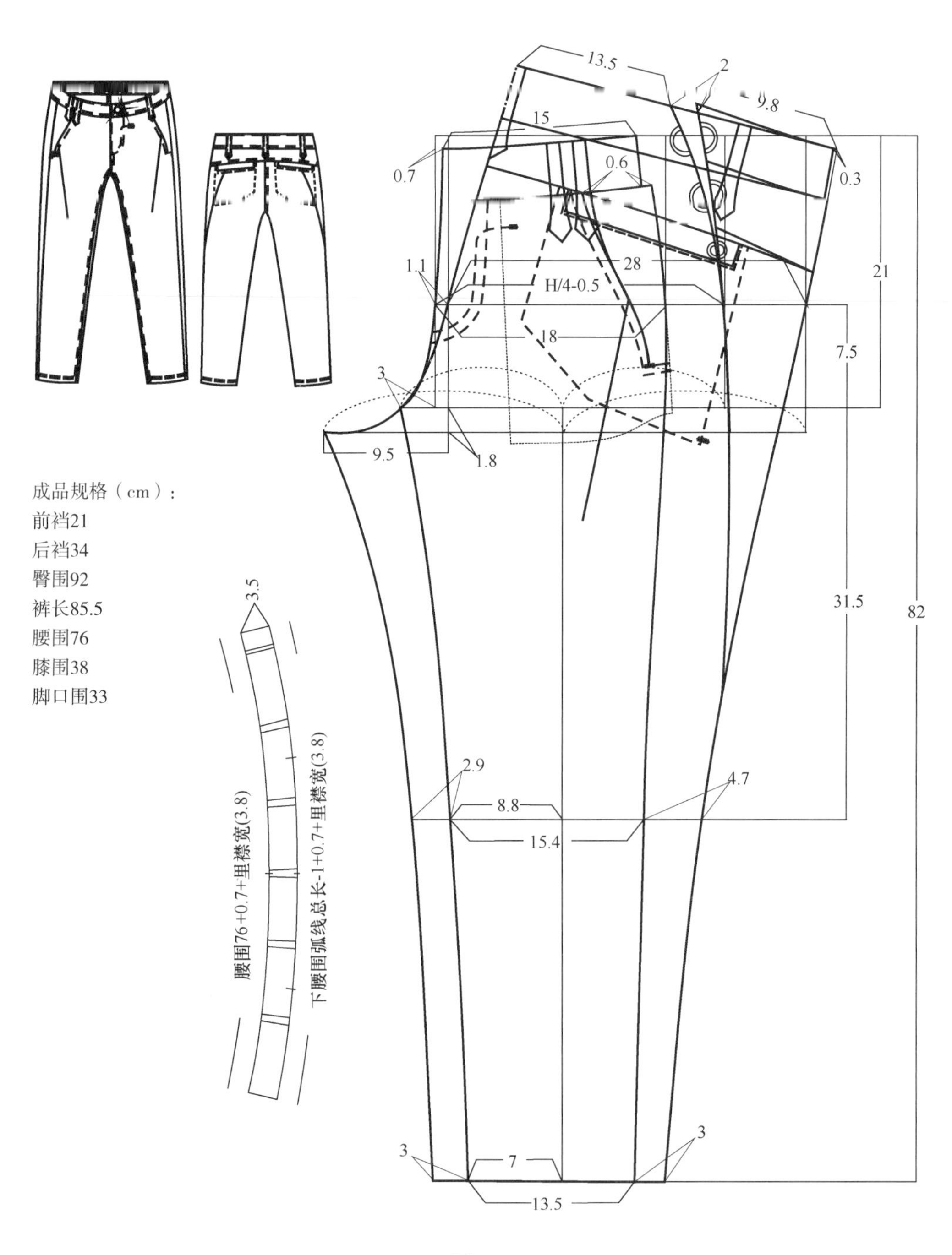

图5-5

六、罗纹腰头牛仔裤（图5-6）

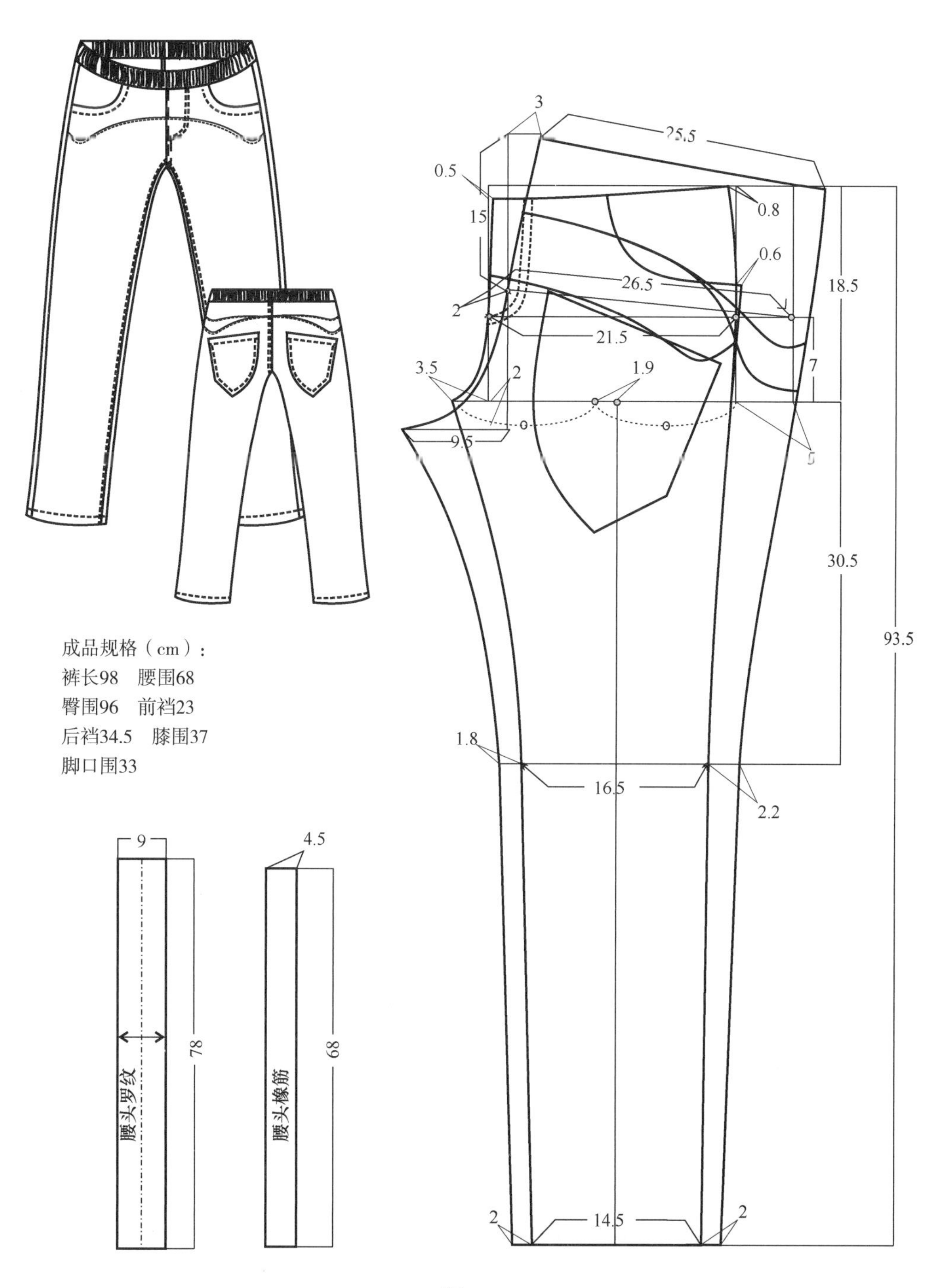

图5-6

七、哈伦裤（图5-7）

制板时，每个品牌基础码采用的规格不同。品牌定位消费群体的体型特征决定了基码采用的规格。国内板型一般以S码和M码为基码。如果采用英寸标识，基码则以26～27码为起板时使用的基础码。这款哈伦裤属于稍微合体的板型，在设计板型时要考虑到褶量展开所增大的量。此处制板尺寸臀围只有89cm，切展后增加的尺寸弥补了人体和成品所需的松量。先把基本样绘制出来再进行切展，最后形成板型所需造型的样片。

成品规格（cm）：裤长90　前裆26　后裆33.3　腰围74　臀围94　膝围40　脚口围34

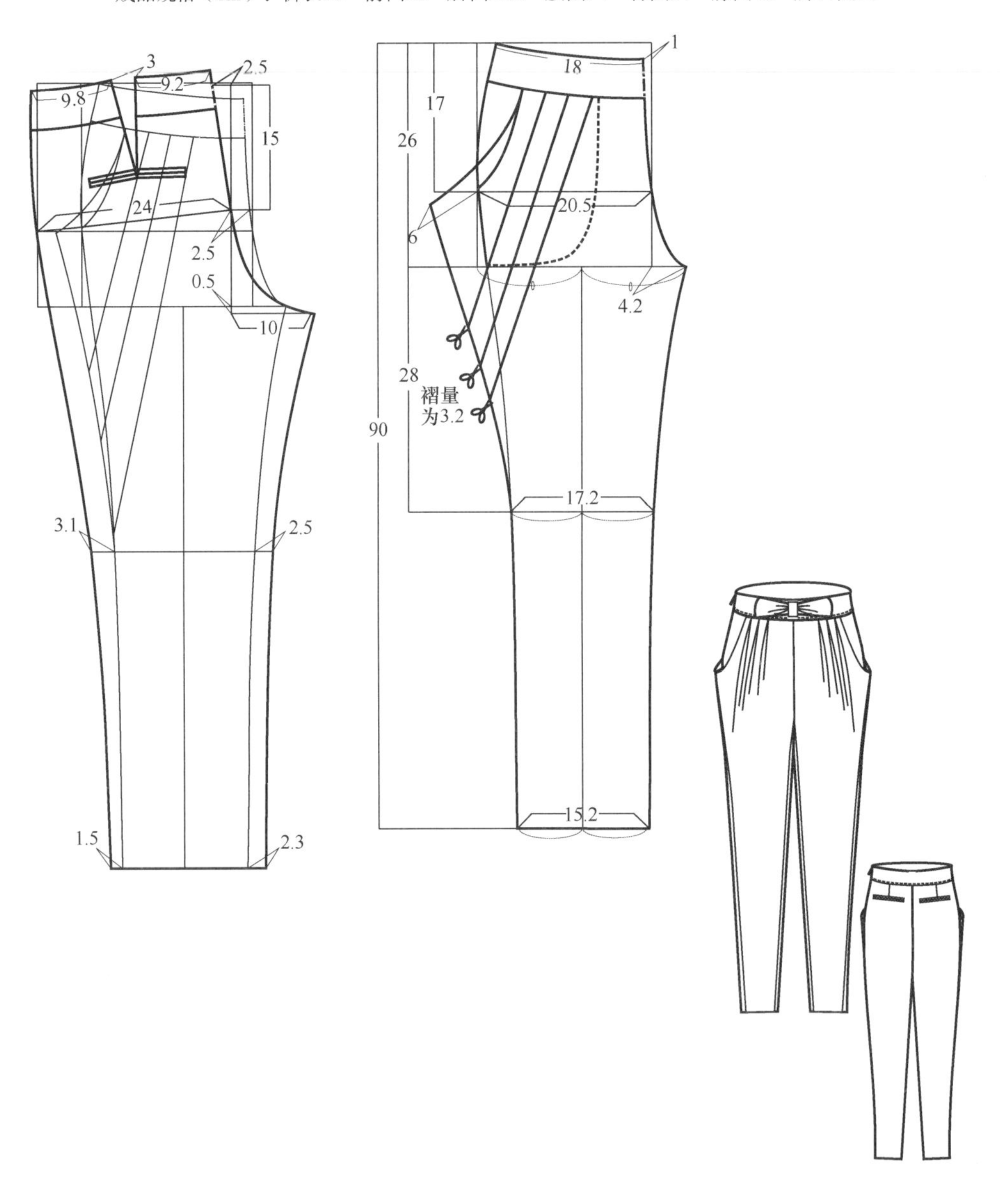

图5-7

八、掉裆裤（图5-8）

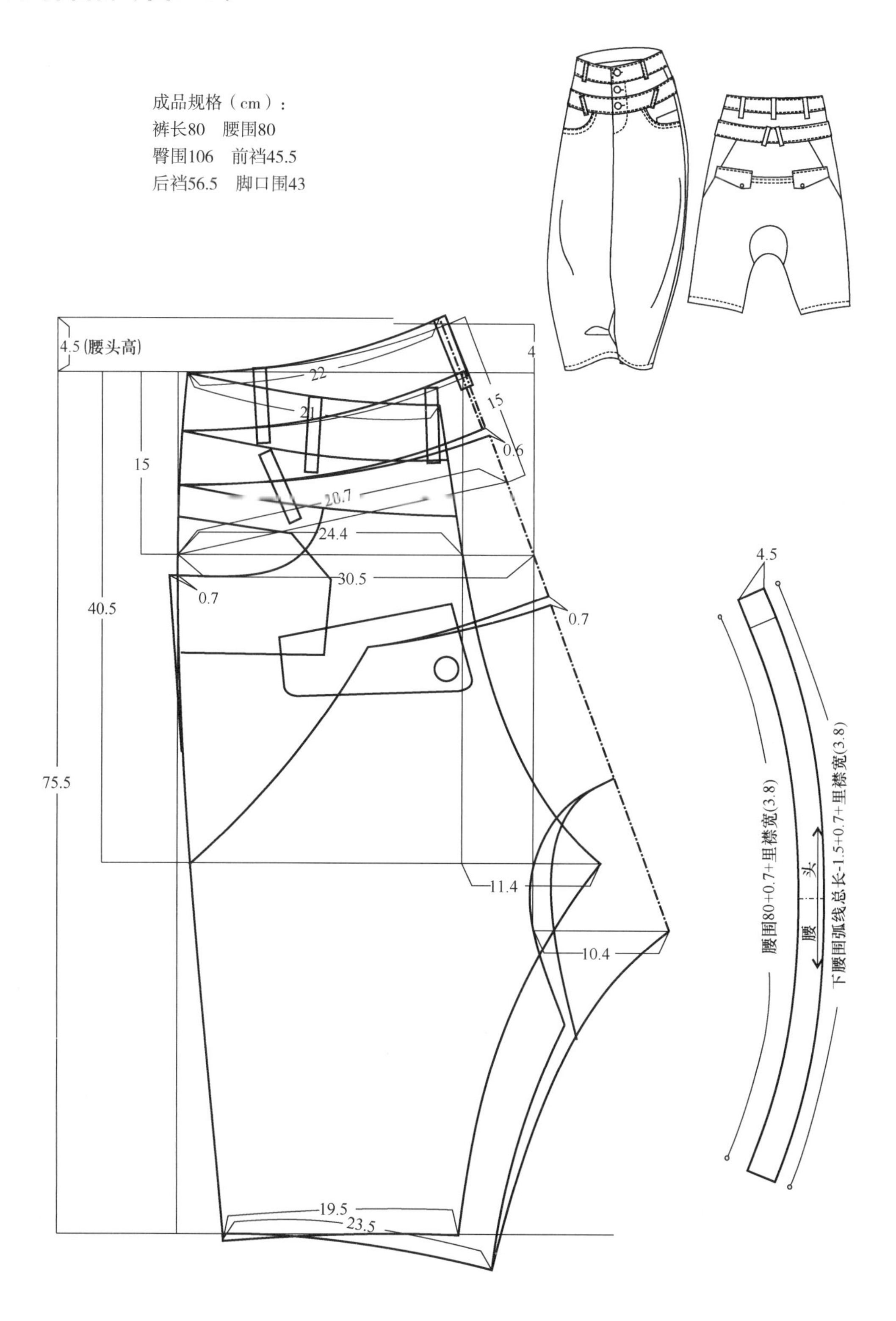
成品规格（cm）：
裤长80　腰围80
臀围106　前裆45.5
后裆56.5　脚口围43
4.5(腰头高)
22
21
4
15
0.6
15
20.7
24.4
30.5
0.7
0.7
40.5
75.5
11.4
10.4
19.5
23.5
4.5
腰围80+0.7+里襟宽(3.8)
腰头
下腰围弧线总长-1.5+0.7+里襟宽(3.8)

图5-8

九、牛仔中裤（图5-9）

成品规格（cm）：

裤长52.5　腰围71

臀围84　前裆21

后裆32.5　脚口围34

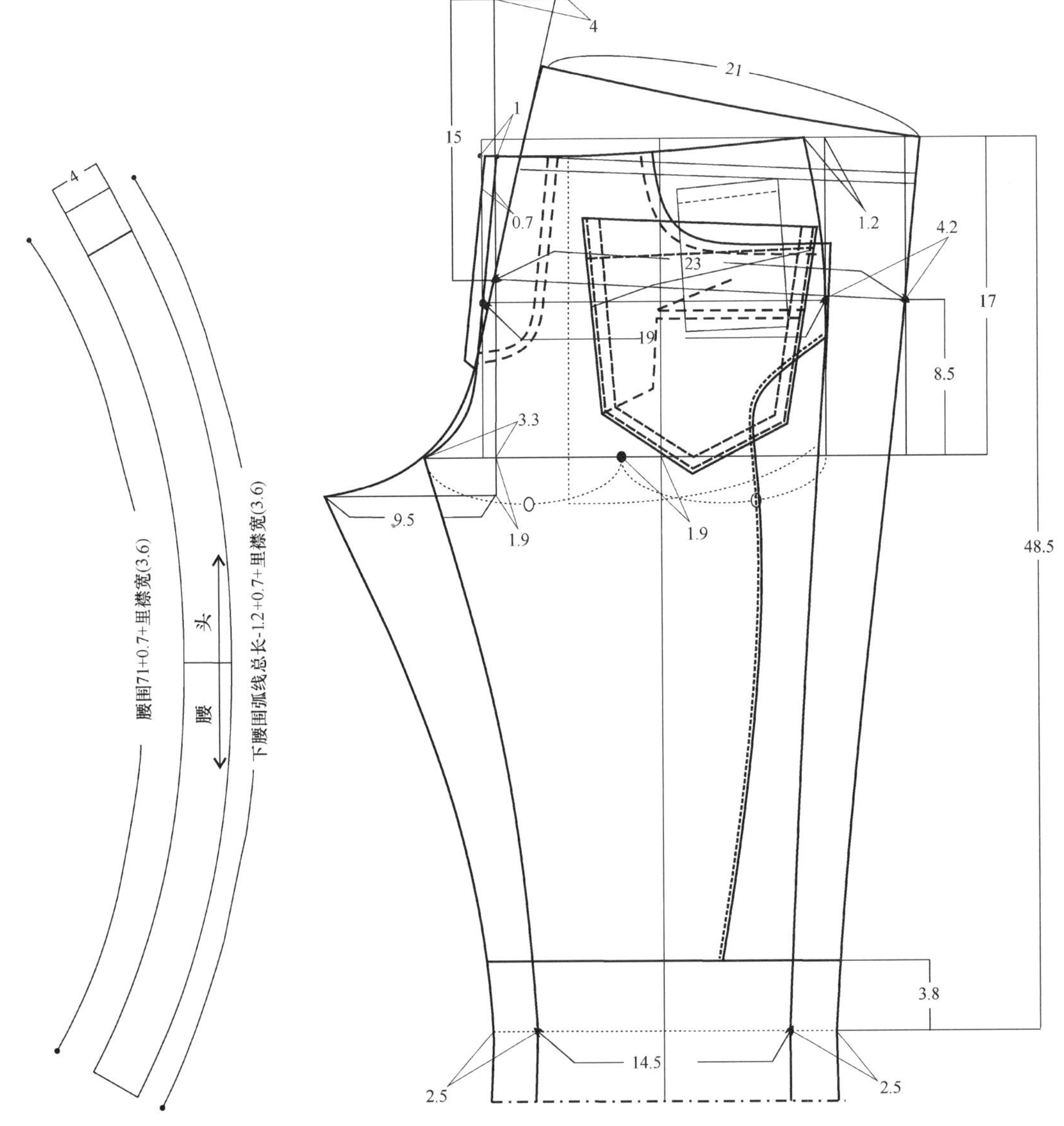

图5-9

十、牛仔短裤（图5-10）

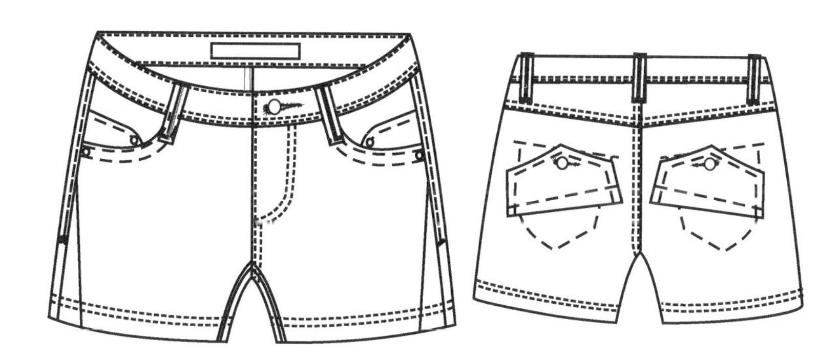

成品规格（cm）：
前裆（含腰头）23.5
后裆（含腰头）36
臀围94　裤长36
腰围75.5　脚口围53.8

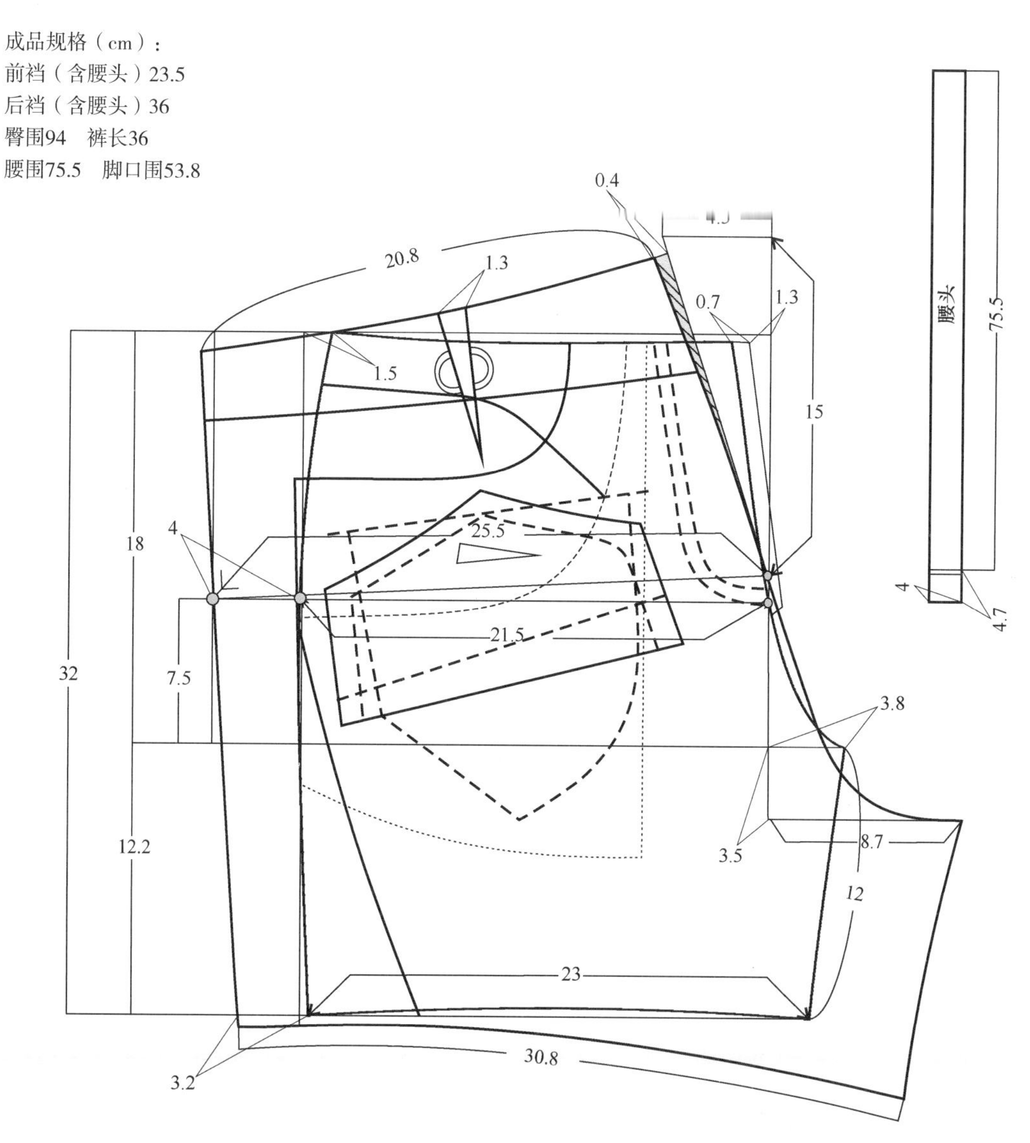

图5-10

十一、紧身运动裤（图5-11）

侧缝不破开的裤子板型，其分割位置决定了它的造型，没办法做出最好的裤型，板型设计受到结构的挟制。利用款式使用的材质弹性特点将规格设计缩小，做出裤型的需要。紧贴身体，不设计空余的空间，靠身体本身的起伏显现出曲线美。

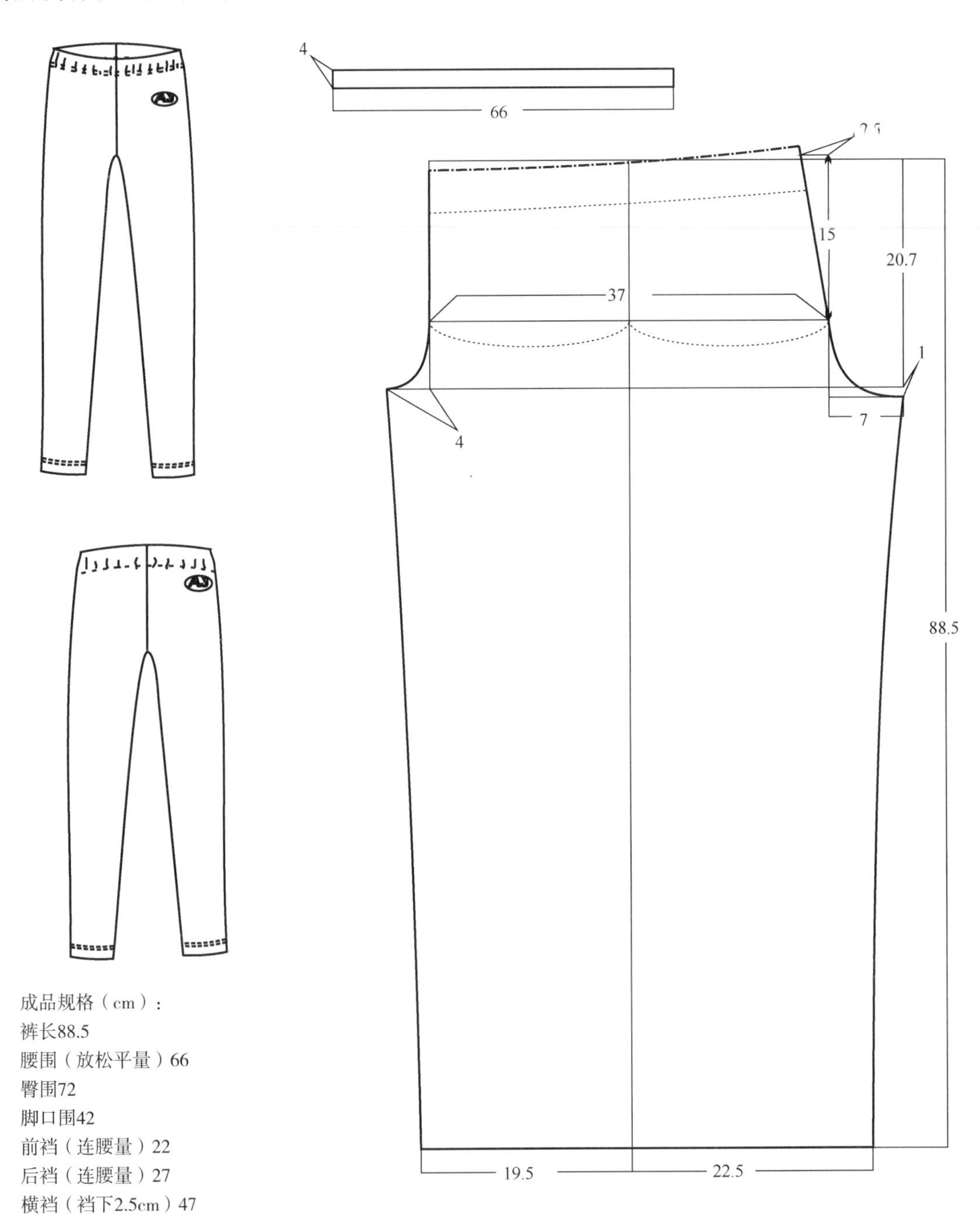

图5-11

十二、直筒运动裤（图5-12）

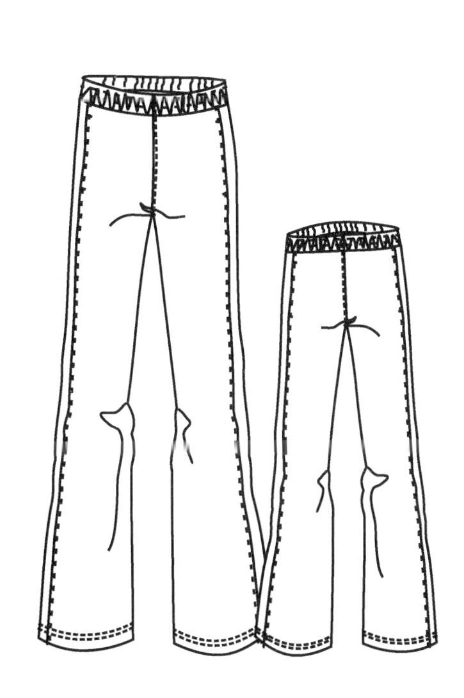

成品规格（cm）：
裤长100.5　腰围66
臀围97　前裆23
后裆34　膝围43
脚口围46

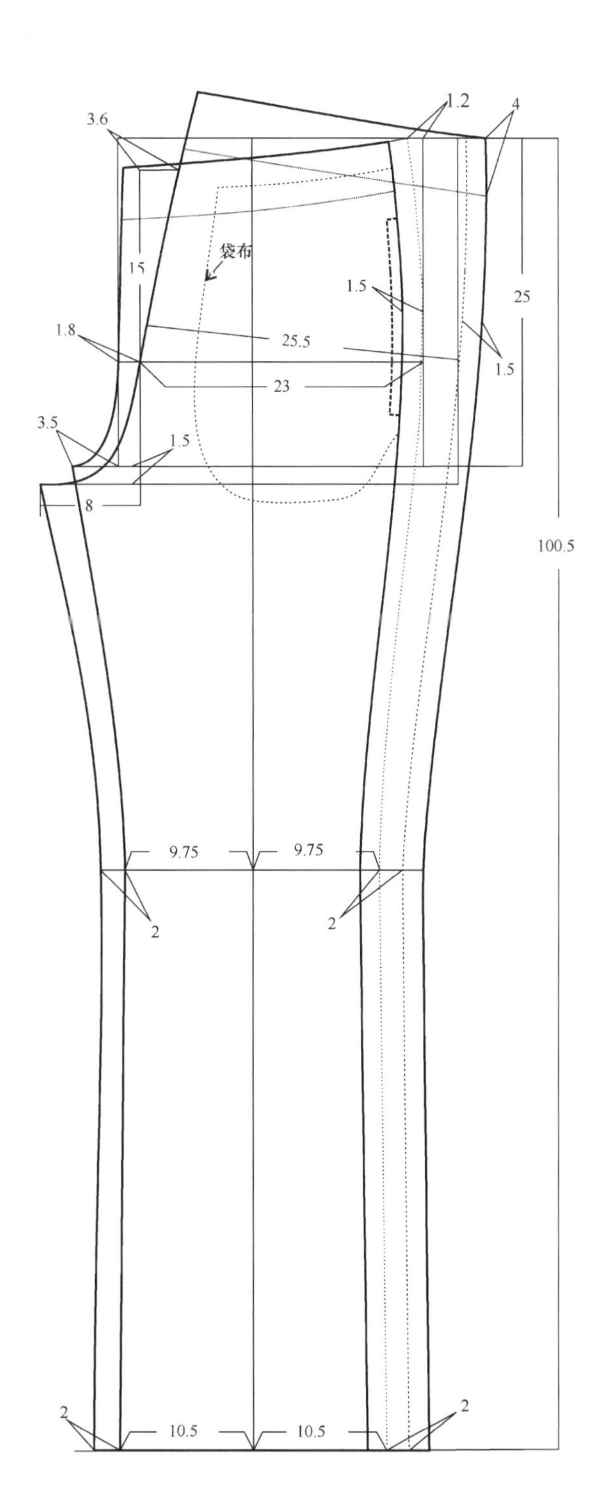

图5-12

这个裤型首先需要完成基本的造型，然后将1.5cm的前片侧缝部分借给后片，形成前片较窄、裤型较瘦的视错觉。配以一条撞色的唧边，增加了款式的动感，同时也让板型看上去产生瘦身的效果。本款式的设计点就在于线的牵引与板型面积的对比，这个设计使款式起到拔高体型的效果，受到客户的喜欢，形成了卖点。现在的服装消费中客户对板型的关注度越来越高，所以板师的塑型能力潜在影响着品牌销售。

十三、喇叭运动裤（图5-13）

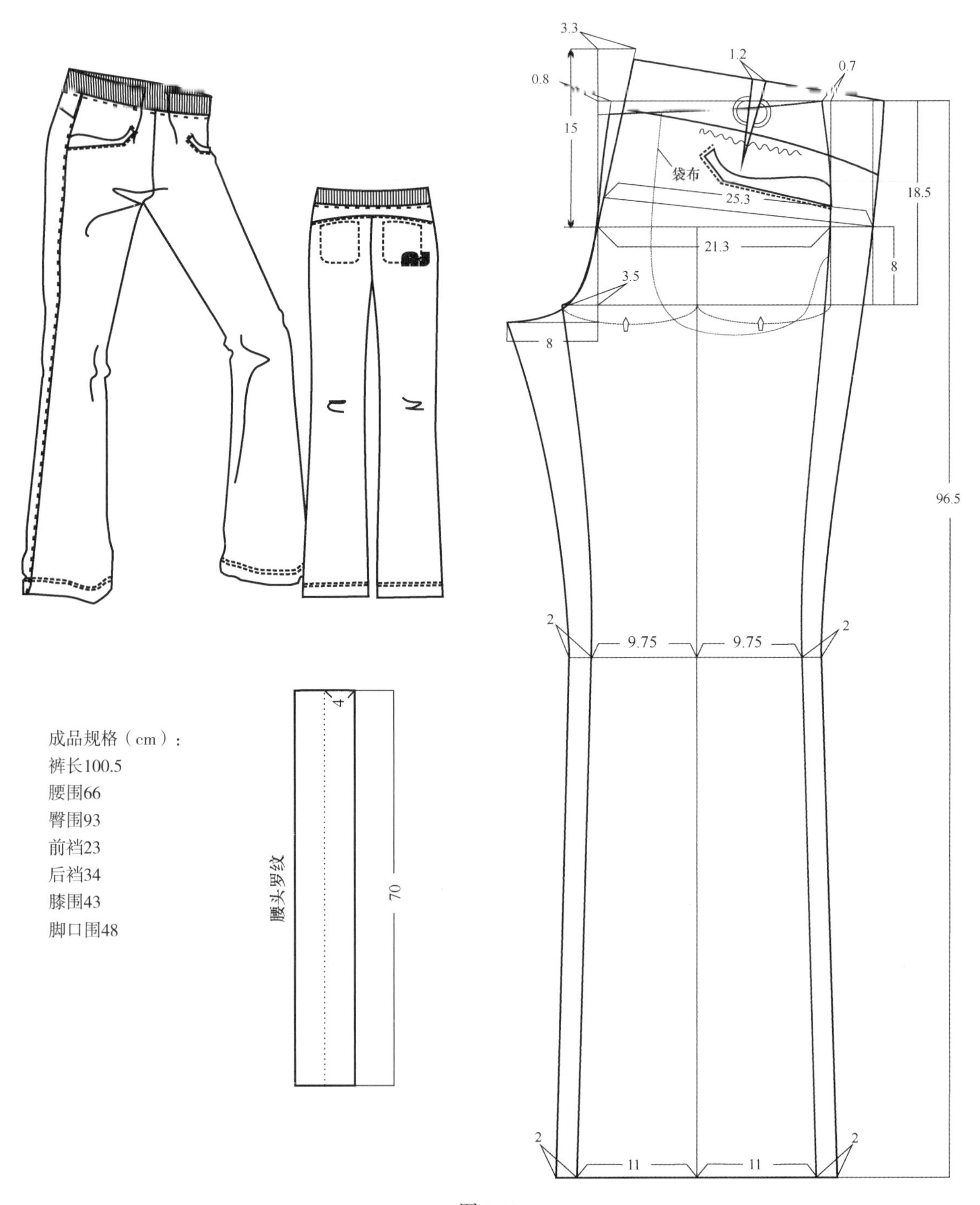

图5-13

十四、运动短裤（图5-14）

成品规格（cm）：
裤长25.5 臀围88
腰围67 内长7
前裆22.5 后裆33
脚口围49

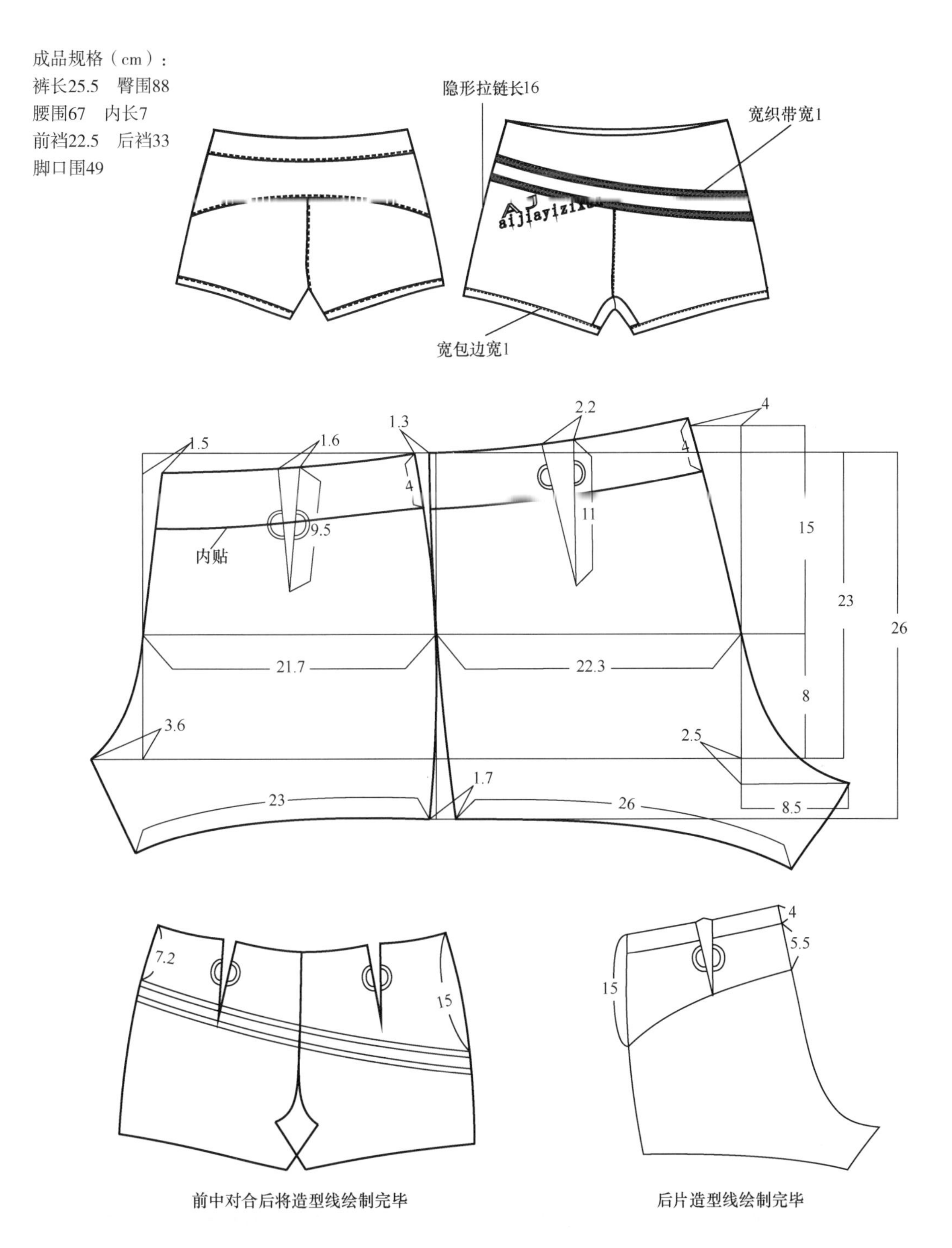

图5-14

这种裤子通常采用针织面料。制板时注意侧缝的腰部和脚口收量都要小一点，否则会出现侧缝凸起。先把基本板型绘制完，拼合后再进行细节设计。

第六章　半裙和连衣裙

一、一步短裙（图6-1）

成品规格（cm）：
裙长37
腰围72
臀围92

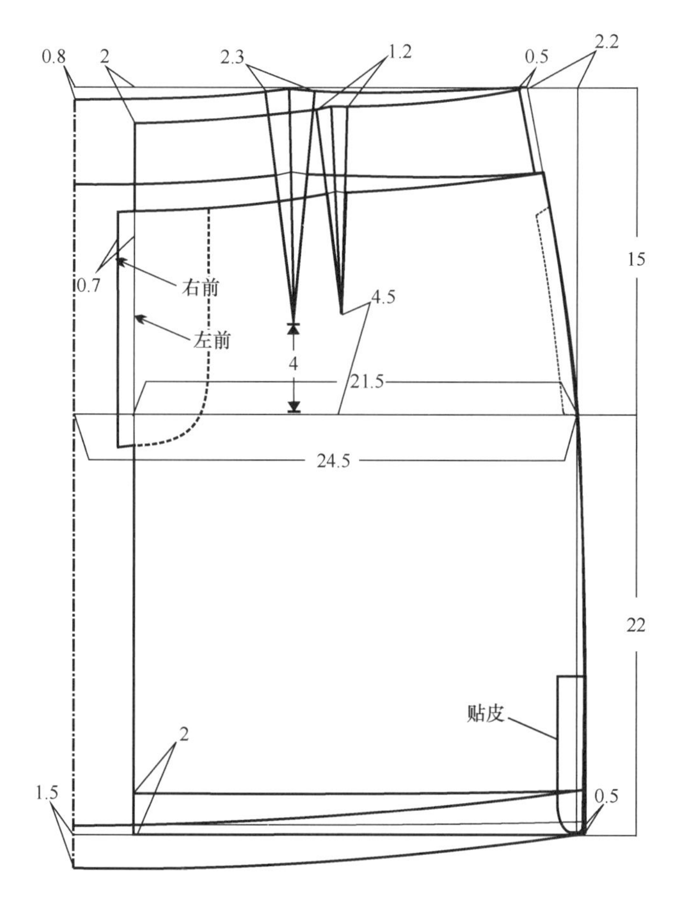

图6-1

二、牛仔短裙（图6-2）

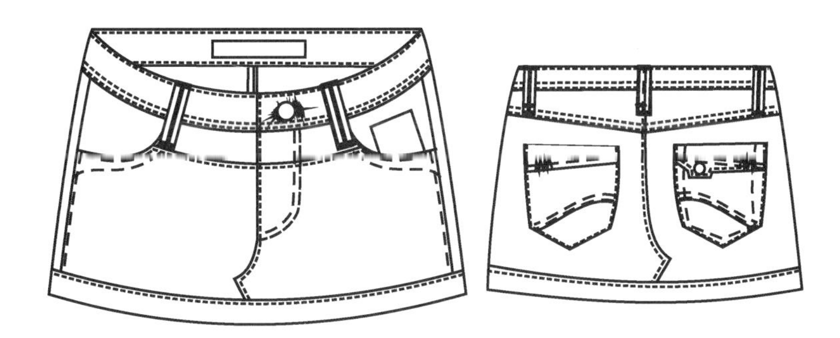

成品规格（cm）：
裙长30　腰围73　臀围88

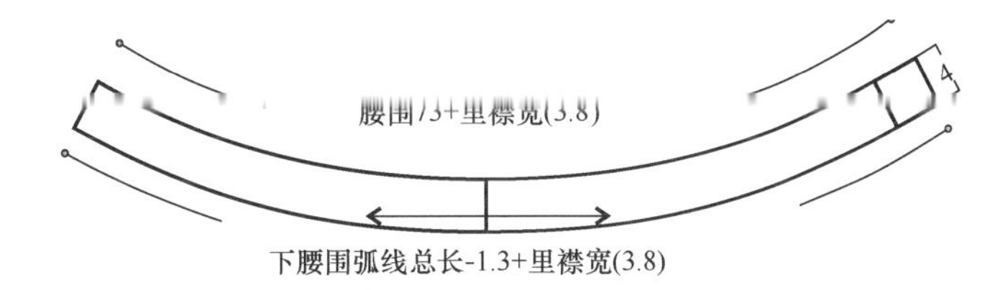

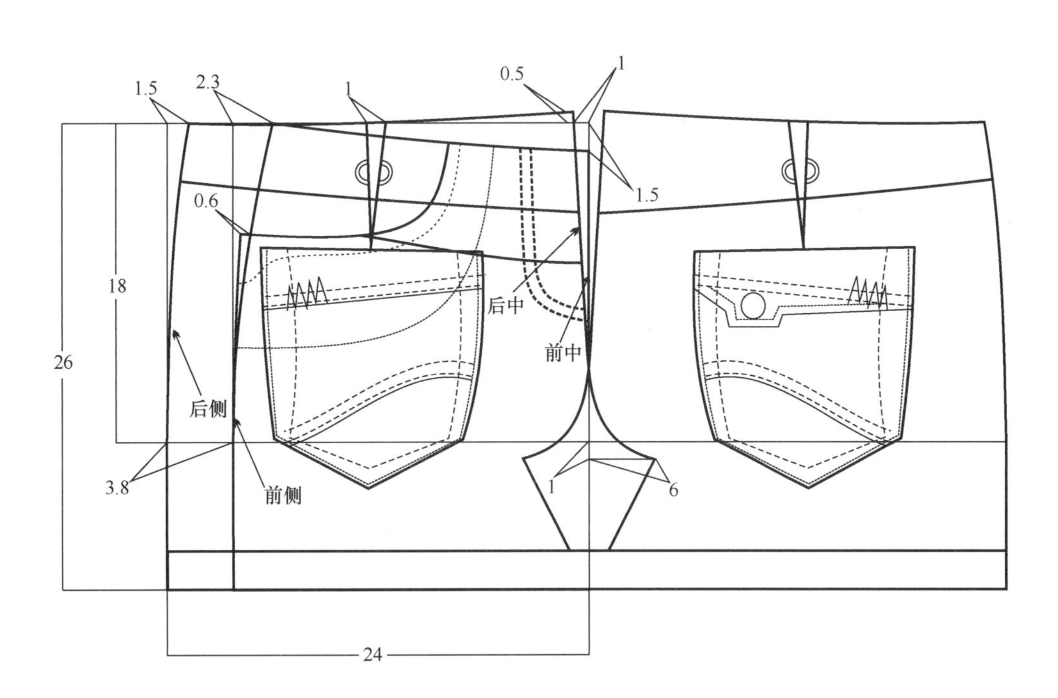

图6-2

三、腰部收褶短裙（图6-3）

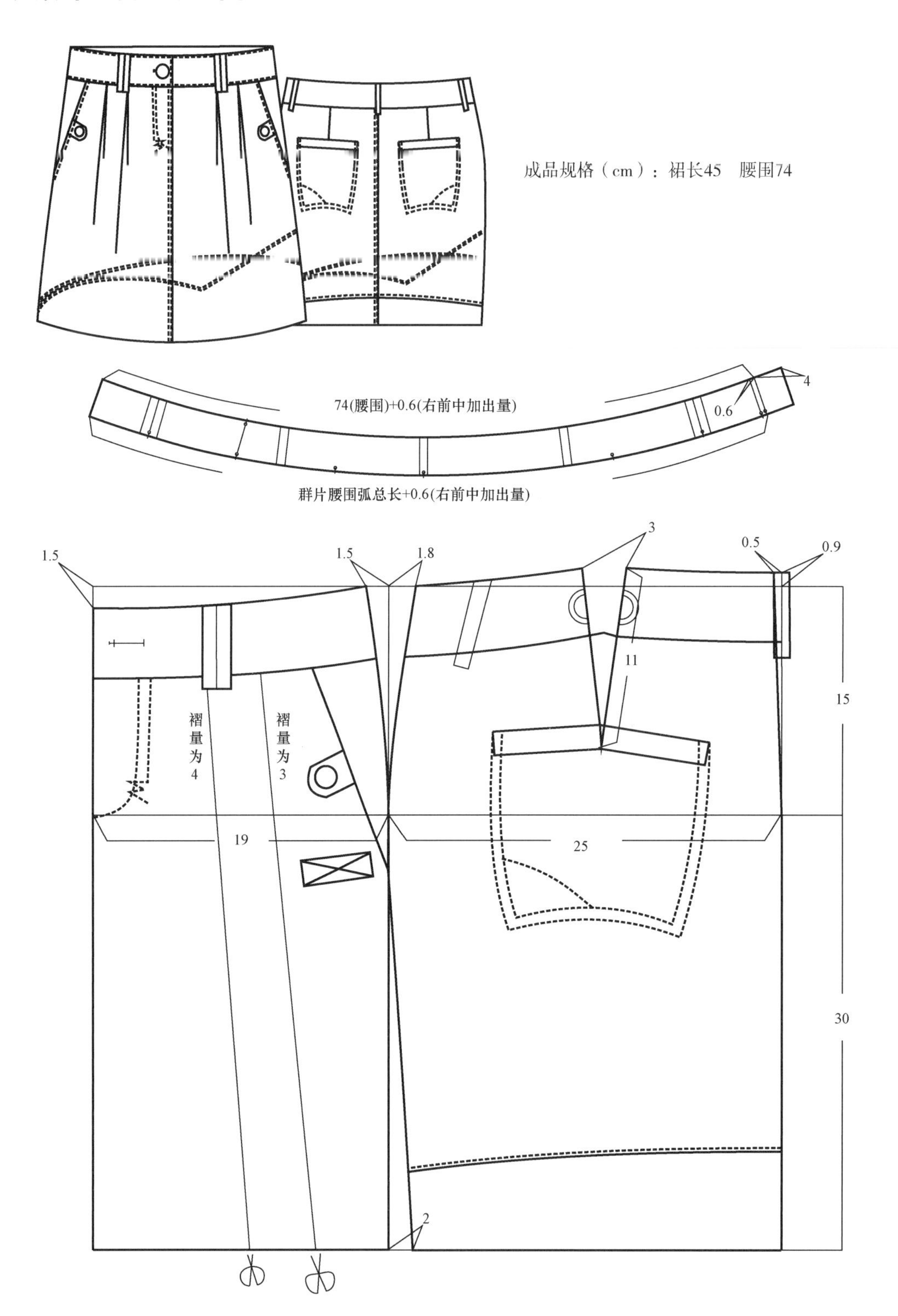

图6-3

四、背带短裙（图6-4）

这个类型的裙子起板首先要设计尺寸松量，此处基码的板型规格设计尺寸小于人体的基本臀围，如此设计是因为褶量切展后松量会增大，人体需要的围度尺寸会得到补足，从而满足人体与款式两方面的需要。

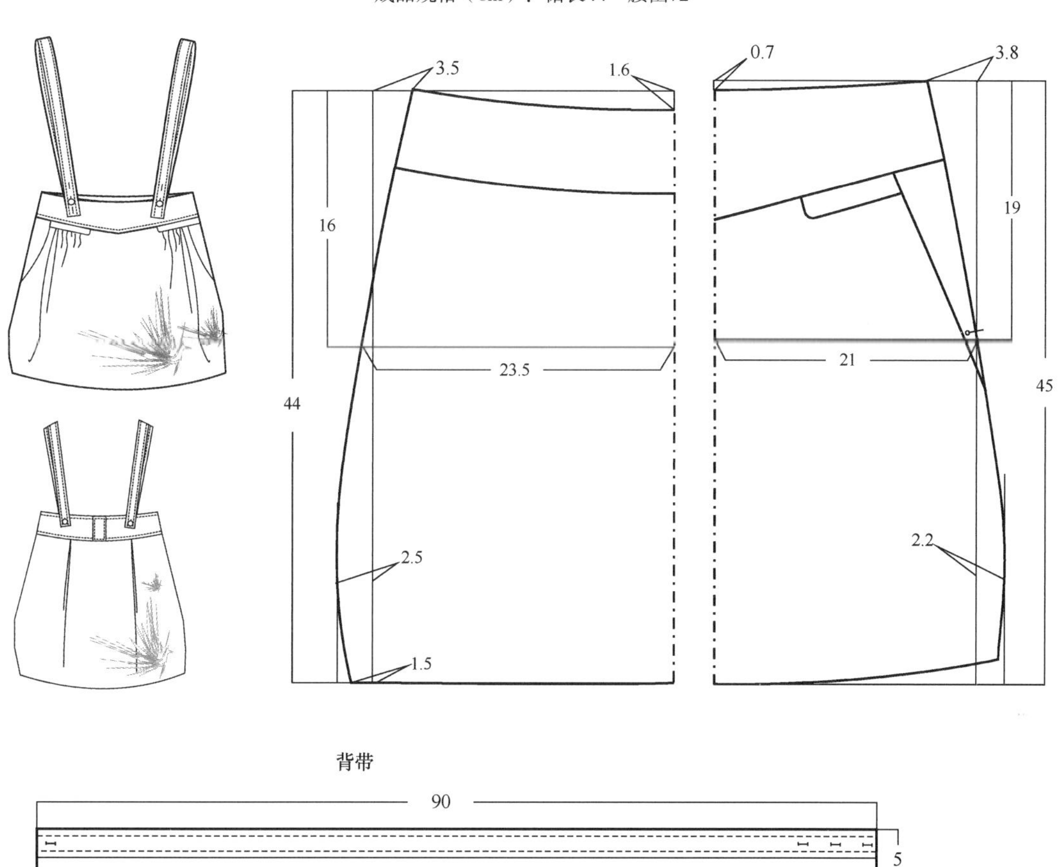

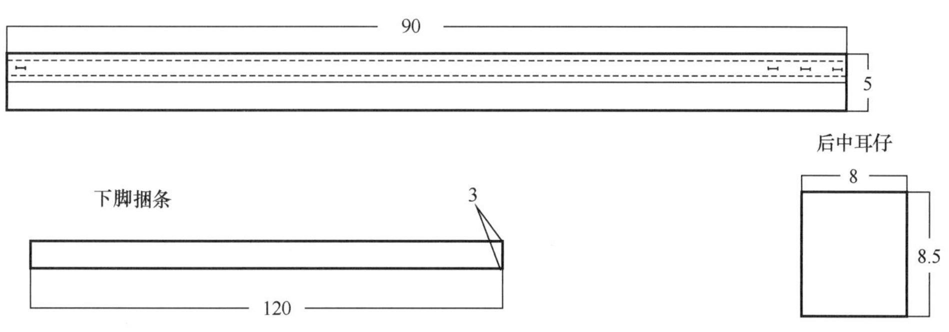

图6-4

五、运动网球裙（图6–5、图6–6）

裙侧片剪切，放出所需的量，将面积大小分配好，做出分割线，前后侧片不断开。过多的近距离分割线会破坏整体感，在设计样板时须考虑这些因素，从而适当地做出整体协调。

外裙成品规格（cm）：裙长35 腰围68 臀围92

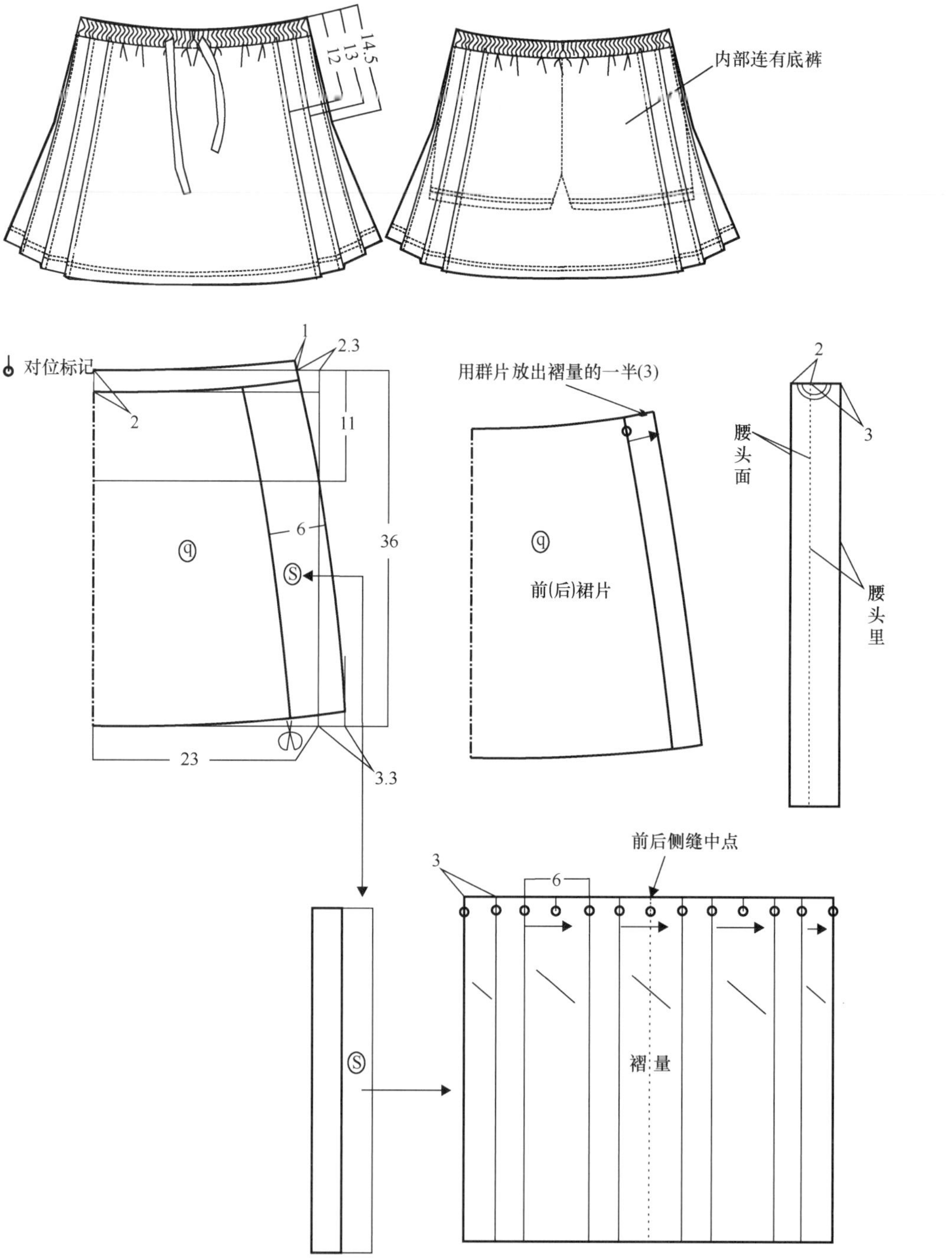

图6–5

底裤成品规格（cm）：臀围88　脚口围45　裤长28.5

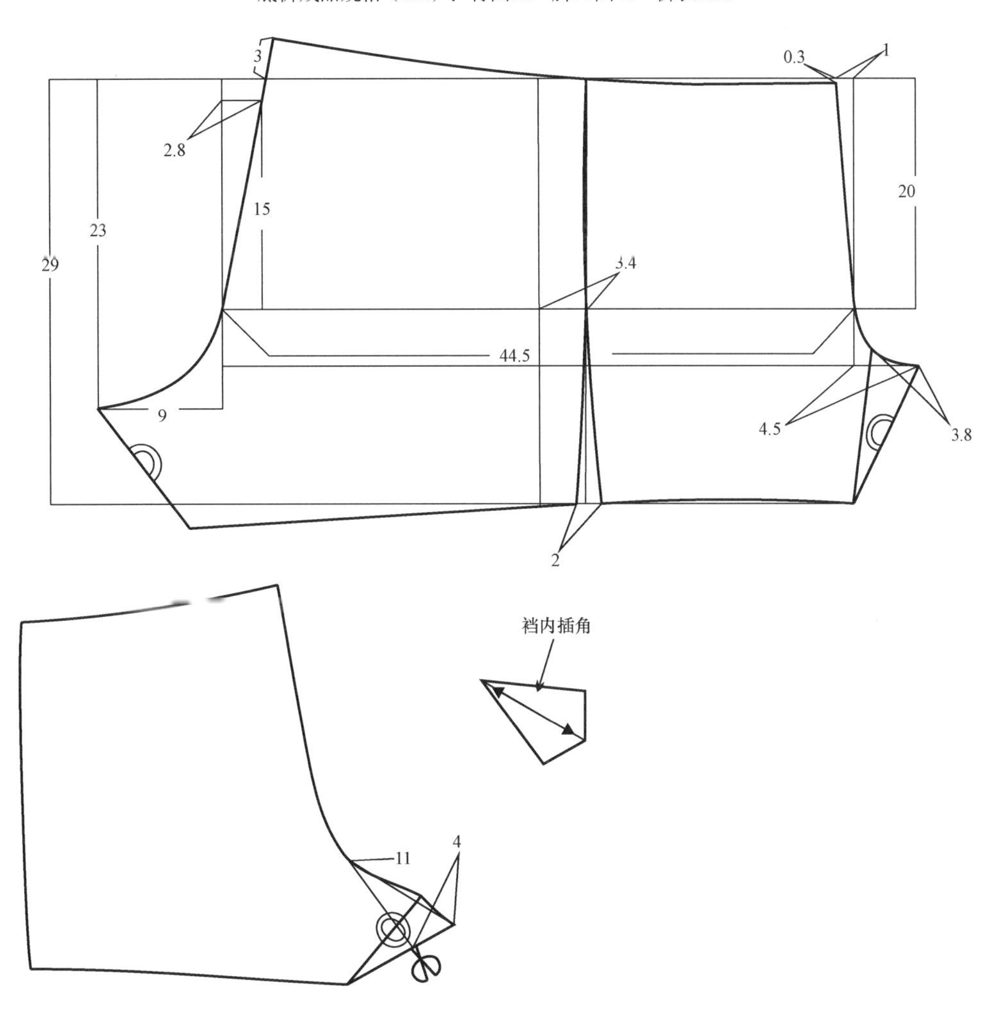

图6-6

六、抽皱中裙（图6-7）

这种类型的裙子首先将上段制作好，然后合并省量，依此设计下裙的宽度，褶量的设计根据面料性能和款式效果所需。此处板型设计后片褶量收地比前片密集，所以在所乘倍数上面有所变化。

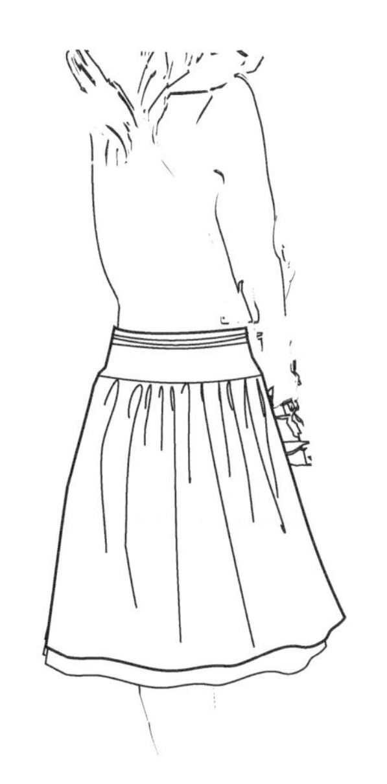

图6-7

成品规格（cm）：裙长40　腰围74

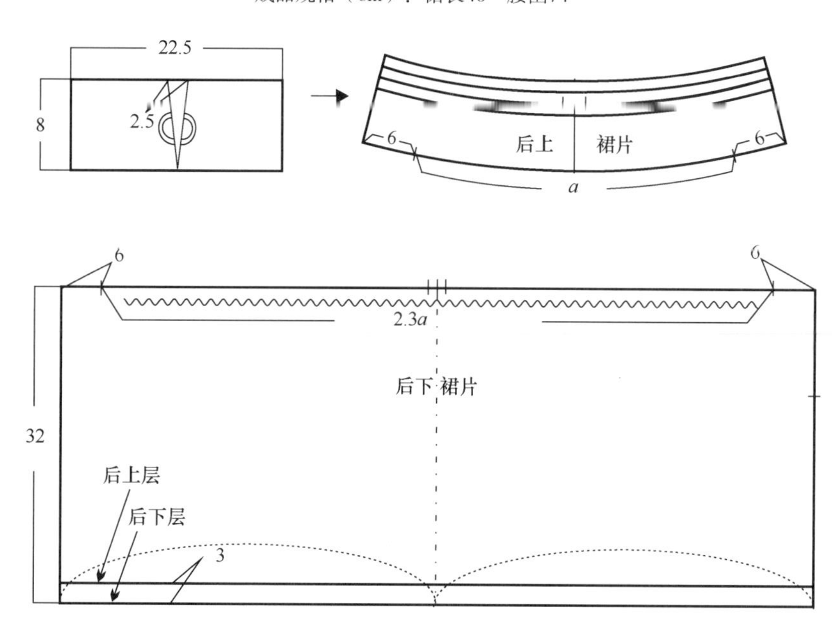

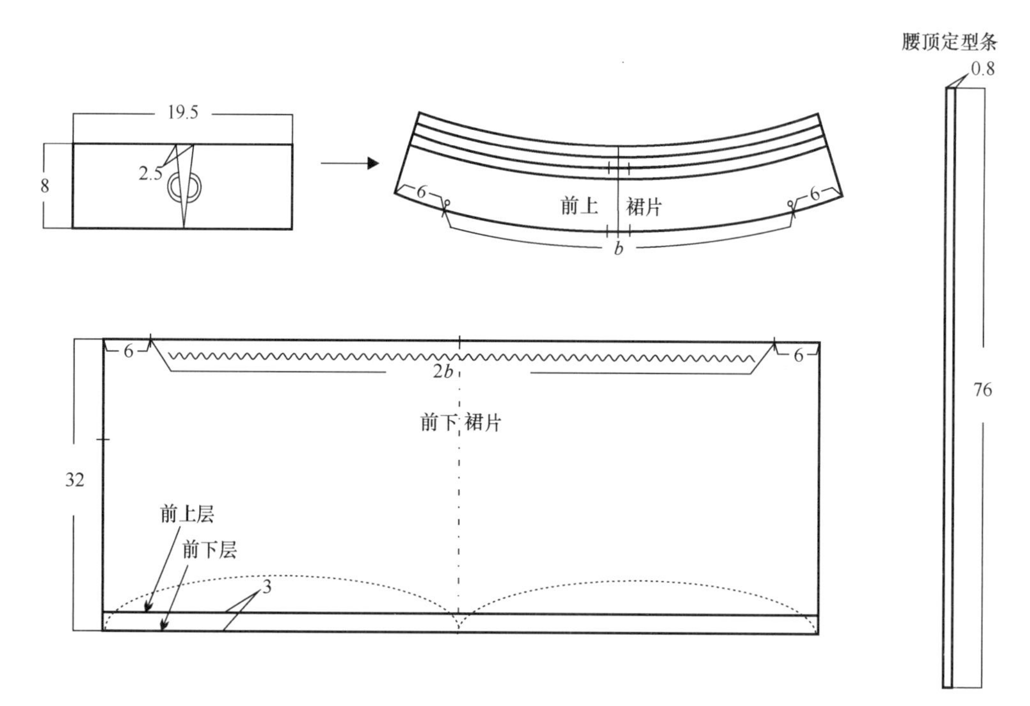

图6–7

七、A型中裙（图6-8）

成品规格（cm）：腰围72　裙长52

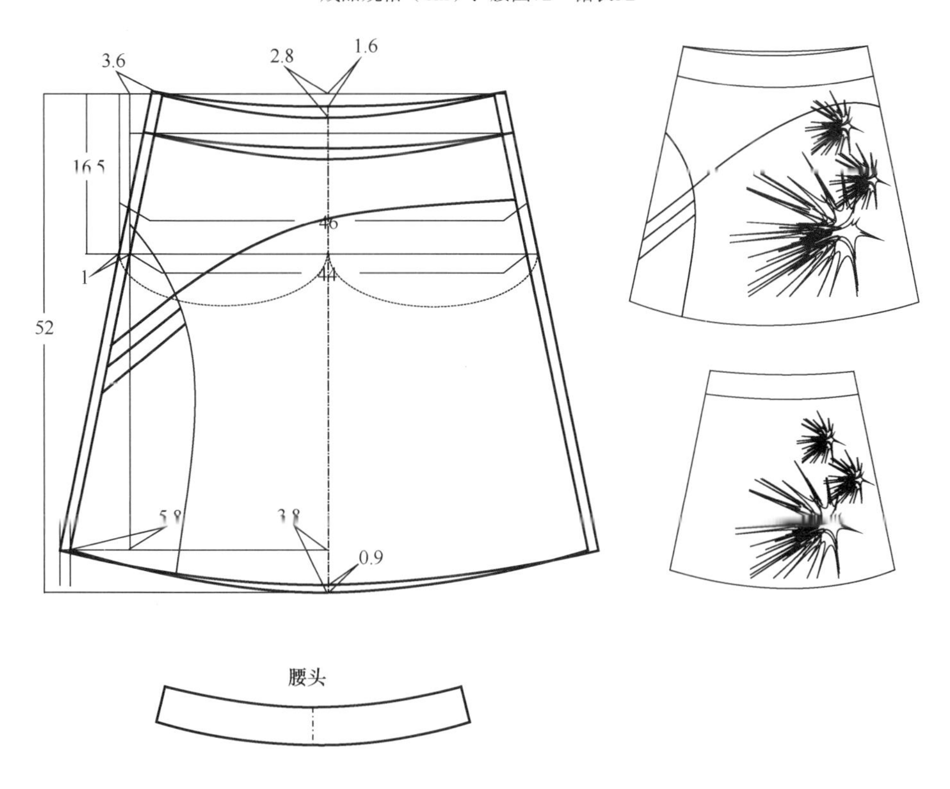

图6-8

八、斜角裙（图6-9）

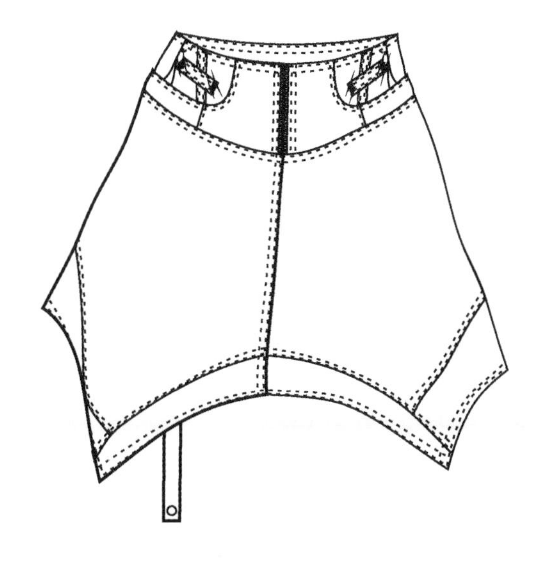

图6-9

成品规格（cm）：外长45　前中长45　腰围70　上臀围（腰头边缘下10cm量）90

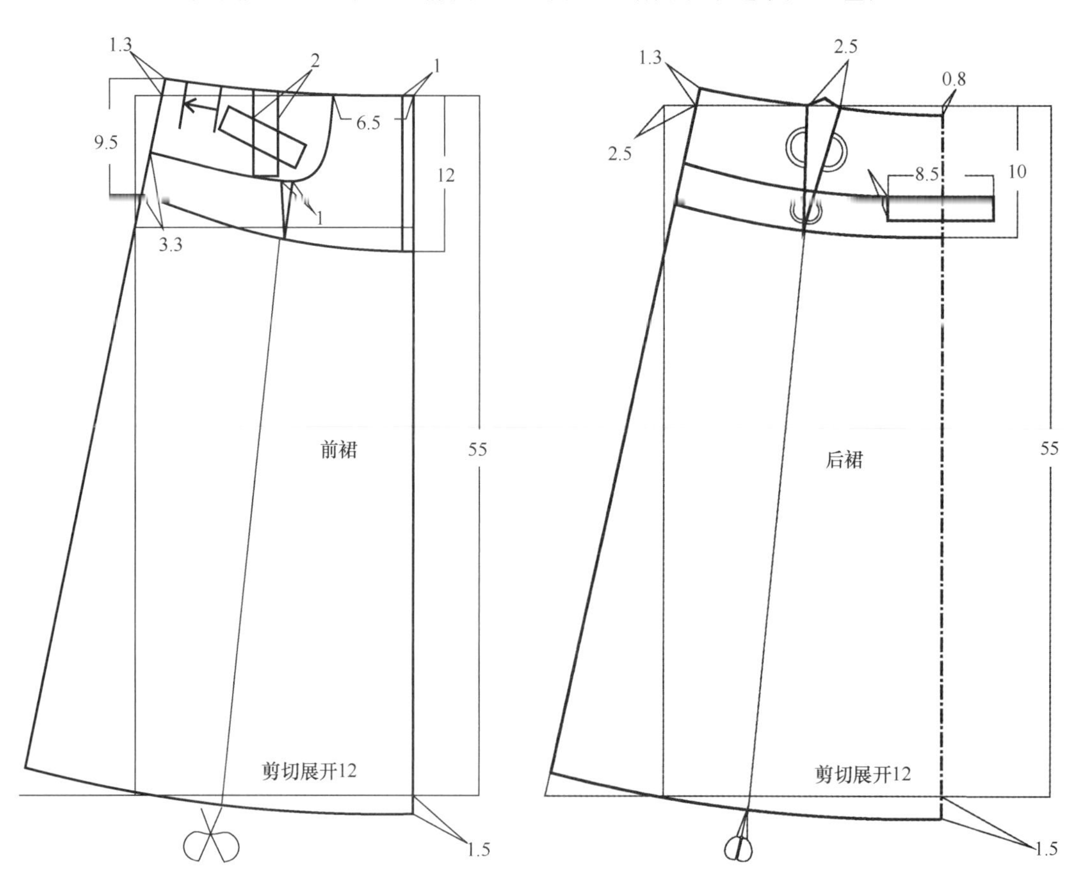

图6-9

九、多插角大摆裙

1.制作方法一

将裙分割后的下片继续剪切适当的份数，将下摆增大到款式需要的量，裙摆围整围计约360cm，从这四个剪开处剪切加放后，与第一次变出的基本裙摆相加达到需要摆围，如图6-10所示。

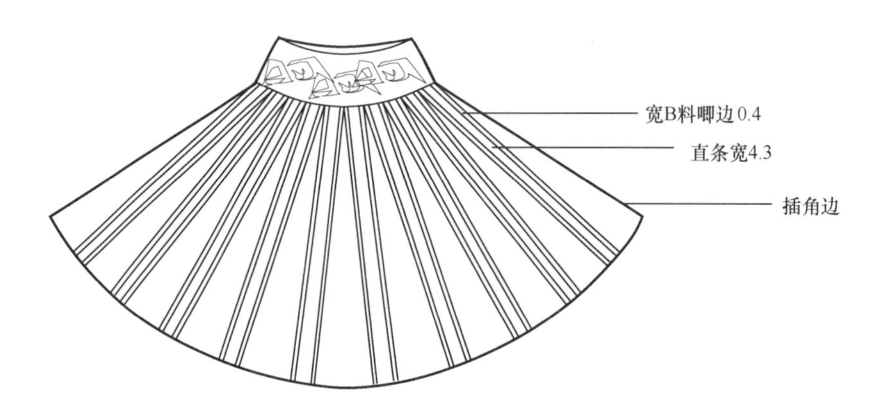

成品规格（cm）：裙长67 腰围68 上臀围90 摆围360

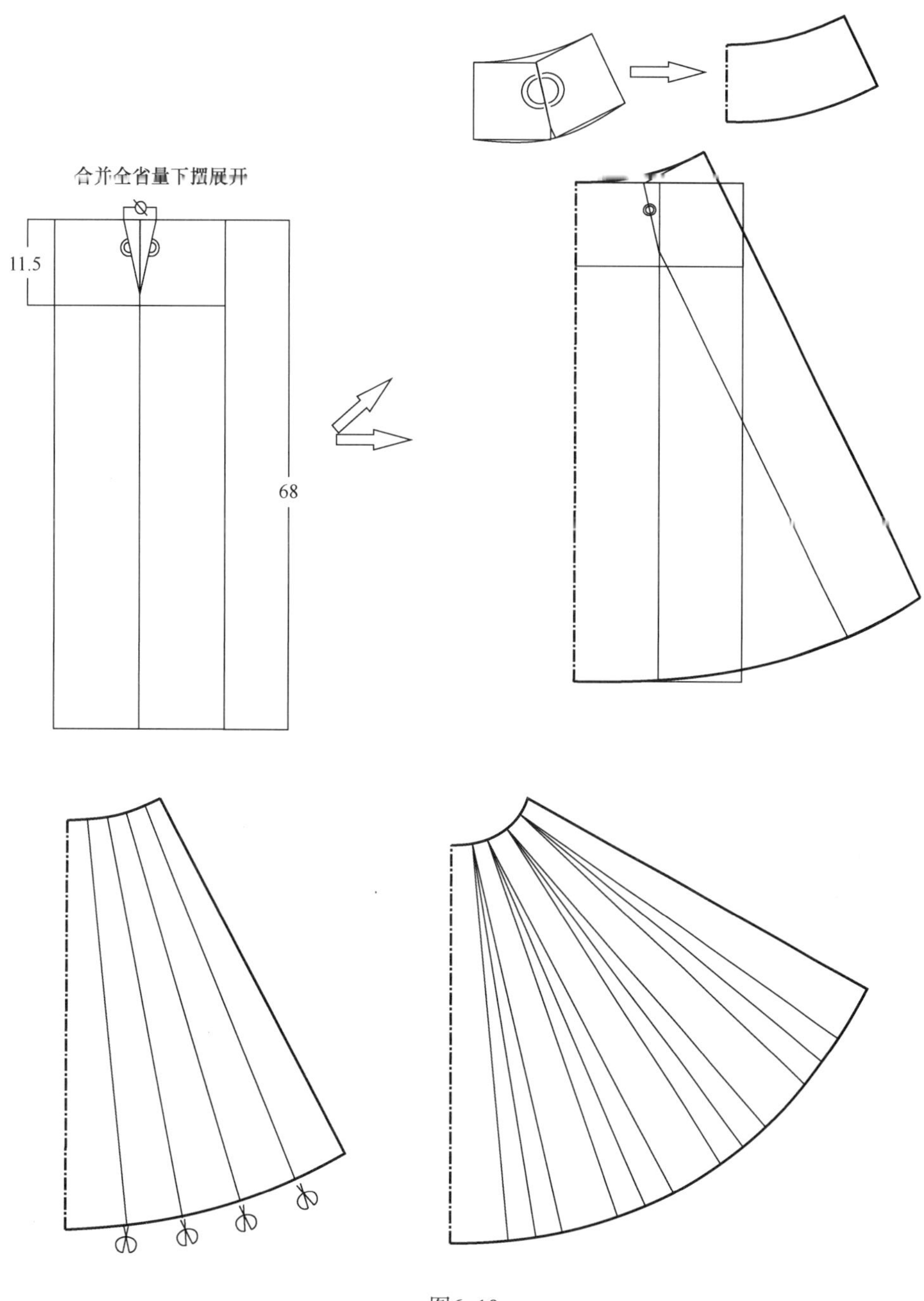

图6-10

把做好的裙型四份拼合后，在上臀围拼接的一周和下摆一周做等分设计。此处将其分为21份。在未封口的两端，一端设计成三角插片，一端设计成直条，如图6-11所示。

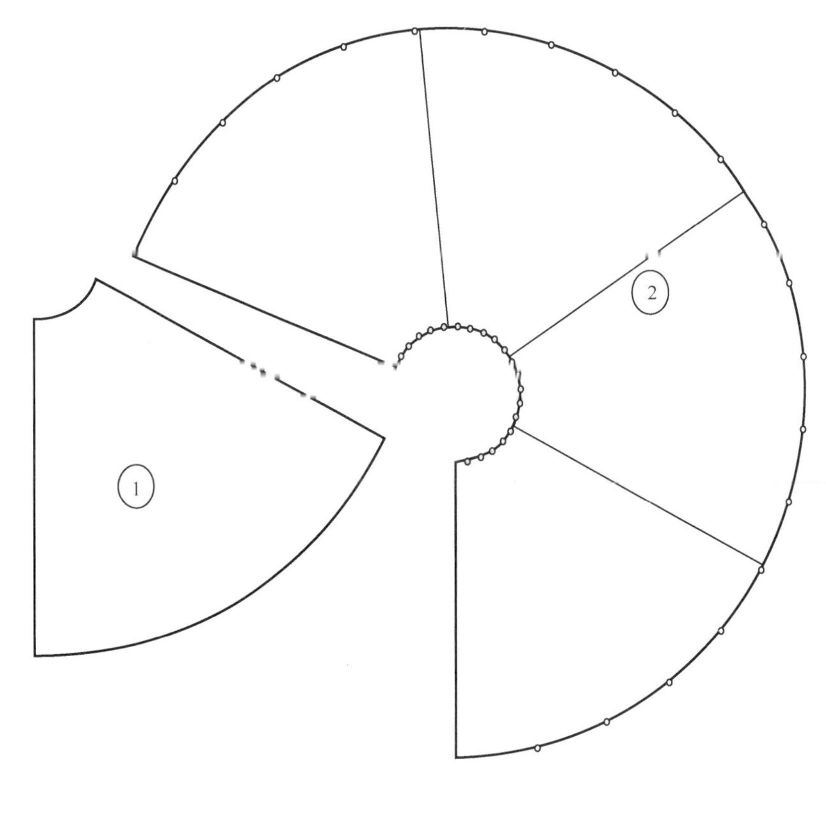

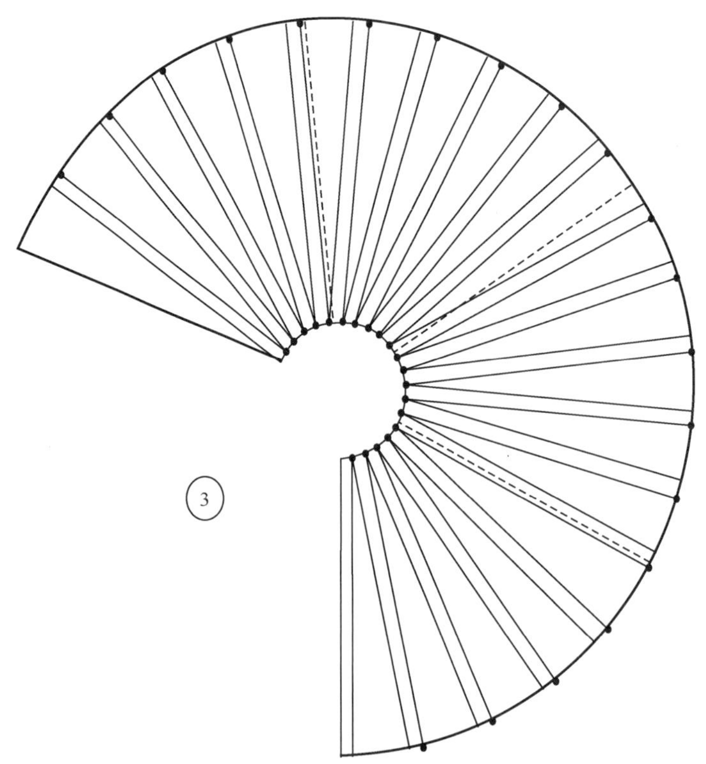

图6-11

2.制作方法二

以裙子分割后的下半段长度E为半径画一部分圆弧。在该圆弧上面截取G长度，连接好就是插角片，如图6-12、图6-13所示。

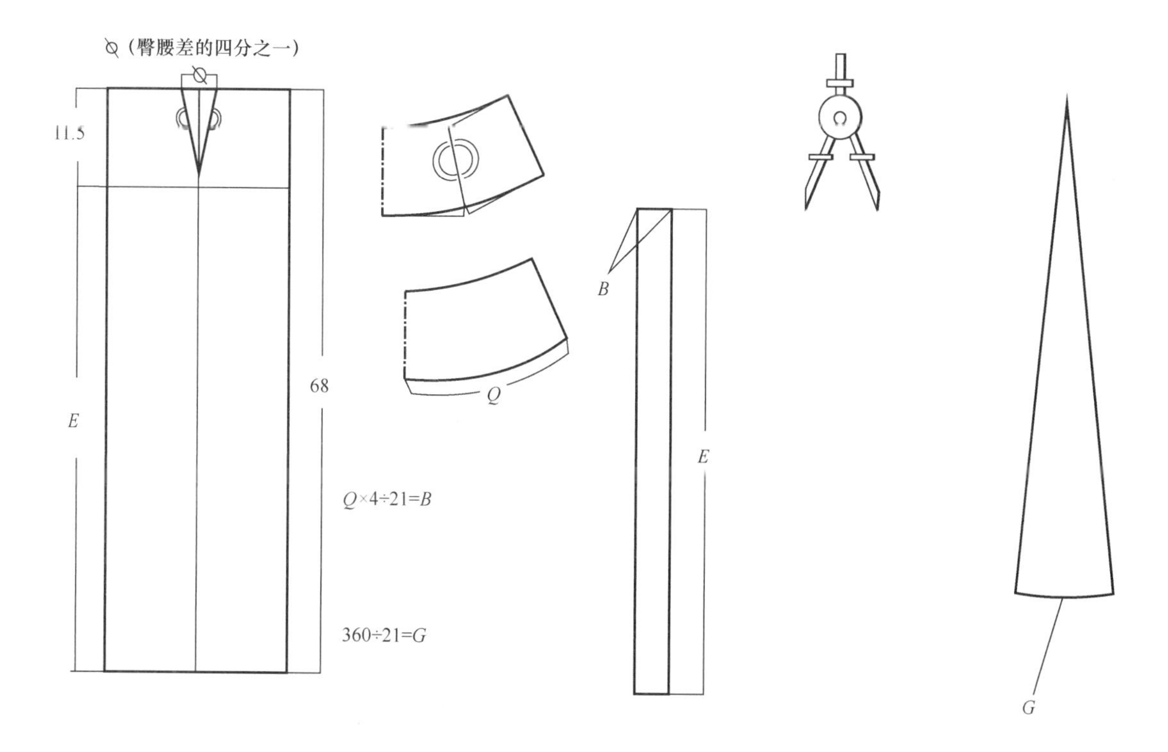

图6-12

裙净样板完成后。

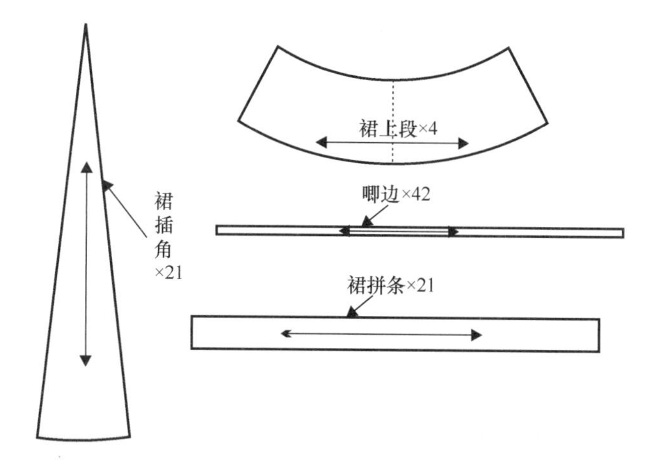

图6-13

十、有肩带抹胸长裙（图6–14）

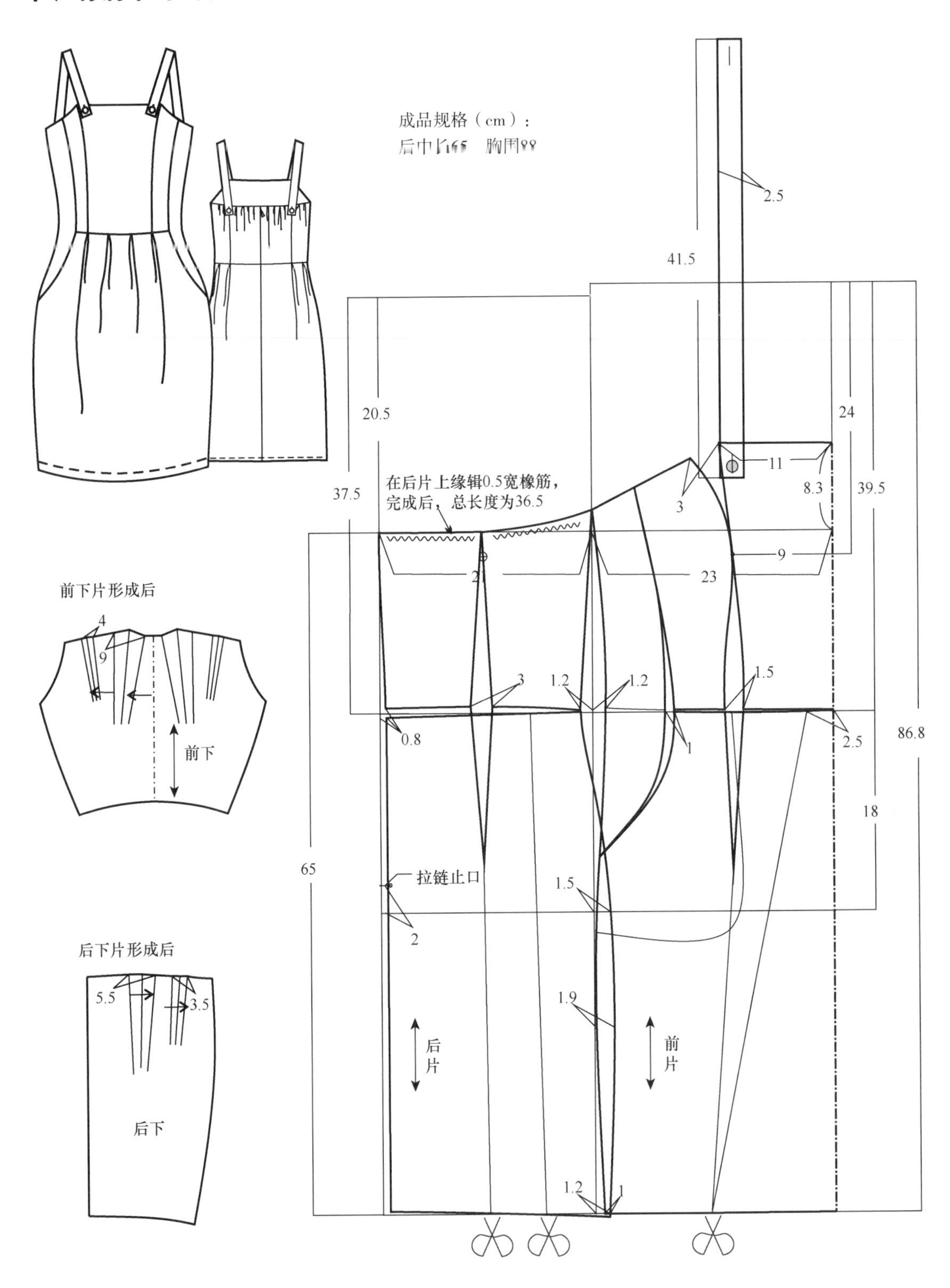

图6–14

十一、无袖腰部抽褶连衣裙（图6–15）

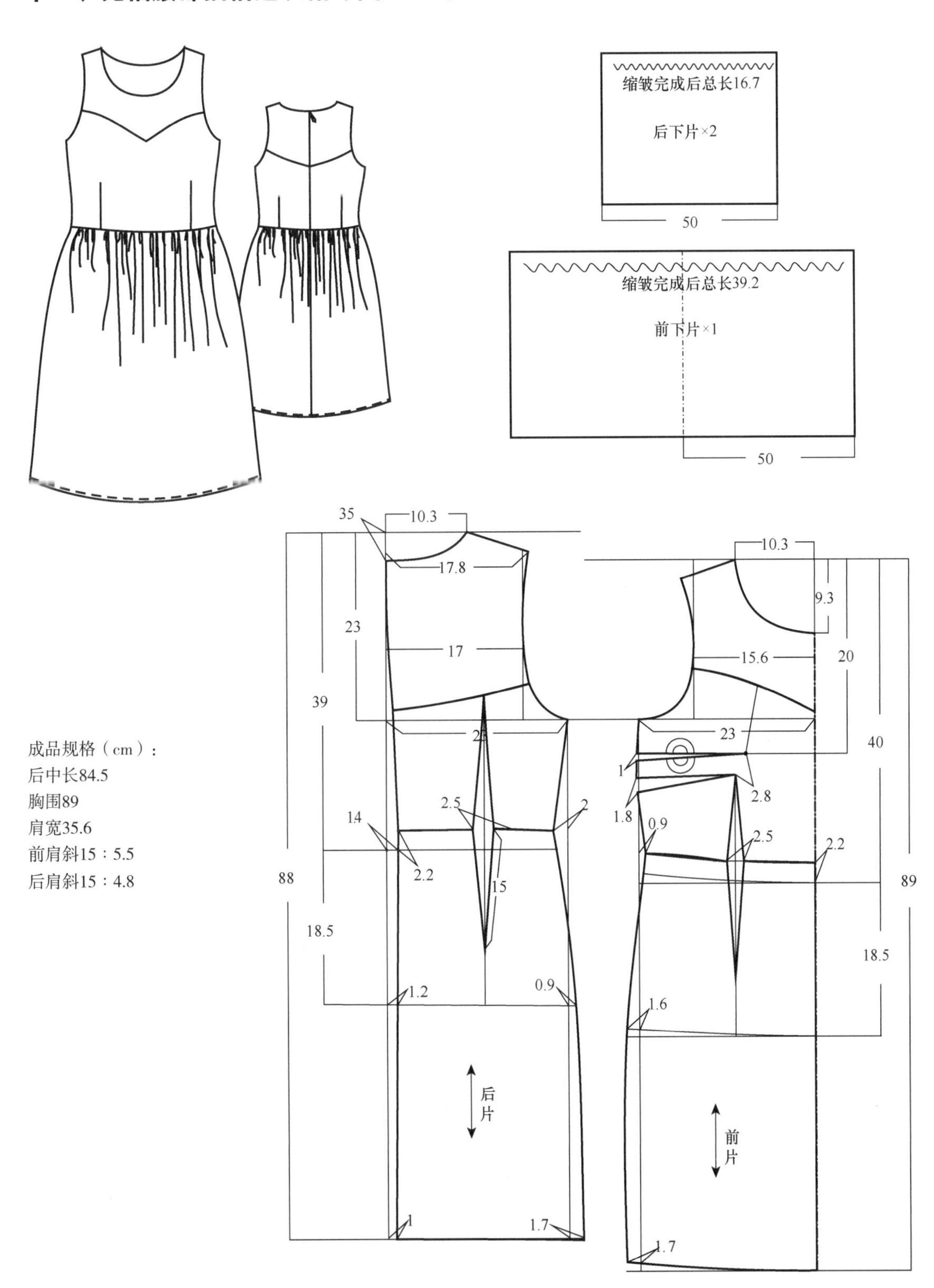

图6–15

十二、花苞连衣裙（图6-16）

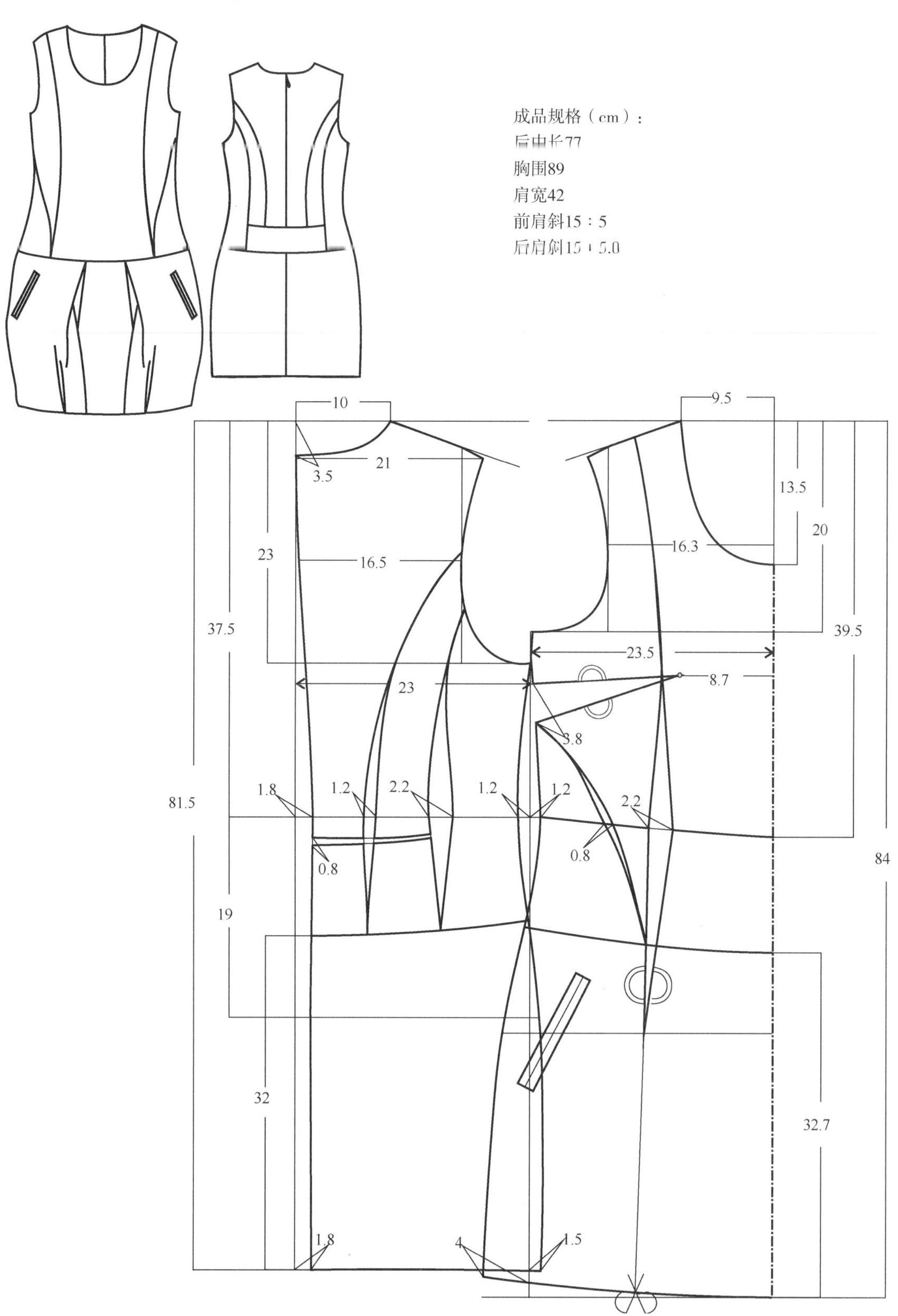

图6-16

前裙片形成原理如图6–17所示。

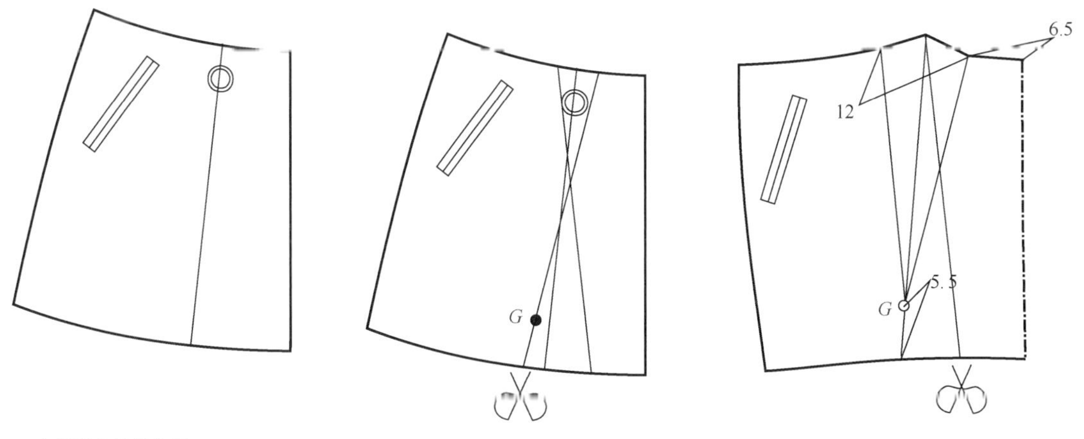

合并腰省转化向下　　以G点为圆心，前中不动，向侧缝方向旋转展开12cm

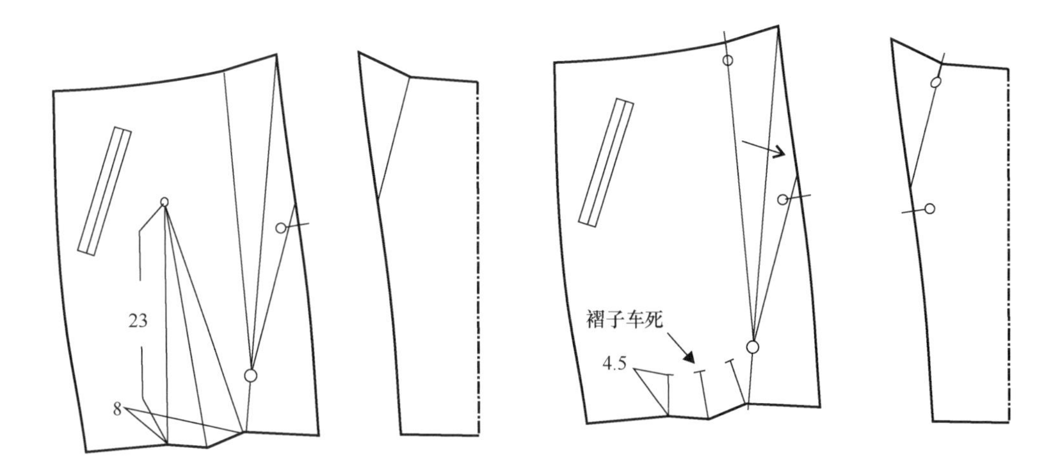

把切展好的样片下摆收8cm褶量，再进行分割　　最后成型的样板

图6–17

十三、小连袖连身长裙（图6-18）

成品规格（cm）：后中长76　胸围88　肩宽45

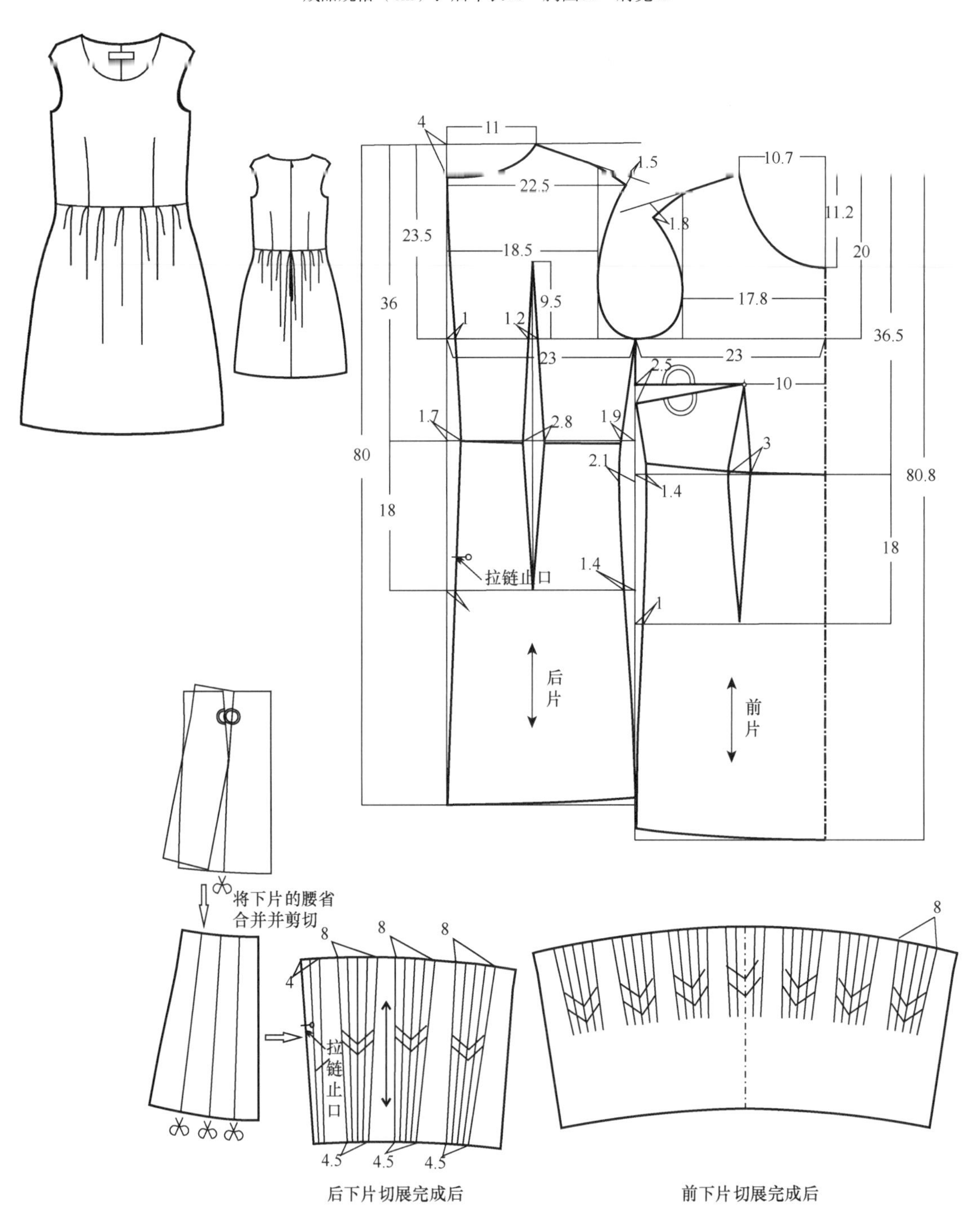

图6-18

十四、领圈抽褶连衣裙（图6-19、图6-20）

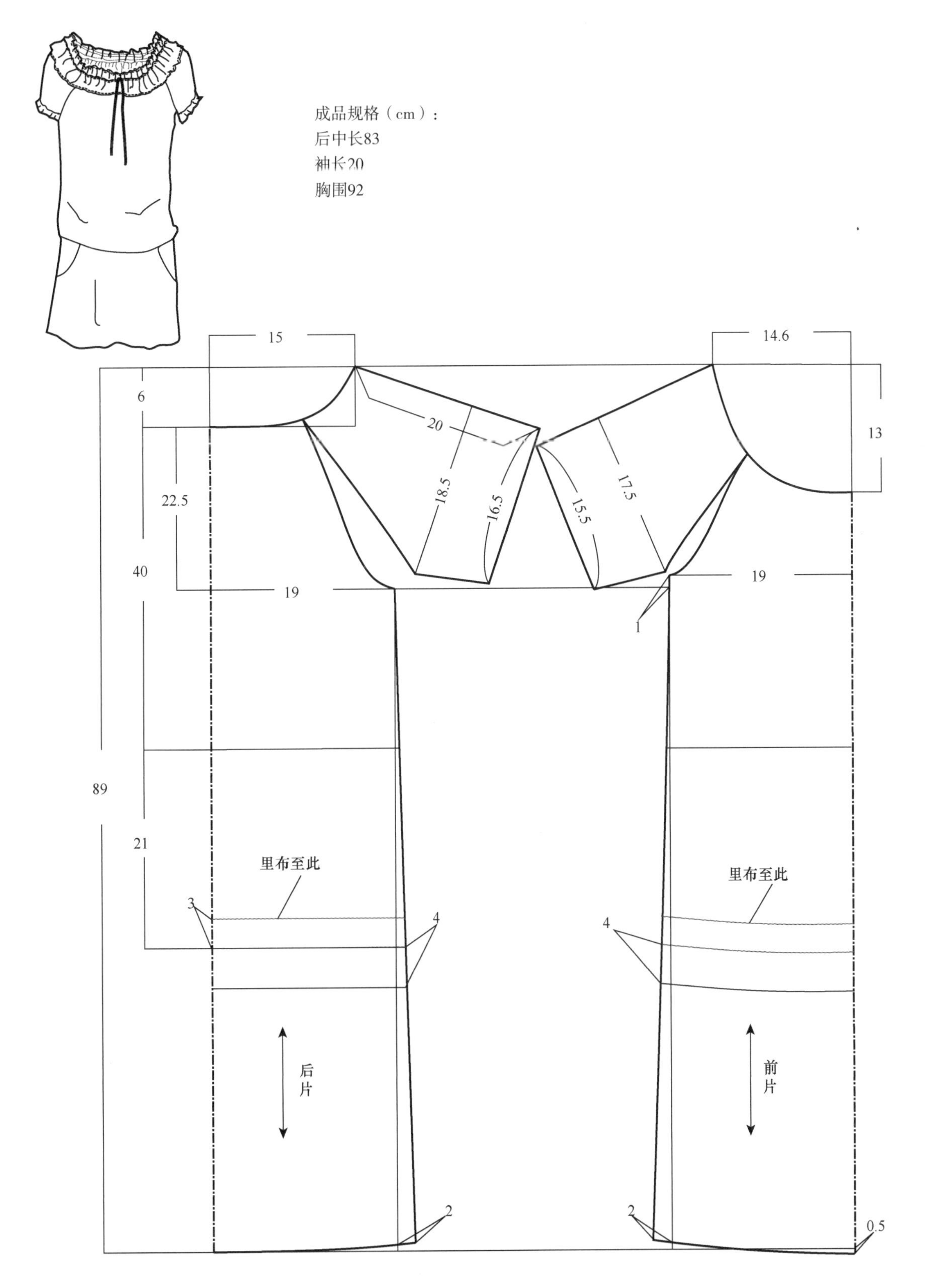

图6-19

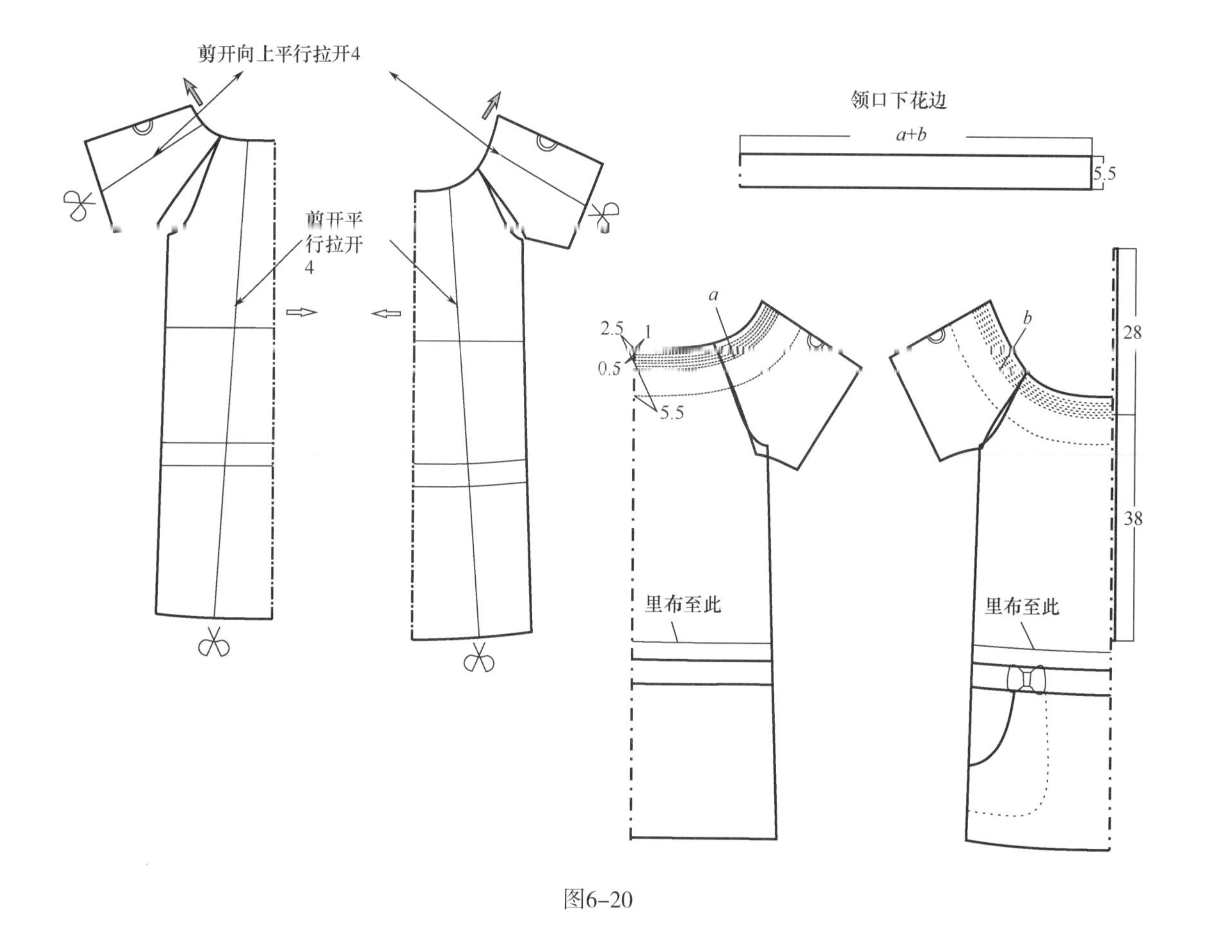

图6-20

十五、针织长裙（图6-21）

成品规格（cm）：

后中长65　袖长11.5

胸围84　肩宽36

袖口31　袖肥33

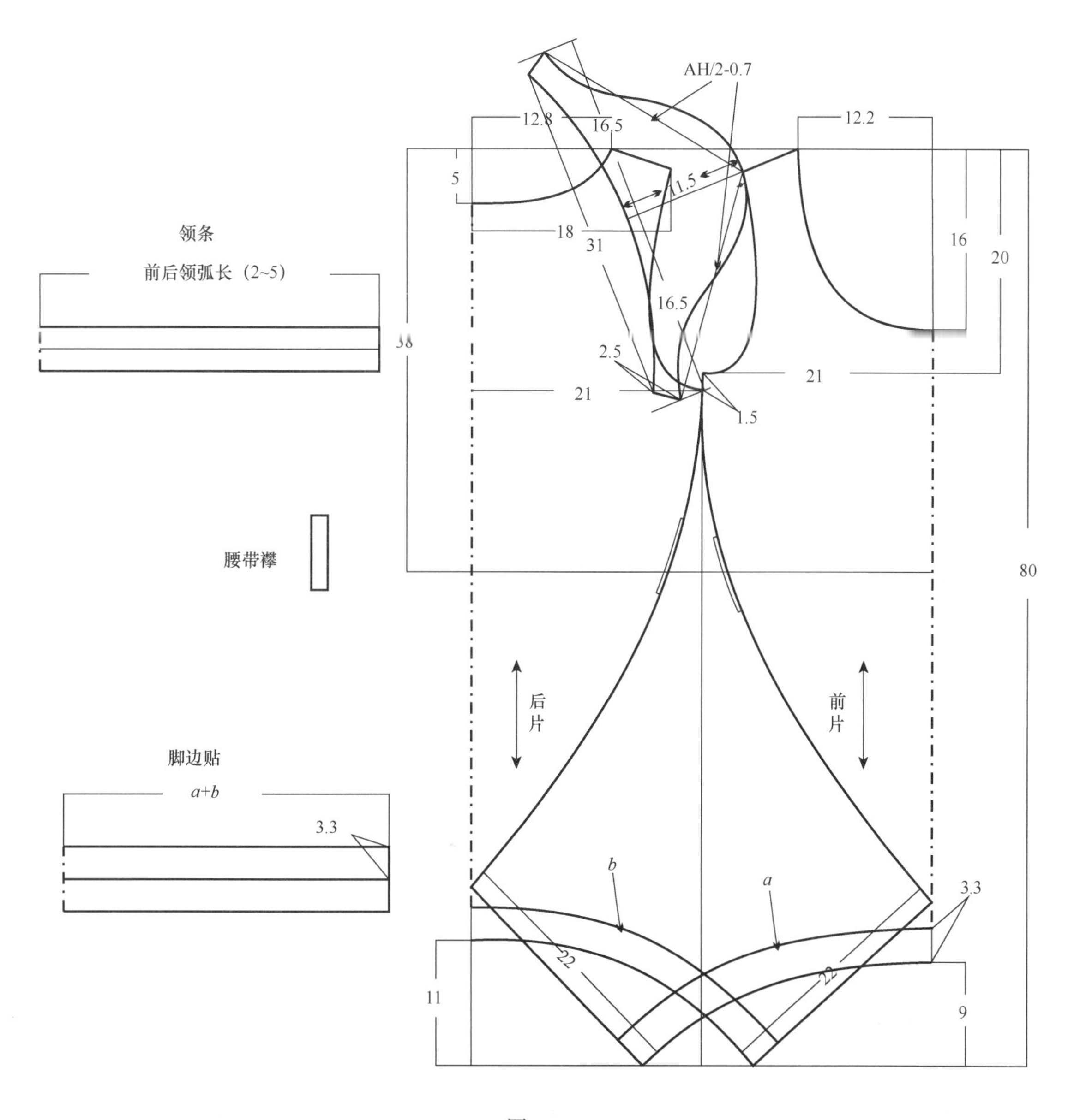

图6-21

十六、立领无袖工装连衣裙（图6-22）

此款式板型在八片结构的基础上延伸得到。领型设计前开领大于后开领很多。这种领型高大、夸张，如果前开领与后开领匹配，会使前中处紧贴脖子，所以前开领设计大、有部分松量，思路借鉴荡领的类型。整体板型设计的收量不大，线条缓直。

成品规格（cm）：后中长111　肩宽33.5　胸围89

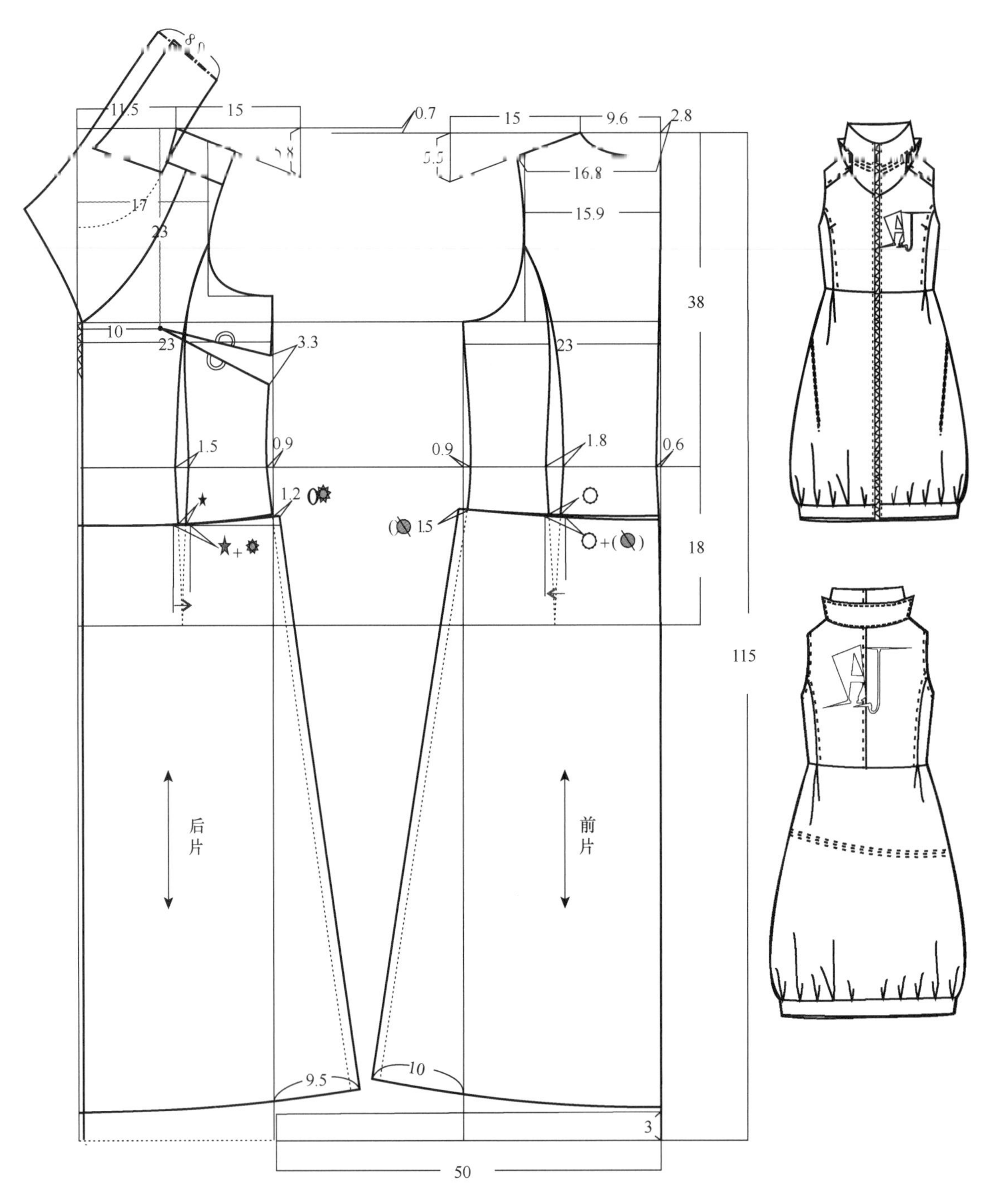

图6-22

十七、长袖V领连衣裙（图6-23）

成品规格（cm）：后中长85 肩宽38 胸围90 袖长60 袖肥31 袖口23

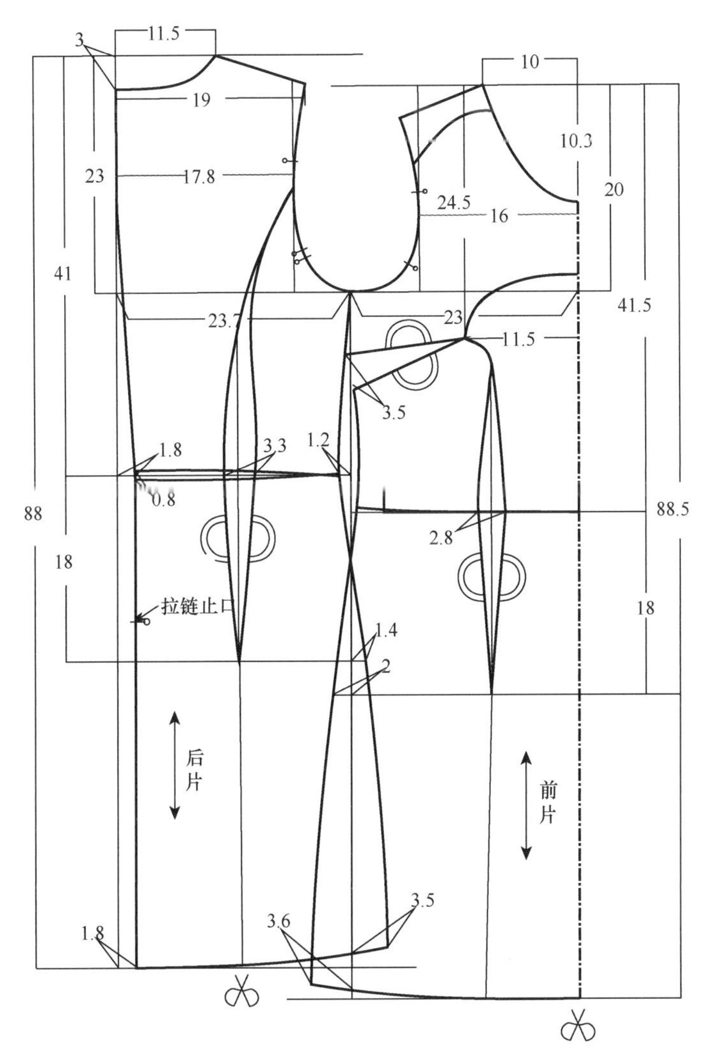

将衣身腰节处省道合并，并由此剪开，
拉开，长度为原长度的2.2倍。

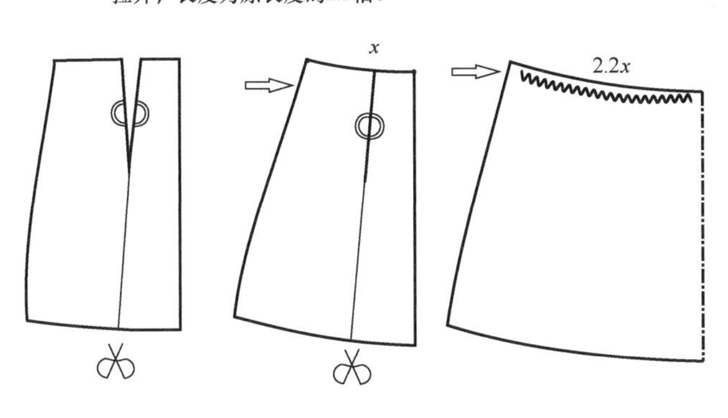

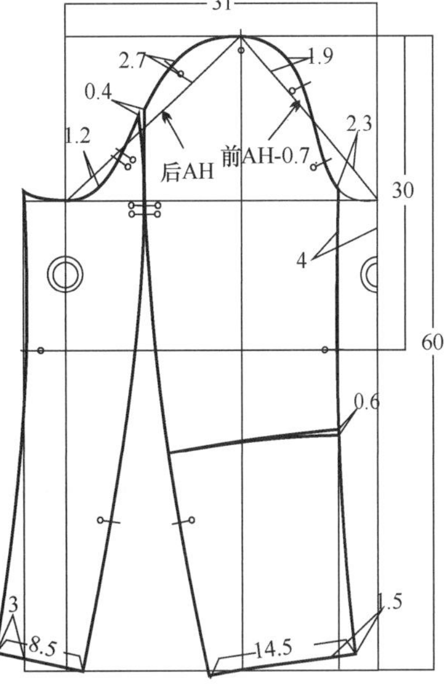

图6-23

十八、长袖翘肩连衣裙（图6-24）

成品规格（cm）：后中长81.2　胸围89　肩宽39　袖长50　袖肥31　袖口24　前肩斜15：6　后肩斜15：4.8

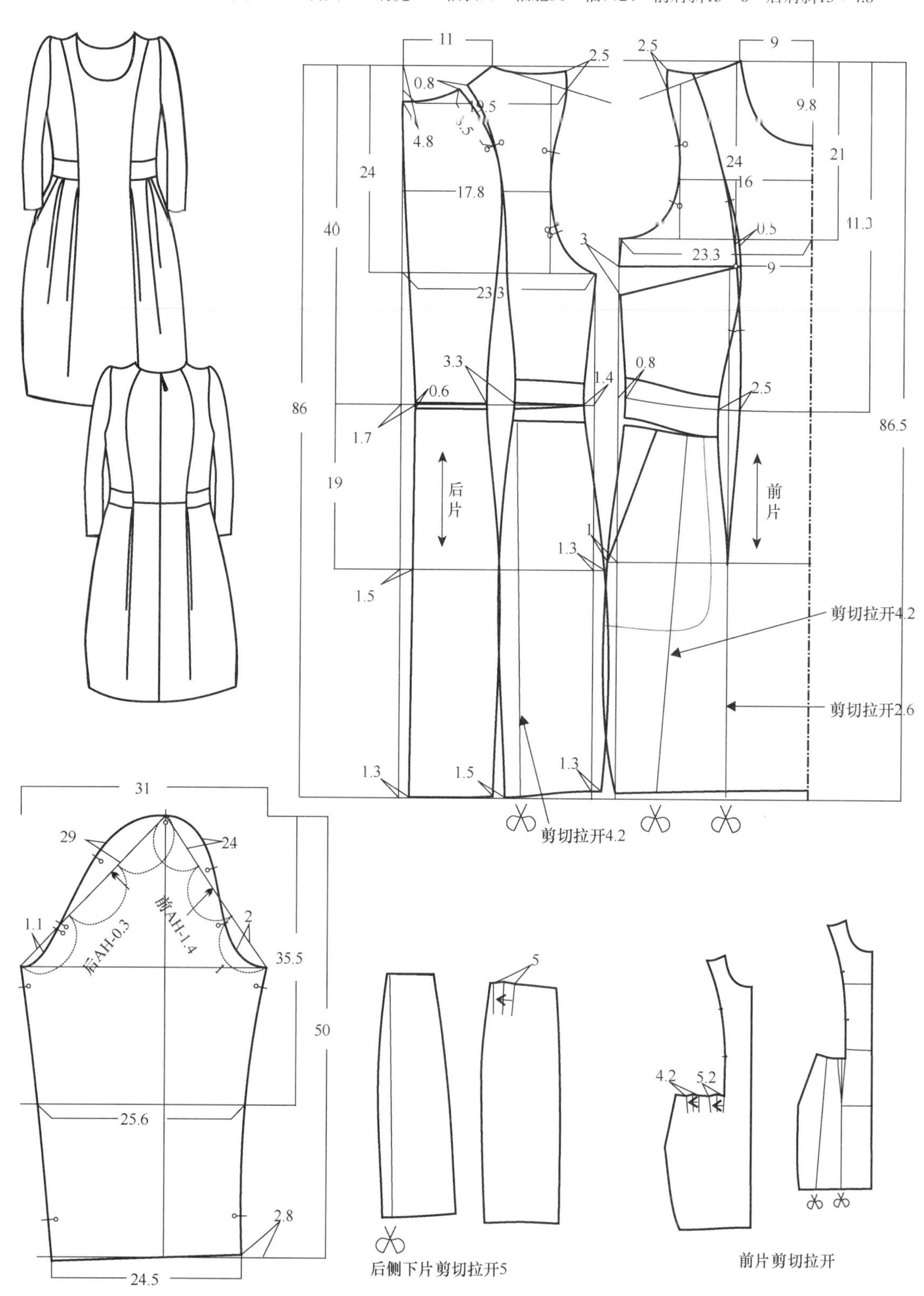

图6-24

十九、高袖山长袖连衣裙（图6-25）

这个款式在领型和袖型上构思非常新颖，板型设计相应也随之将思路展开。首先把基本部位设计好，然后进行变化构思。自带立领在设计好的基础领口上绘制好，接着将基本袖配制好在此基础上切展出褶量。袖肥不动向俩边拉开，其后不够的量由袖山补加。下裙也剪切出量完成造型所需。

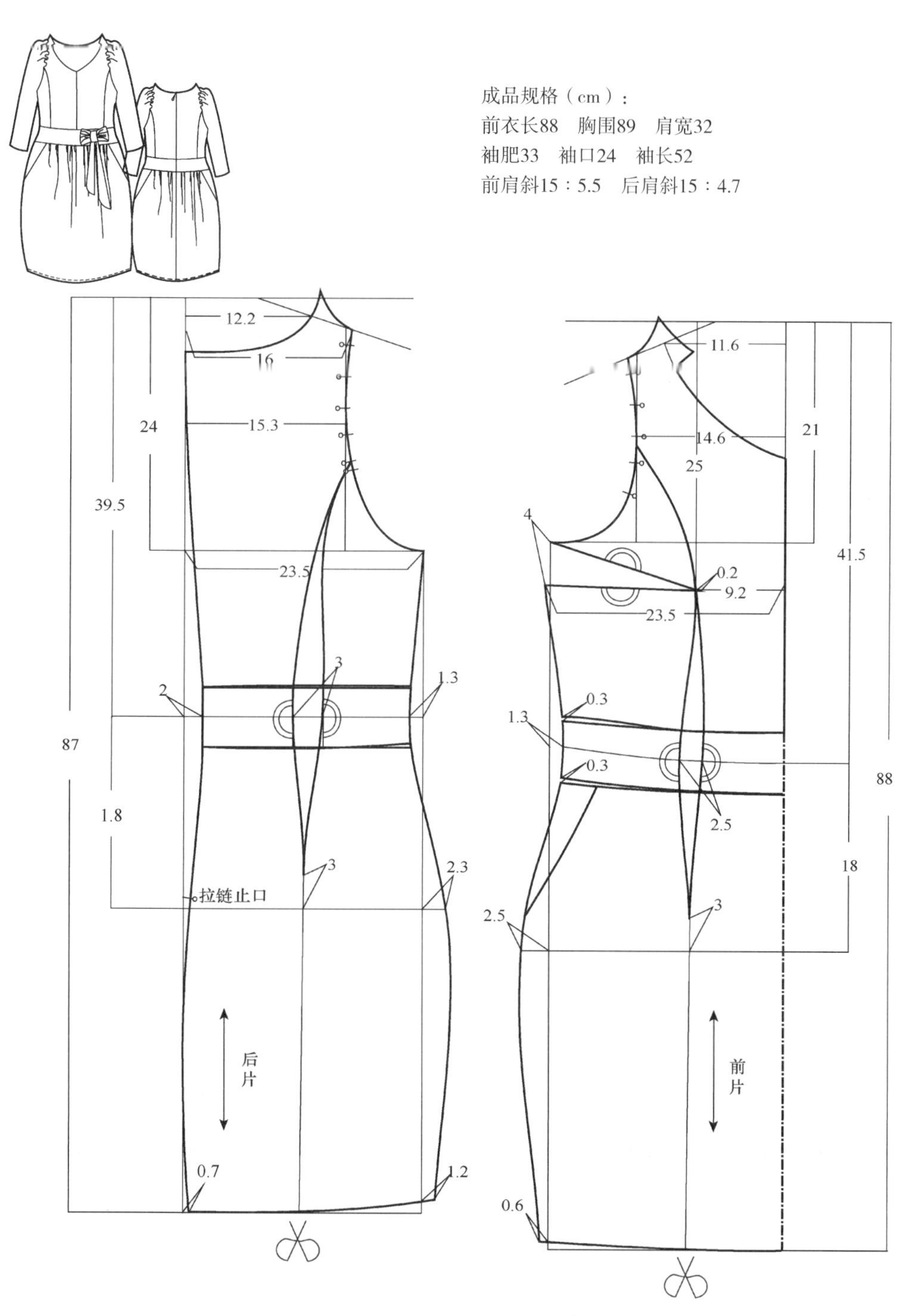

图6-25

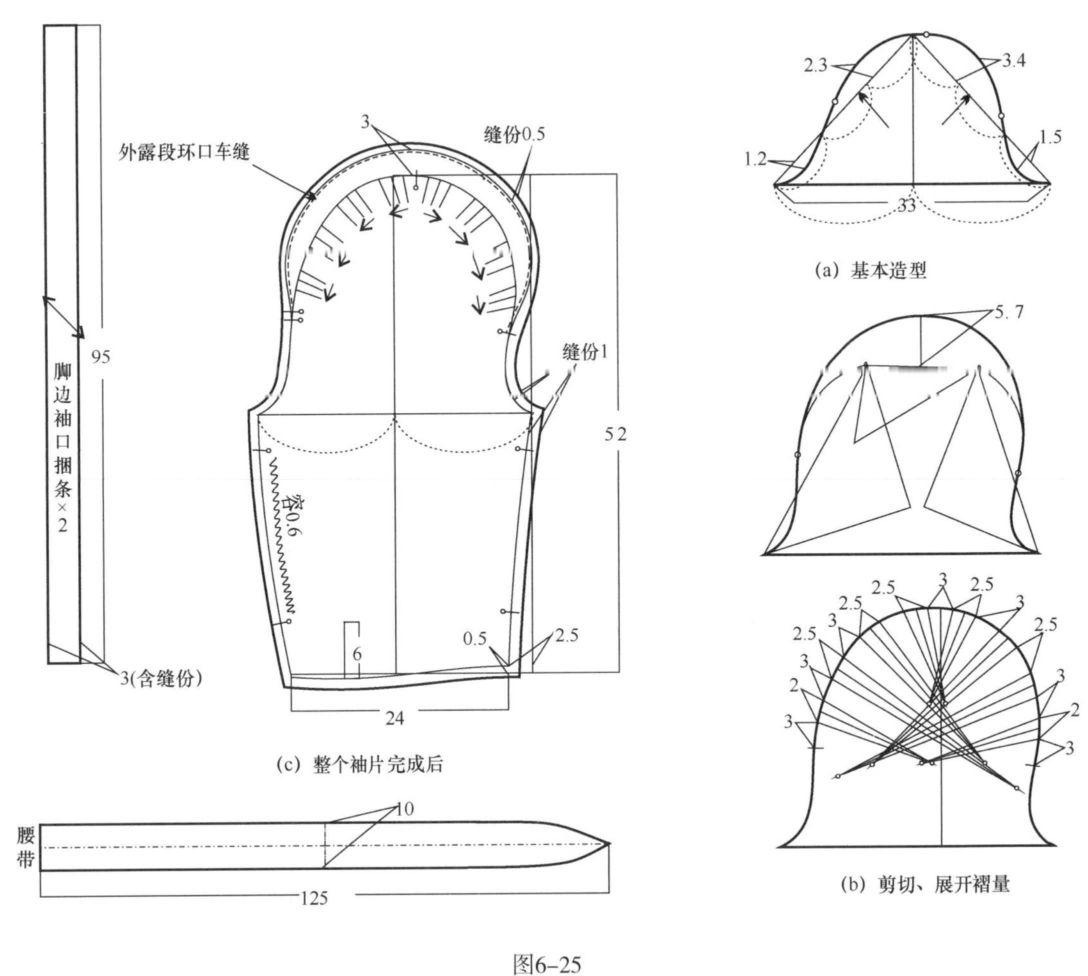

图6-25

前下片样板剪切处理：

剪切拉开，使其长度为1.8*a*。后下片样板剪切处理：

剪切拉开，使其长度为1.8*b*。如图6-26所示。

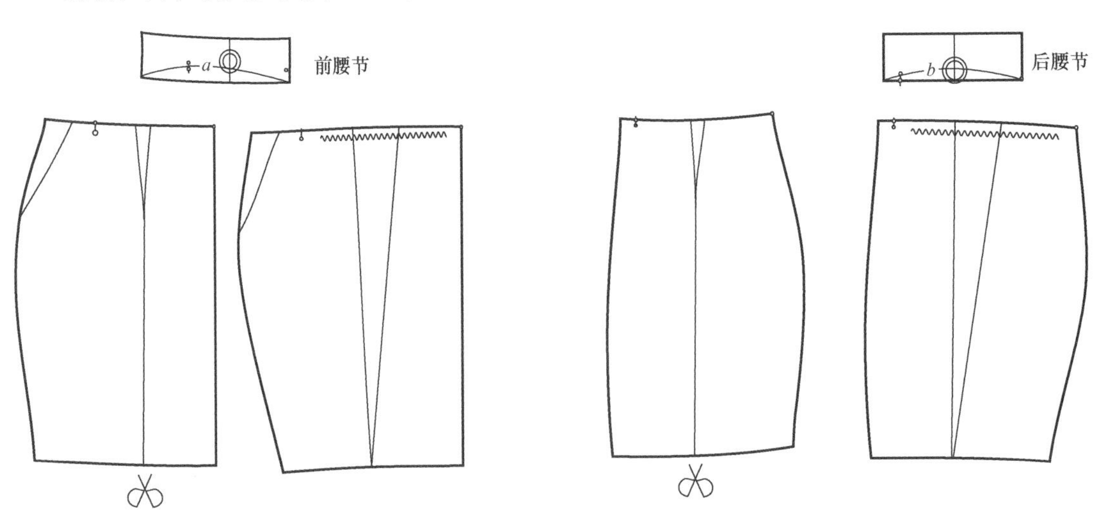

图6-26

第七章　外套和风衣

一、敞领中袖夹克（图7–1）

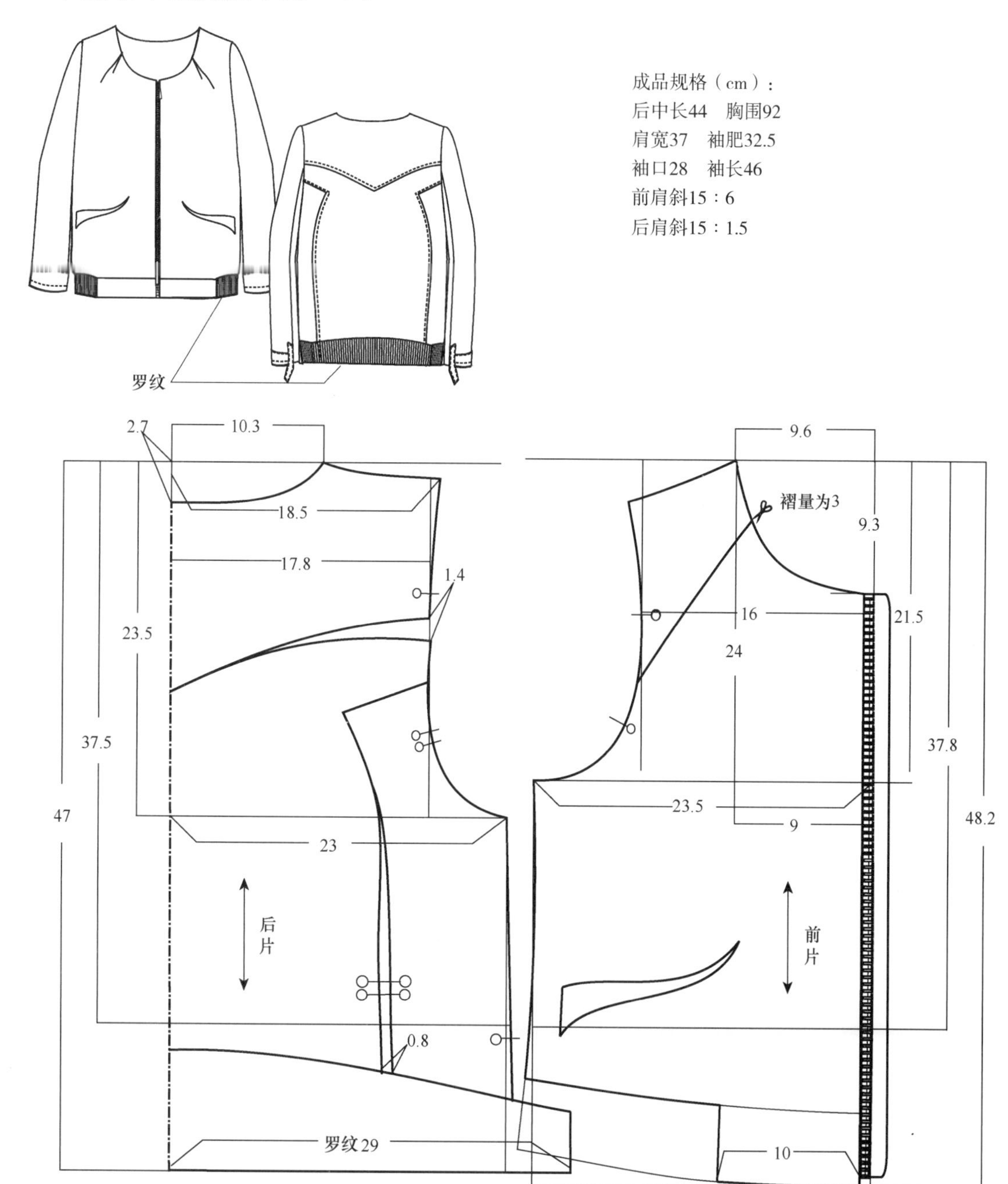

图7–1

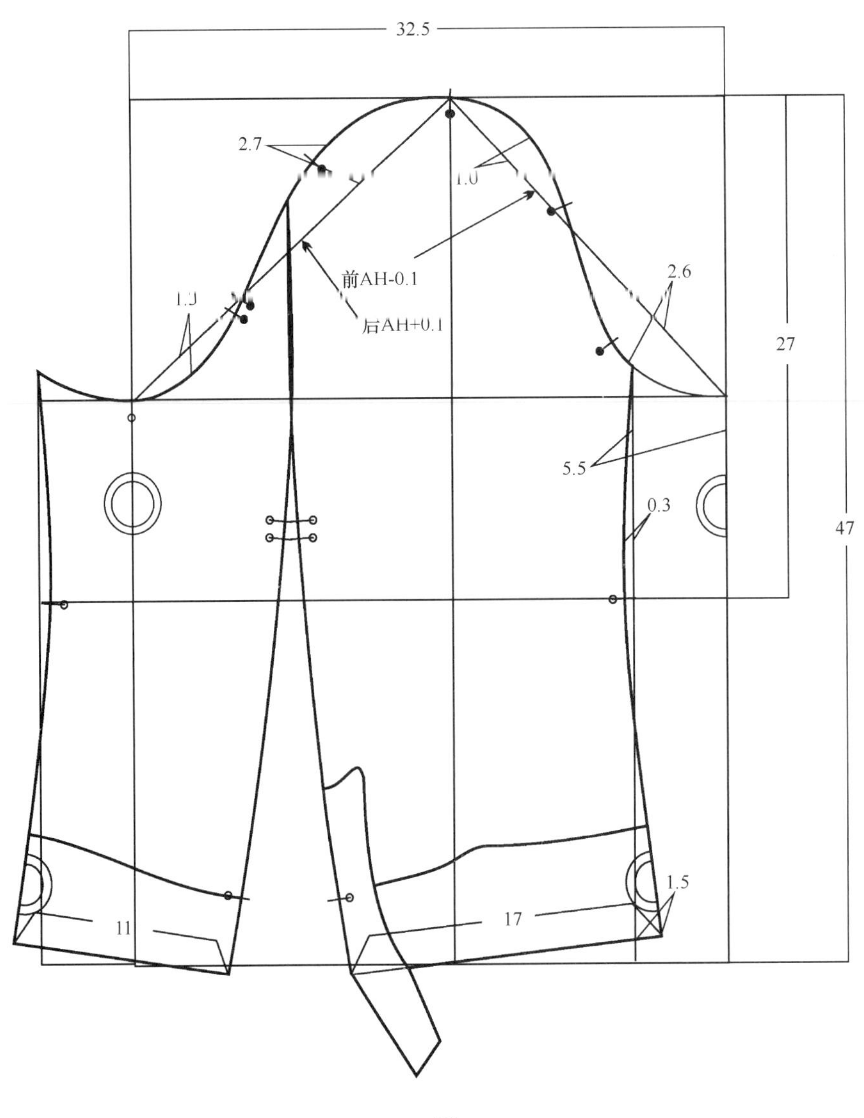

图7-1

这个款式的曲线分割是其主要特点,款式图不收身,于是板型侧缝也不完全用直线条做分割，塑造出整体柔和的形态。

后肩部设计了一个大省量，将衣身后片多余的量牵吊控制，产生一个自然回转的侧面棱转折，使得后片立体感觉较为明显。

二、灯笼型夹克（图7–2）

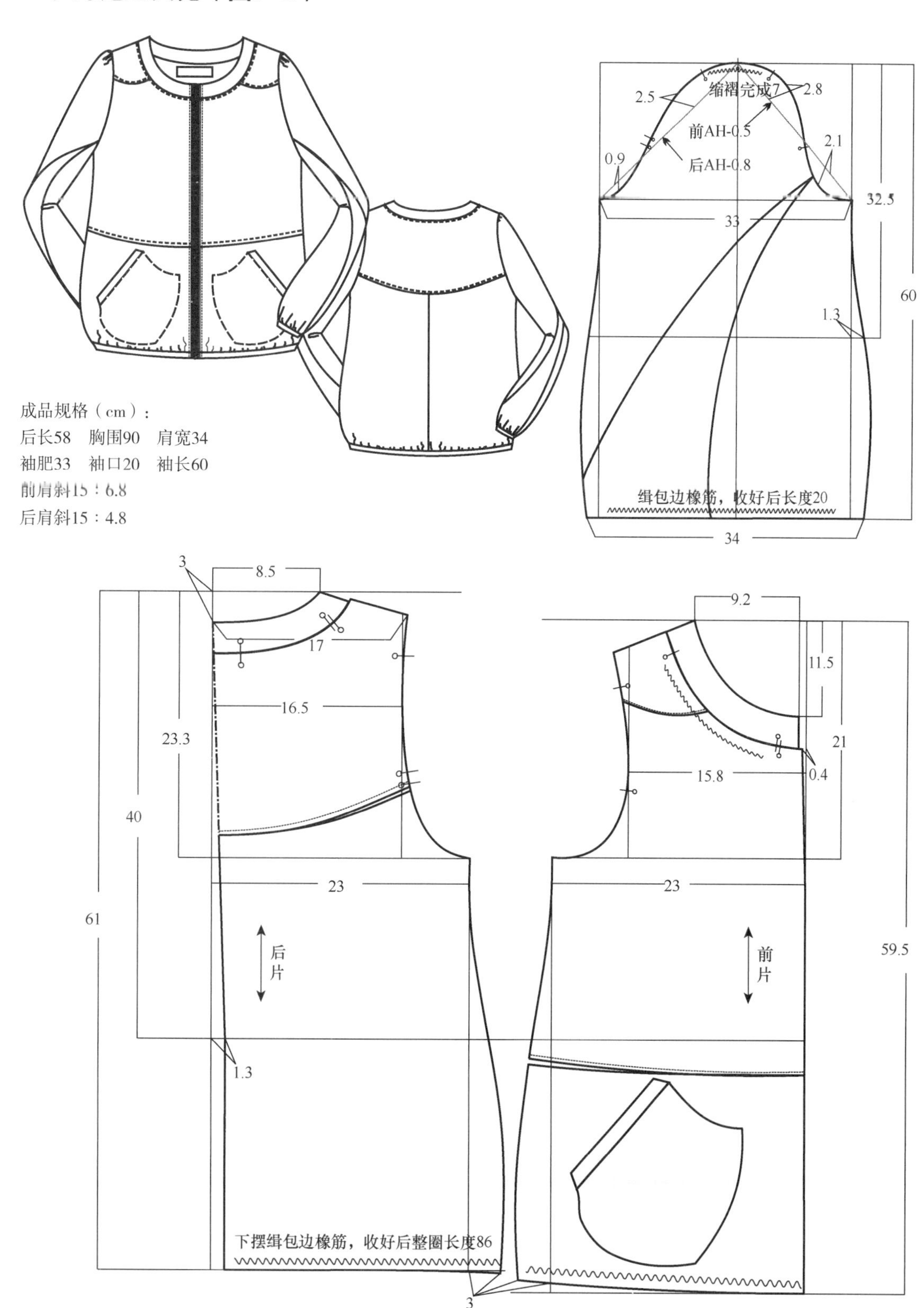

图7–2

三、双排扣收腰夹克（图7-3）

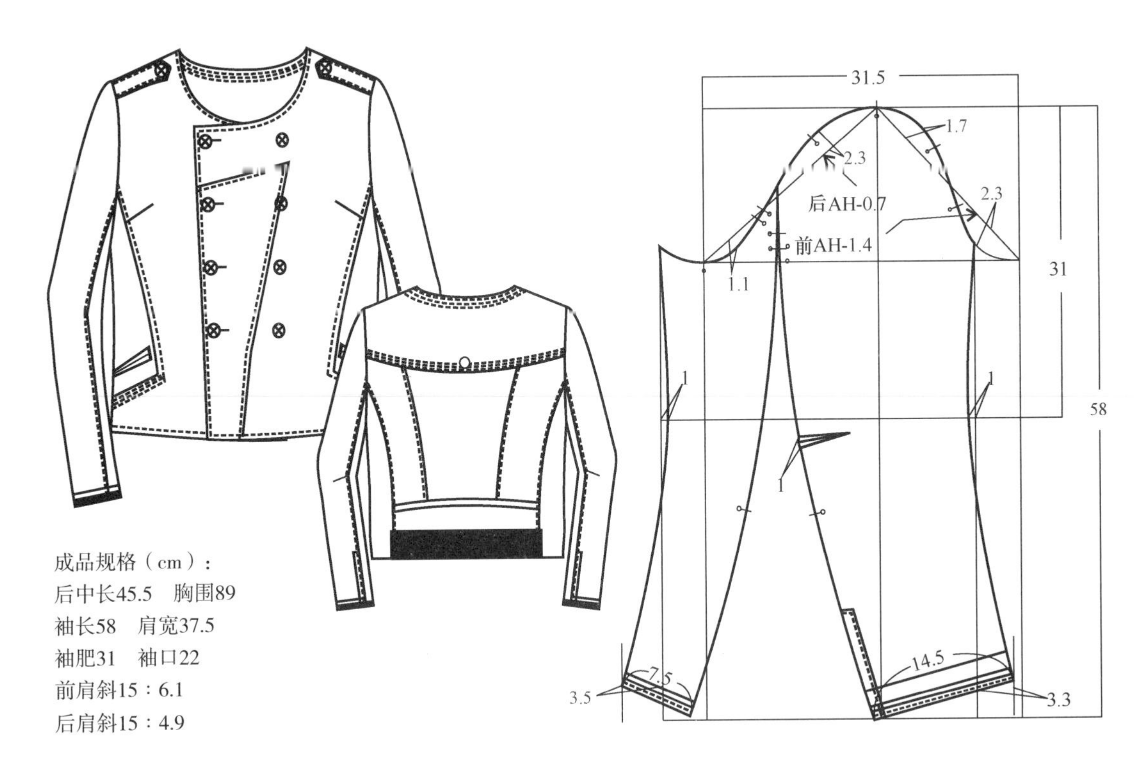

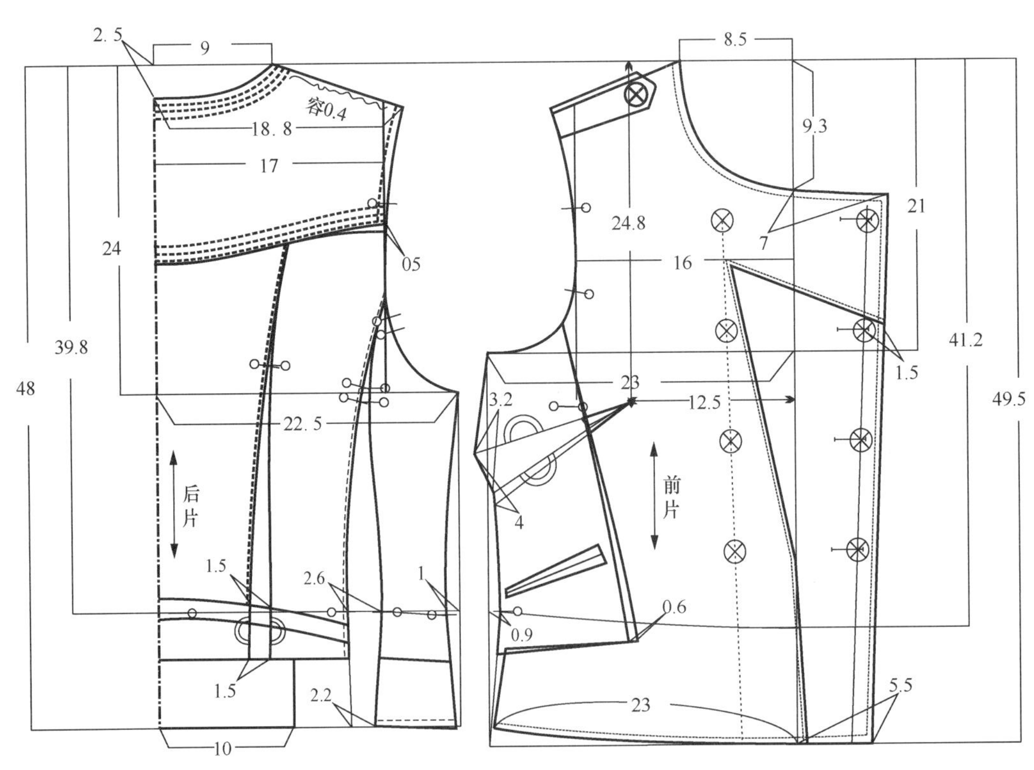

图7-3

四、灯笼袖短外套（图7-4）

这个款式造型特点为收腰、收下摆、不对称门襟、窄小的前胸宽与后背宽。袖山褶量设计为基础线段长的2倍左右，上端收量多，两边下段稍少,袖臂前扒开、后收拢，塑造出手臂需要的前势状态。

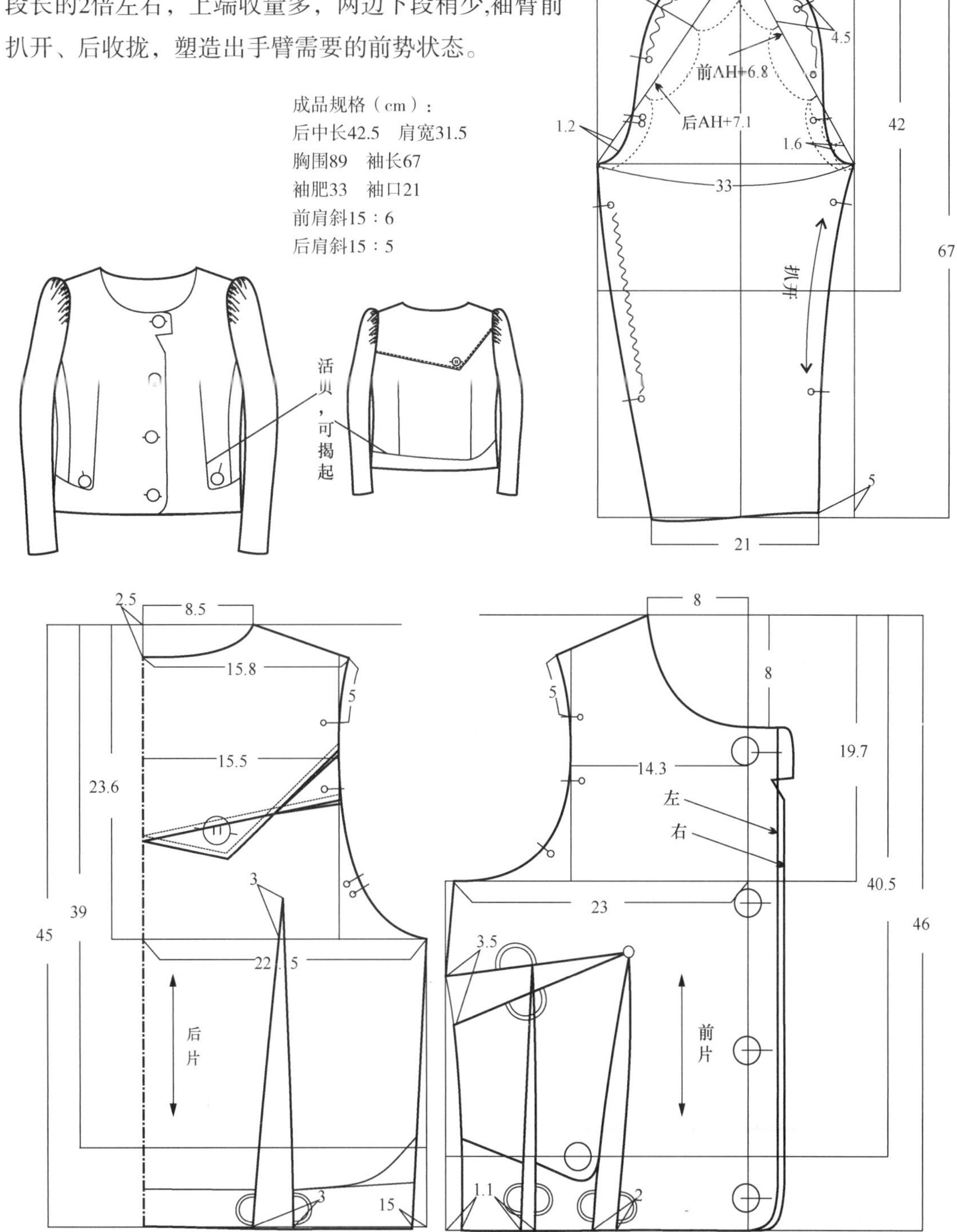

图7-4

五、有褶皱的插肩袖短外套（图7-5）

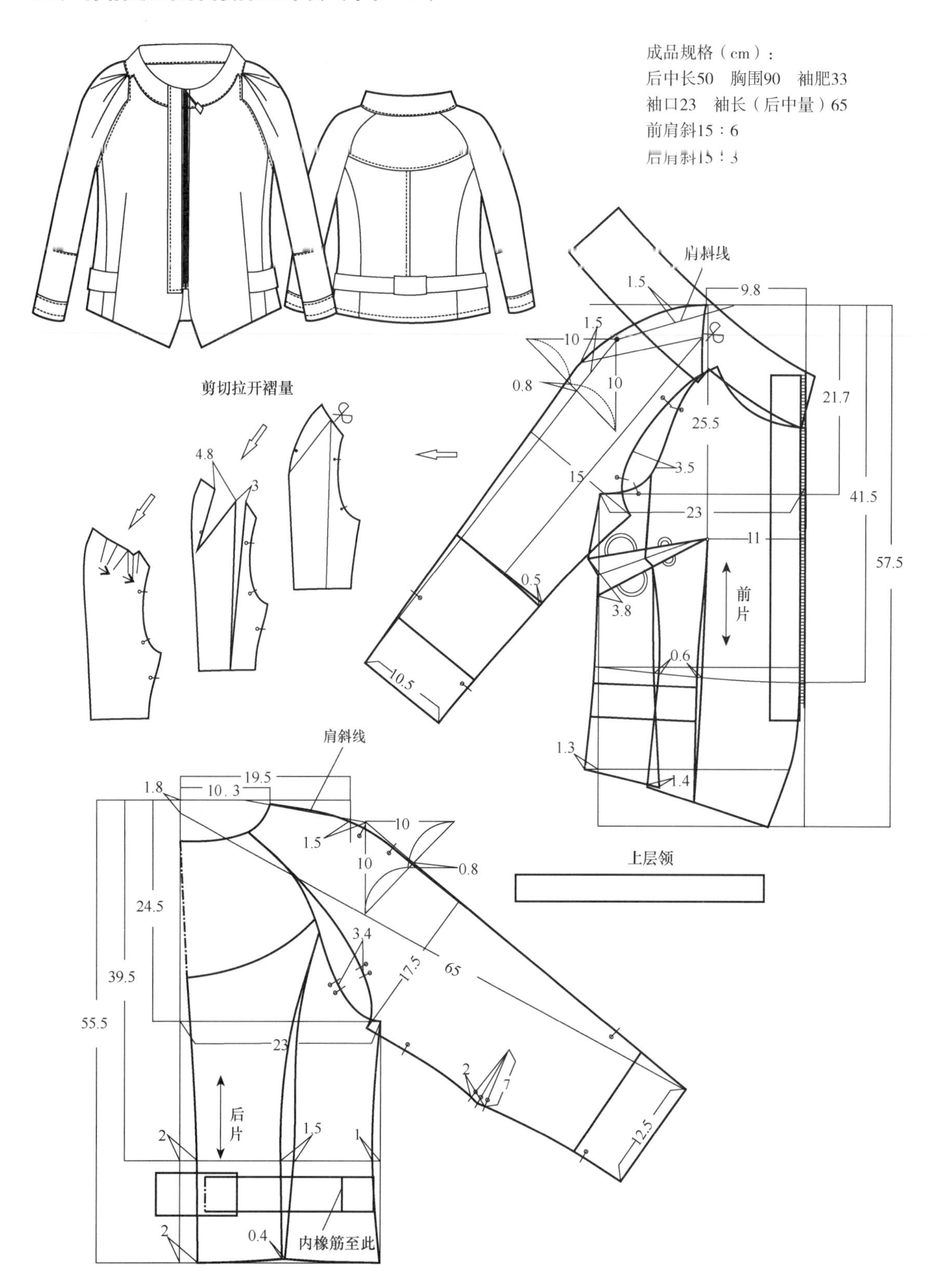

图7-5

六、腋下有插角的短外套（图7-6、图7-7）

成品规格（cm）：

后中长51　胸围96　袖长39

袖肥43　袖口30

前肩斜15：5.5

后肩斜15：4.2

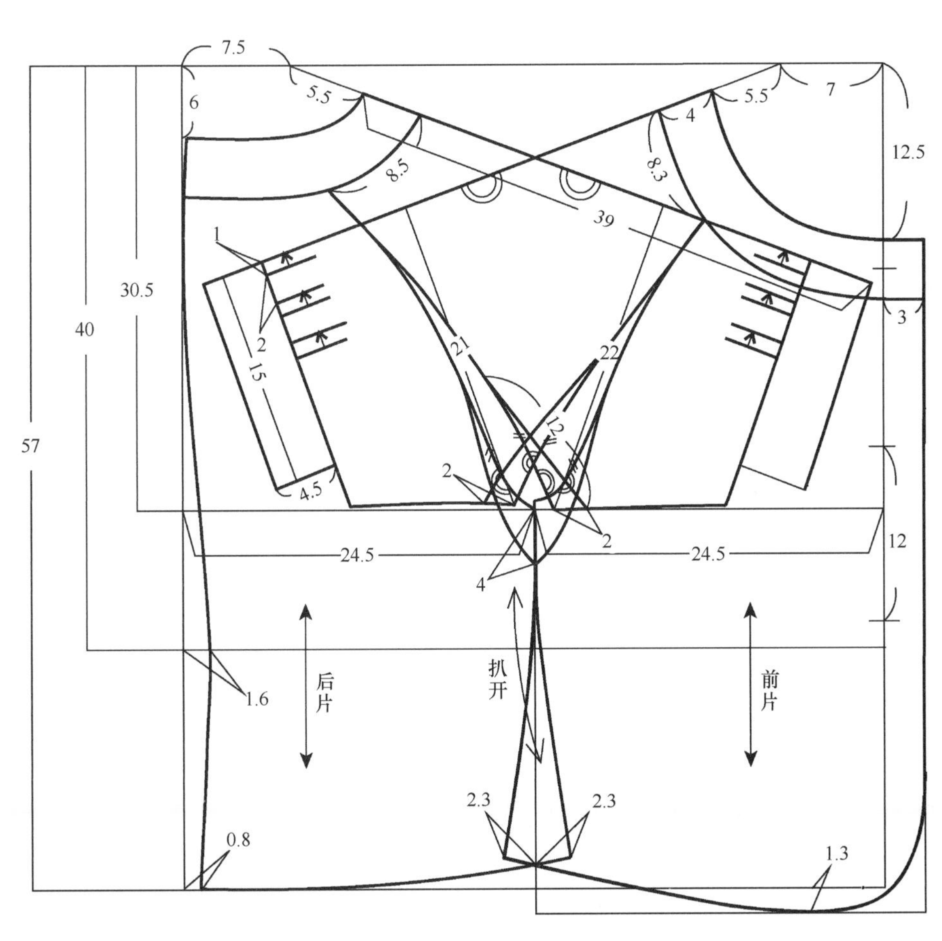

图7-6

这种类型的服装衣长较短，板型处理上也没有收腰，其瘦型效果来源于胸围和下摆对比后的错视感觉。下摆的外展和胸围形成对比，不需收腰就能实现瘦身效果。款式虽然是短装，但同样大方、洒脱。

板型设计的对比手法非常多用，通过对比、收与放都可以塑造出款式的瘦身、生动、层次等内涵。在分割线的长短，局部设计的面积大小等方面对比无处不在。

绘制完基本板型图，在制板中完成腋下插角的初步设计。其后拼合袖腋下插角和身腋下插角，将中间的空量去除，在调节过程中必须注意缝合条件的挟制，两条缝合线要等长，最后形成图7-7中那样的插角。

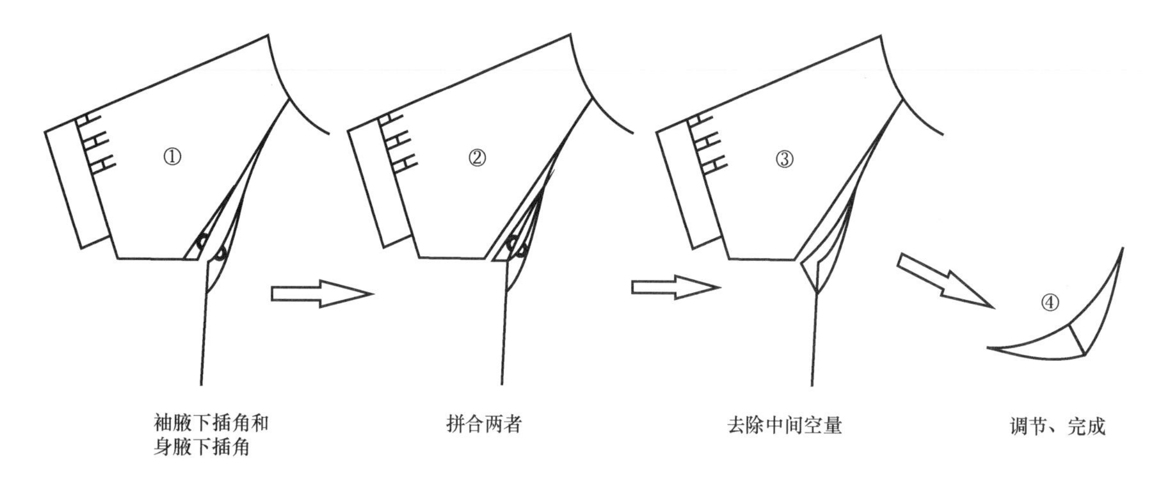

图7-7

七、斗篷款呢外套（图7-8）

这个斗篷款式采用切展思路做出扇形。衣身结构设计为下摆略有夸张的造型，配合扇形的活泼。后背则采用贴体手法处理出背势，与肩部的耸势形成暗合，形成一款独特造型。

成品规格（cm）：后中长56　胸围90　前肩斜15：6　后肩斜15：5

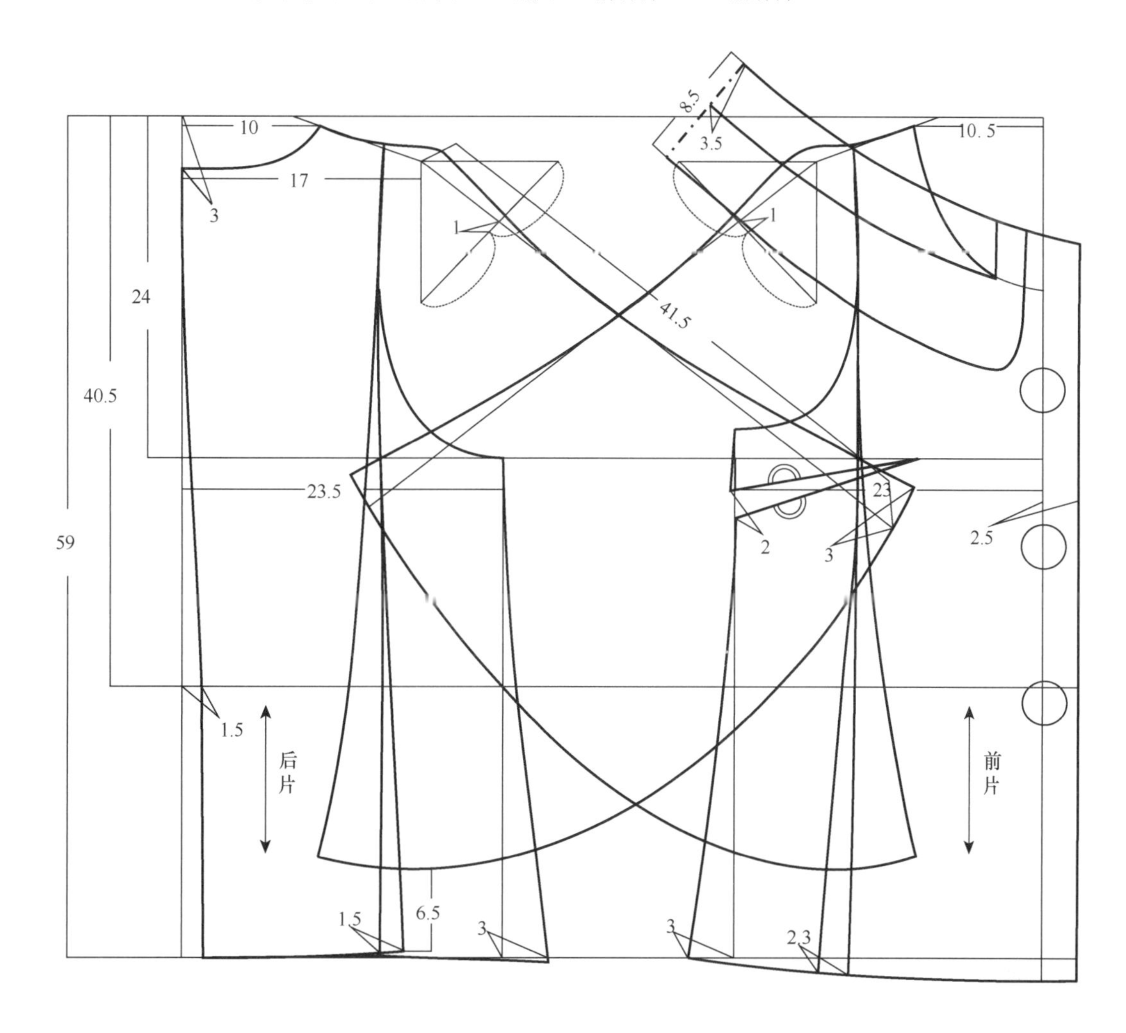

图7-8

八、袖山有省西装（图7-9）

在此款袖山有省西装中，可以看到前片开领处升高了一个量，这是在前身设计了一点邻座量与后身邻座对应合成整个颈部造型，让颈部的领口不紧贴到脖子，而有种立起之势。

袖制图中我们可以看到，袖造型向前走势幅度大，袖臂弯曲，袖山头三个省量设计构成上部的视觉焦点。后袖山弧线则如常态平缓，省量也随之小于前袖山，前袖山弧线上端弧起量较大，造成一种凸势，意在使前袖山部位耸起而挺拔。

板型设计中，分割和部件的比例大小需要通过多次的练习和仔细的观察，在造型上加强联想，去积淀实用经验。学习板型设计中重要的是了解其塑造手法和框架建立的特点以及各部位量的设计成因，不记死数字，每个数字后面都是板型设计时综合考虑后设定的，所以本书在一般小部件和分割中都不标示数据，而重在将书页的空间给图形多一些，利于读图思悟。

成品规格（cm）：
后中长49　胸围89
肩宽32　袖肥32
袖口23.5　袖长58
前肩斜15：5.2
后肩斜15：4.2

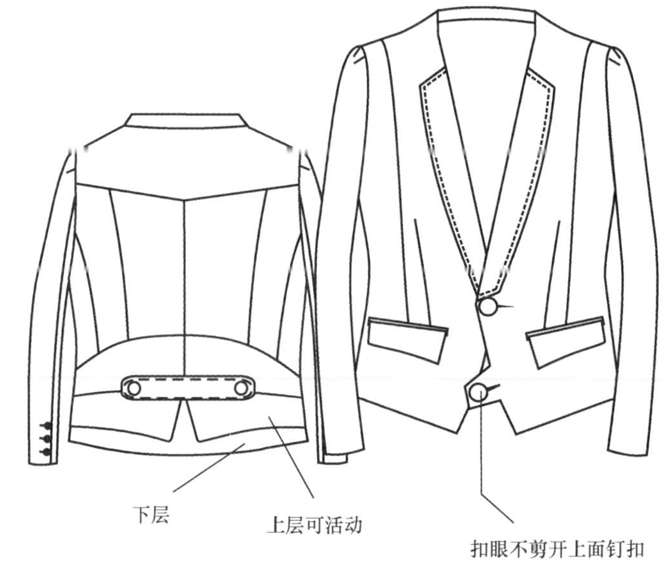

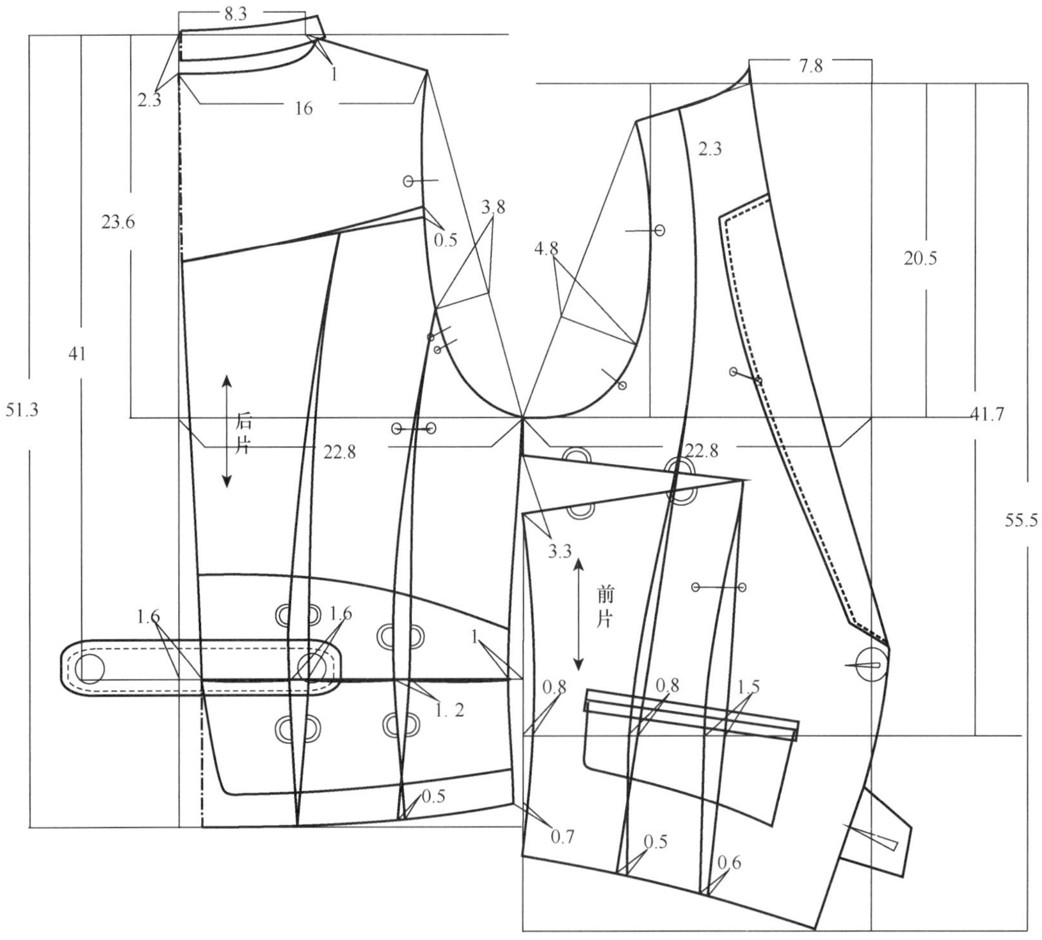

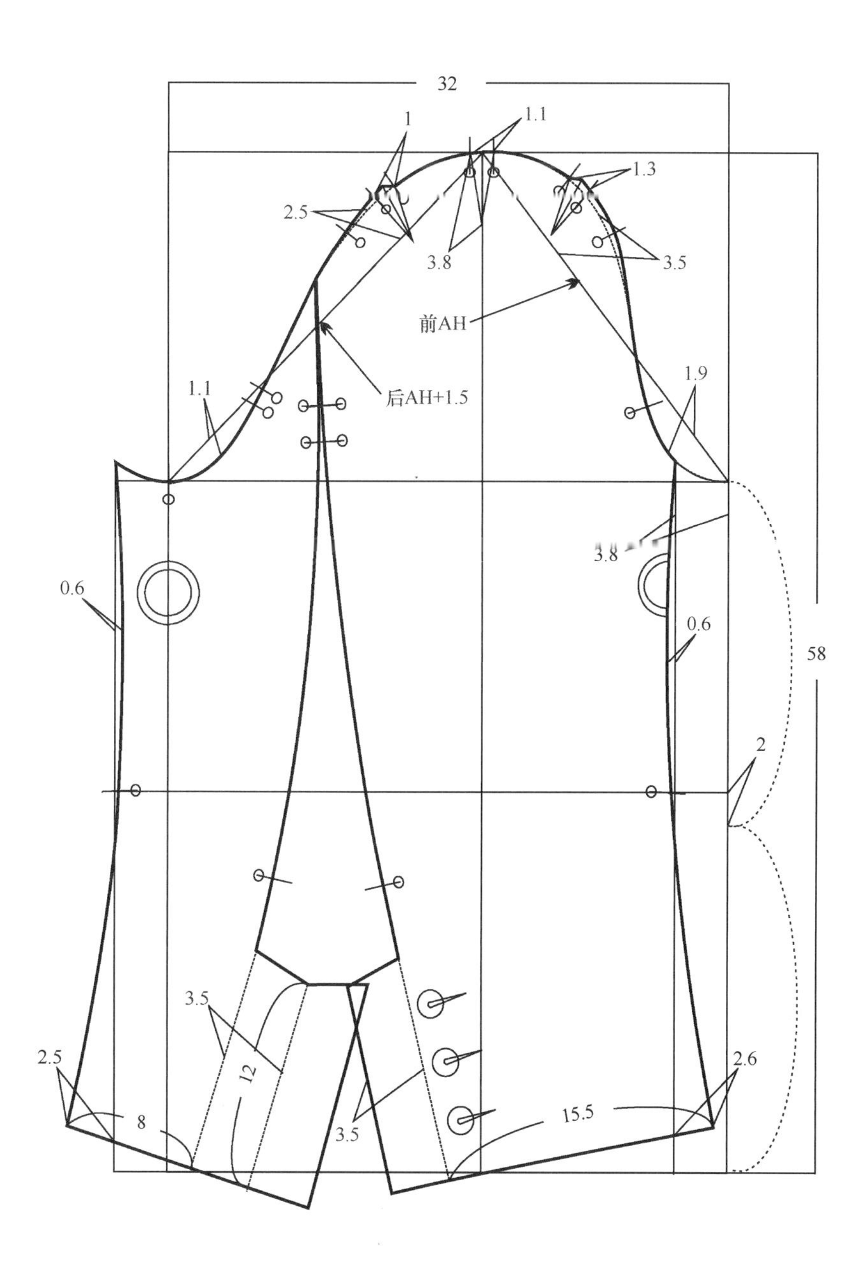

图7-9

九、中袖短款西装（图7-10）

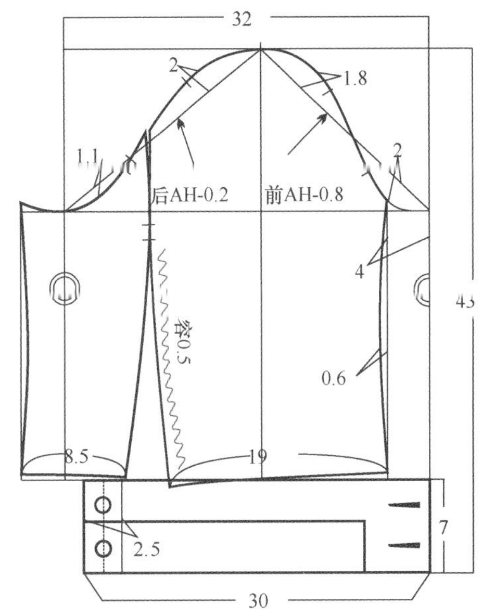

成品规格（cm）：
后中长43.5　肩宽38　胸围89　袖长43　袖肥32
袖口（扣起）27.5　前肩斜15：6　后肩斜15：5.3

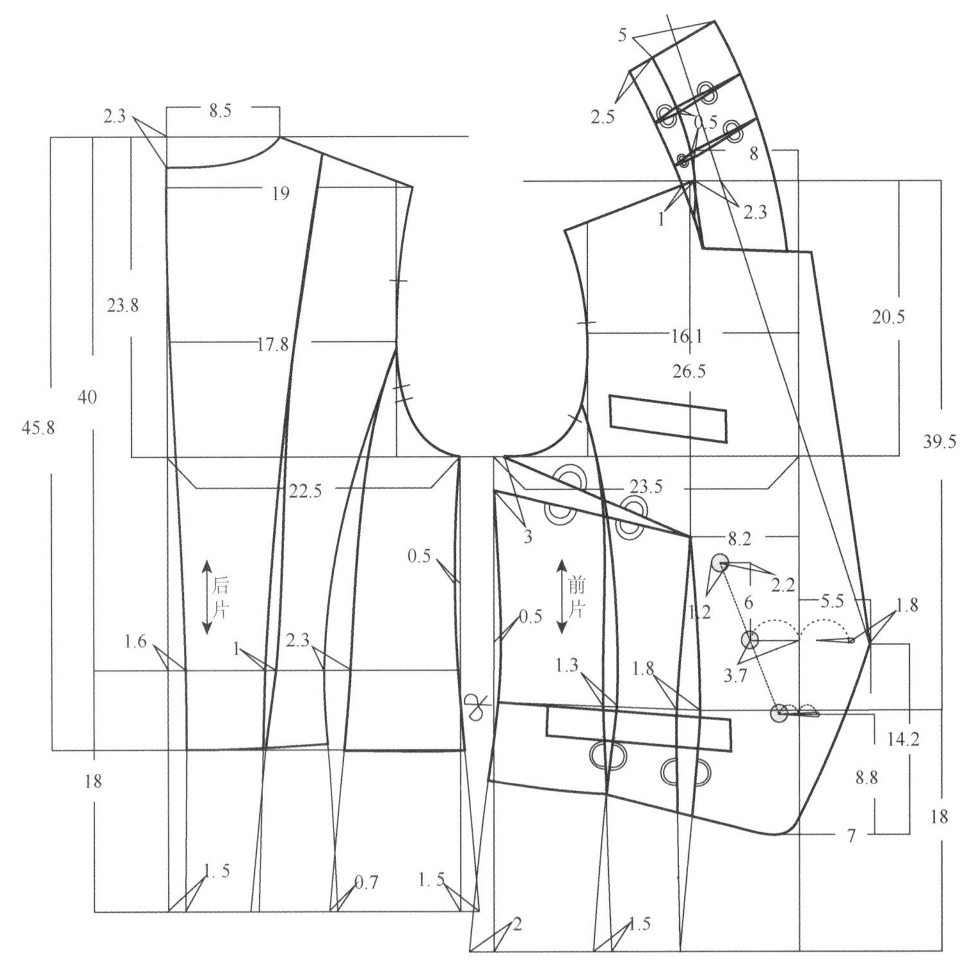

图7-10

十、领下有省双排扣西装（图7-11）

此处设计领下省转化掉前中的多余量，领下省转化出后横领也随之增大，袖子与身子互借，肩部采用曲线弧起，塑造耸起挺拔之势。

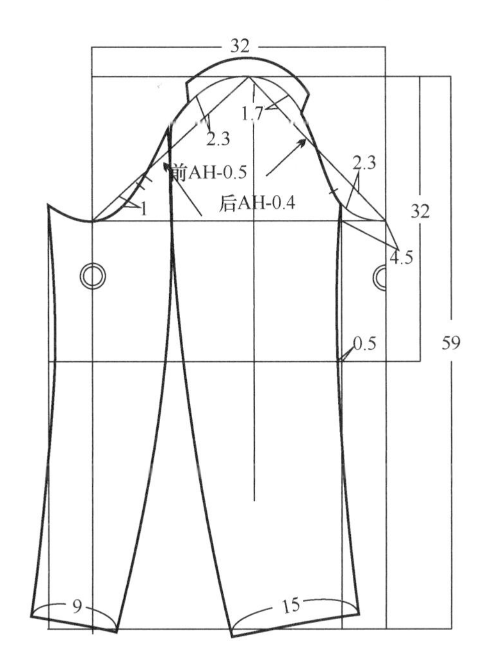

成品规格（cm）：
后中长63　肩宽37.5
胸围90　袖长59
袖肥32　袖口24
前肩斜15：6.5
后肩斜15：4.2

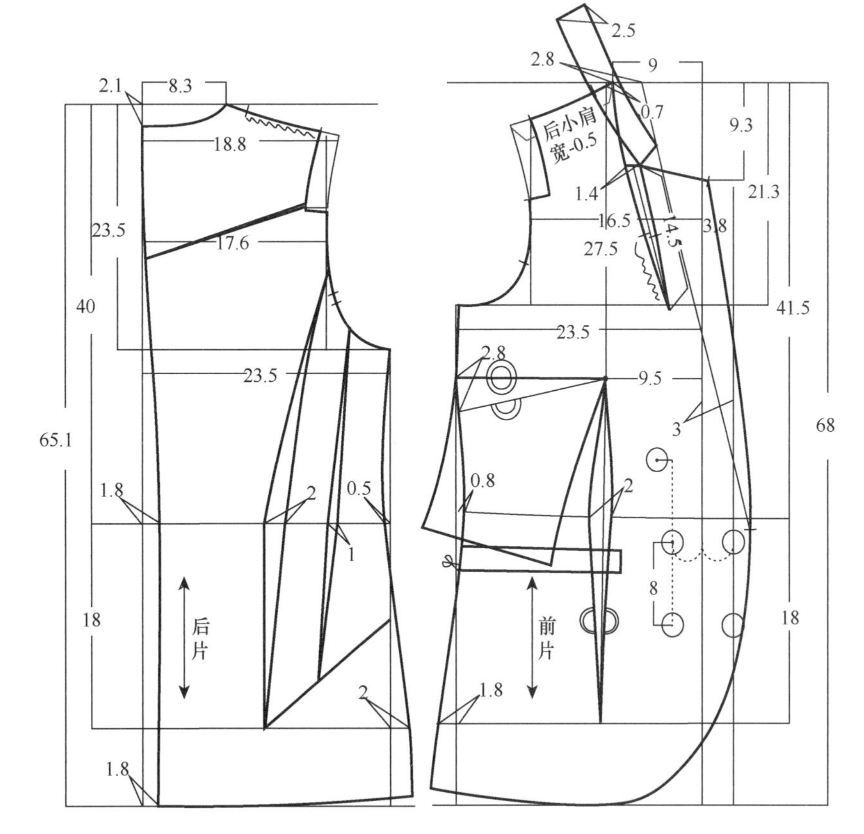

图7-11

十一、特殊袖型西装（图7-12）

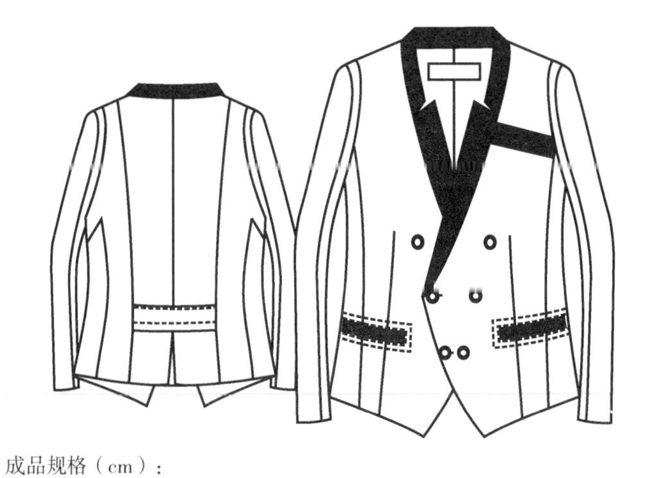

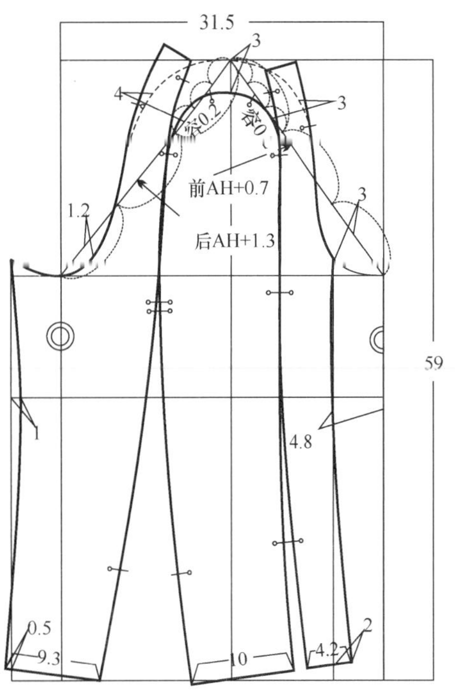

成品规格（cm）：
后中长48　胸围91
袖肥31.5　肩宽33
袖口23.5　袖长59
前肩斜15：5.5
后肩斜15：4.5

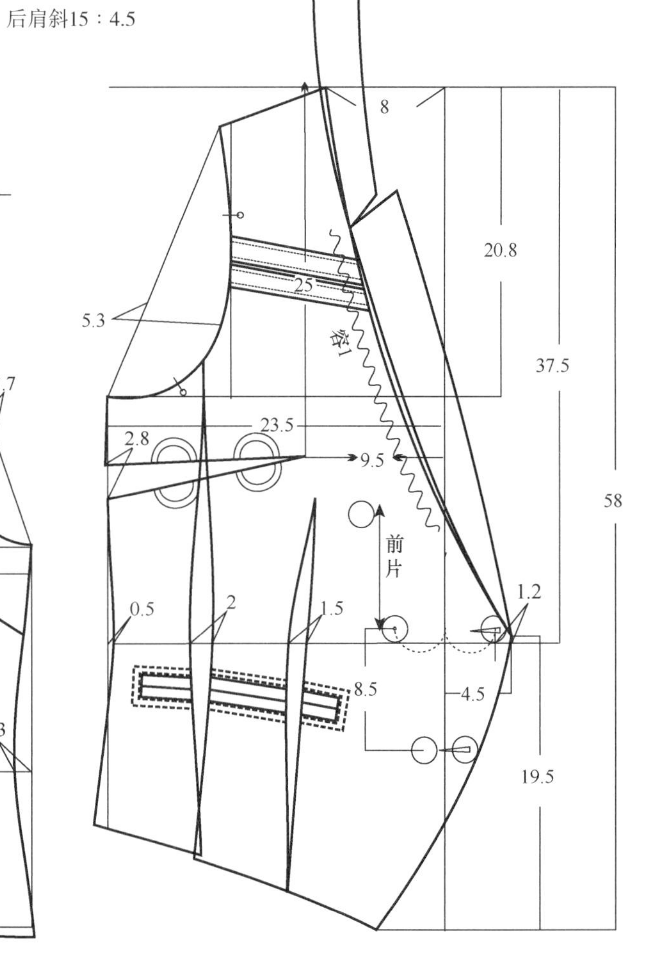

2.6
8.5
16.5
23.5
0.3
3.7
39
50.6
23.8
后片
1.6
2.2
1.7
1.3
12
0.6
0.4

图7-12

十二、翻驳领明线装饰外套（图7-13）

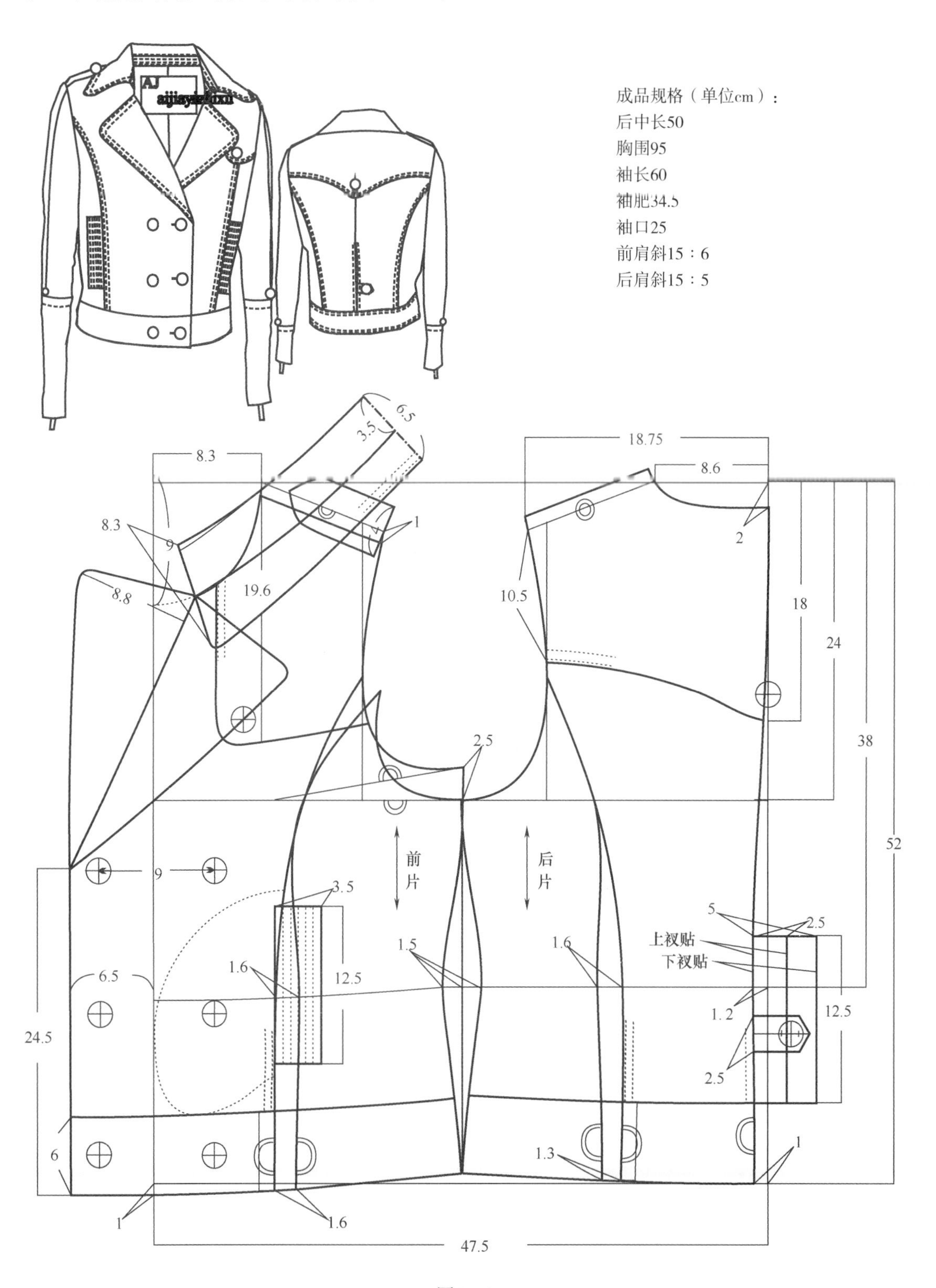

图7-13

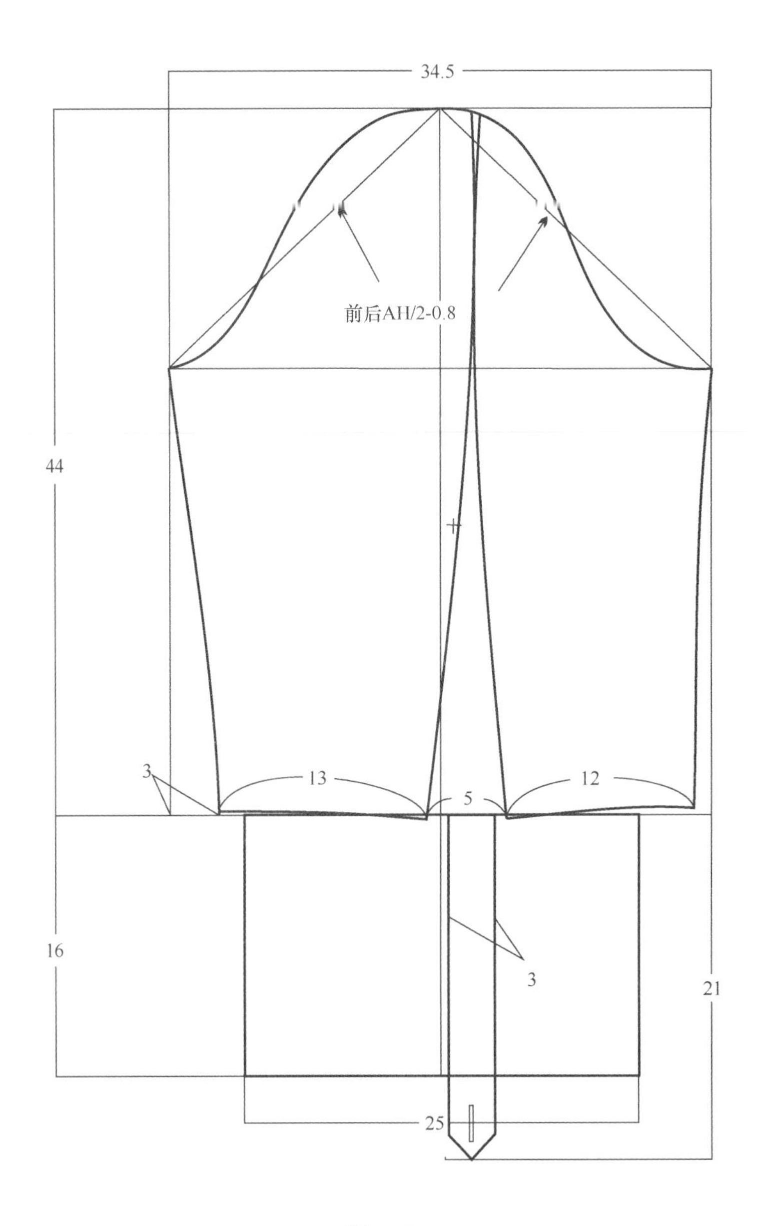

图7-13

这个类型的款式可谓基本款中的一种。只要八片结构基础扎实就不难绘制出这个板型。虽然是休闲类风格，也要将板型设计地更加美观。袖型采用了分割量的设计，转化出臂型，衣身腰节上提些许。各部位分割平缓顺畅，胸省量转化不大，由前身片的刀背线脚下部分去量配合下，将胸凸的立体感塑出。此处不标袖山弧线起伏数据，通过袖型观察揣摩，你会找到袖山弧线起伏规律。袖山起伏量随款式需要而设计，也是一种随形演化的变数。

十三、立领薄款风衣（图7-14）

这个款式一反传统风衣板型的较大松量的规格设计，板型设计后领深较大，穿着后可跨越颈侧点偏向前，使人看上去肩缝位置在前，比较和谐。肩宽小，通过泡泡袖型的袖山部位空间量弥补了肩宽的不足。背部上片分割中设计了一些肩胛省量，细致地雕琢出肩背部的弓势形态。

袖窿深很浅，便于活动。后腰后背段处理的都非常贴体，后中去掉1.8cm；背型竖向型势由此塑出。背部至臀的省收了1.8cm的量；把腰部的一部分多余量再次收掉。侧片分割线中去掉2.5cm，人体的后背腰型圆润处经此便很好地刻画出来了。

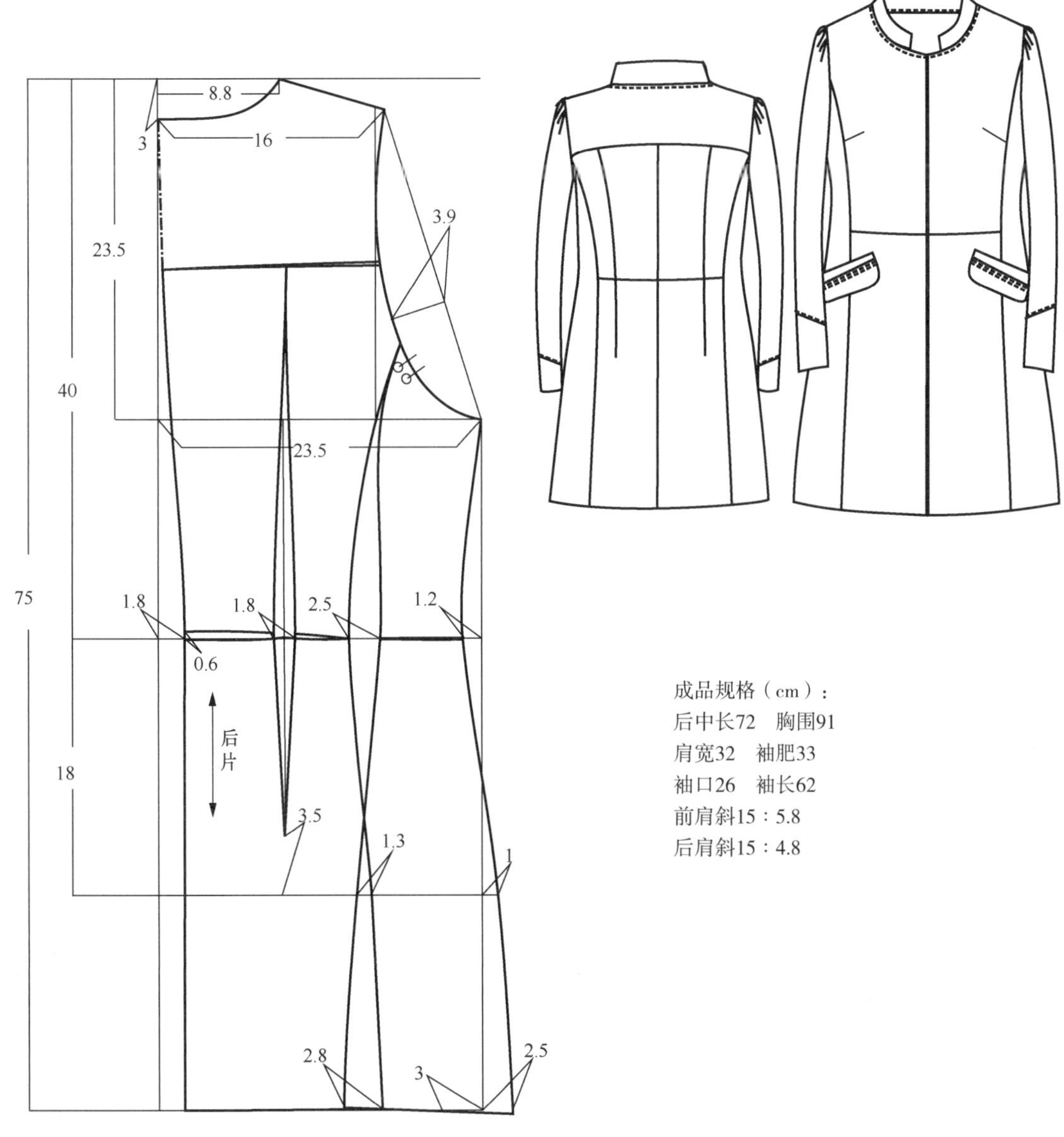

图7-14

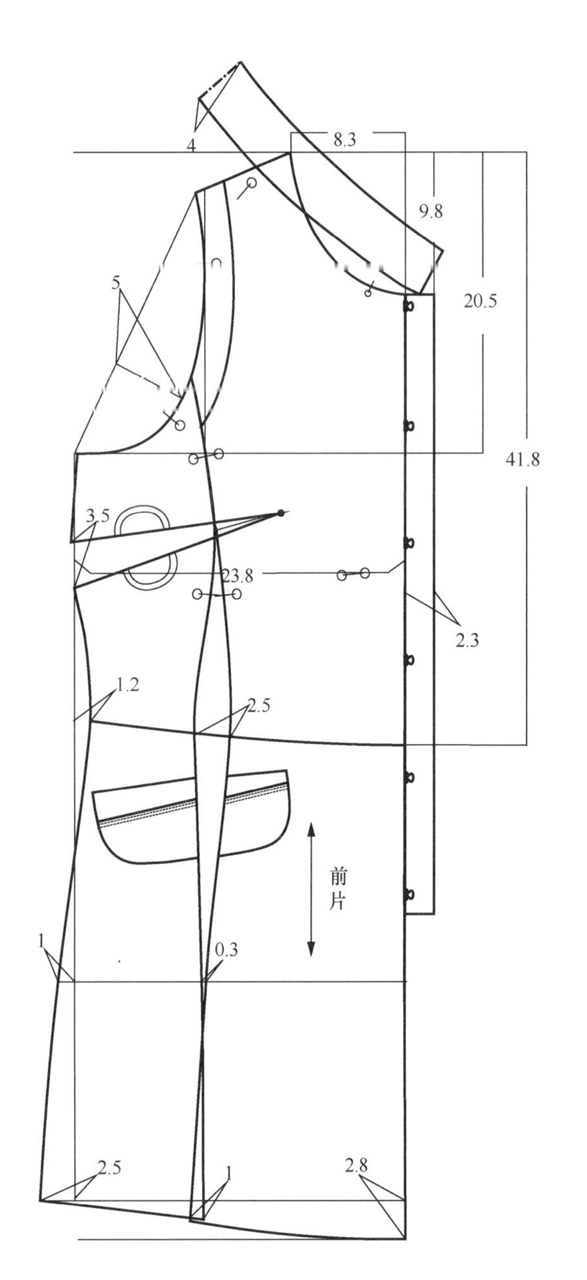

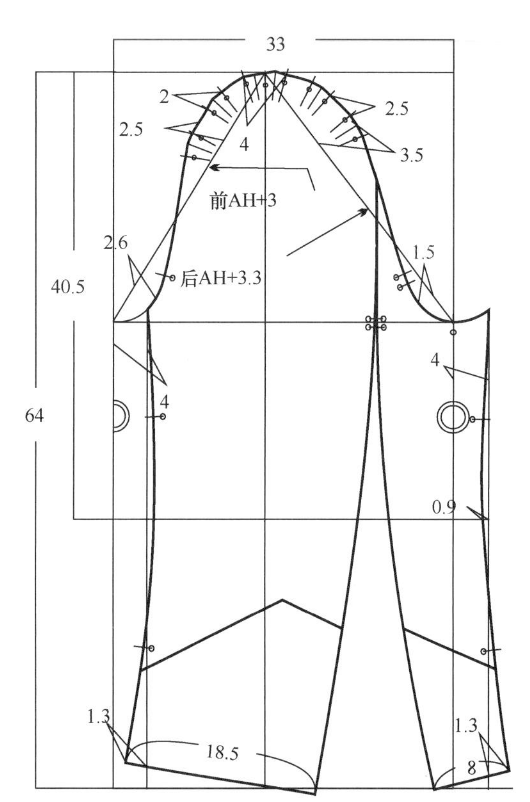

图7-14

在臀围部位放出的松量并不很多，与下摆的放出量共同构成稍放又敛的形态，生成一种犹豫的欲张不扬造型。

前片结构胸省量设计3.5cm，称得上一个不平庸的省量，胸部凸起之形显著，即使把衣服放到桌面上，这个立体面依然可见。

十四、翻立领风衣（图7-15）

这个款式后中收腰较大，在侧片分割中只收了1.8cm；而臀围处则放出2.5cm的一个较大的臀围松量，直至延伸到下摆放出6.2cm的量。腰、臀、摆三个位置的量设计相互呼应搭配，假设腰部收腰量设计为3cm,臀部的凸起怪异，整体型就会像个急促的短颈葫芦。此处板型在后背、侧片、侧缝通过臀腰摆三个位置的收放与对比，使得腰身部位显得瘦身。下摆和臀围段造型收敛，呈提起之势，形聚而不散，圆润、柔和。

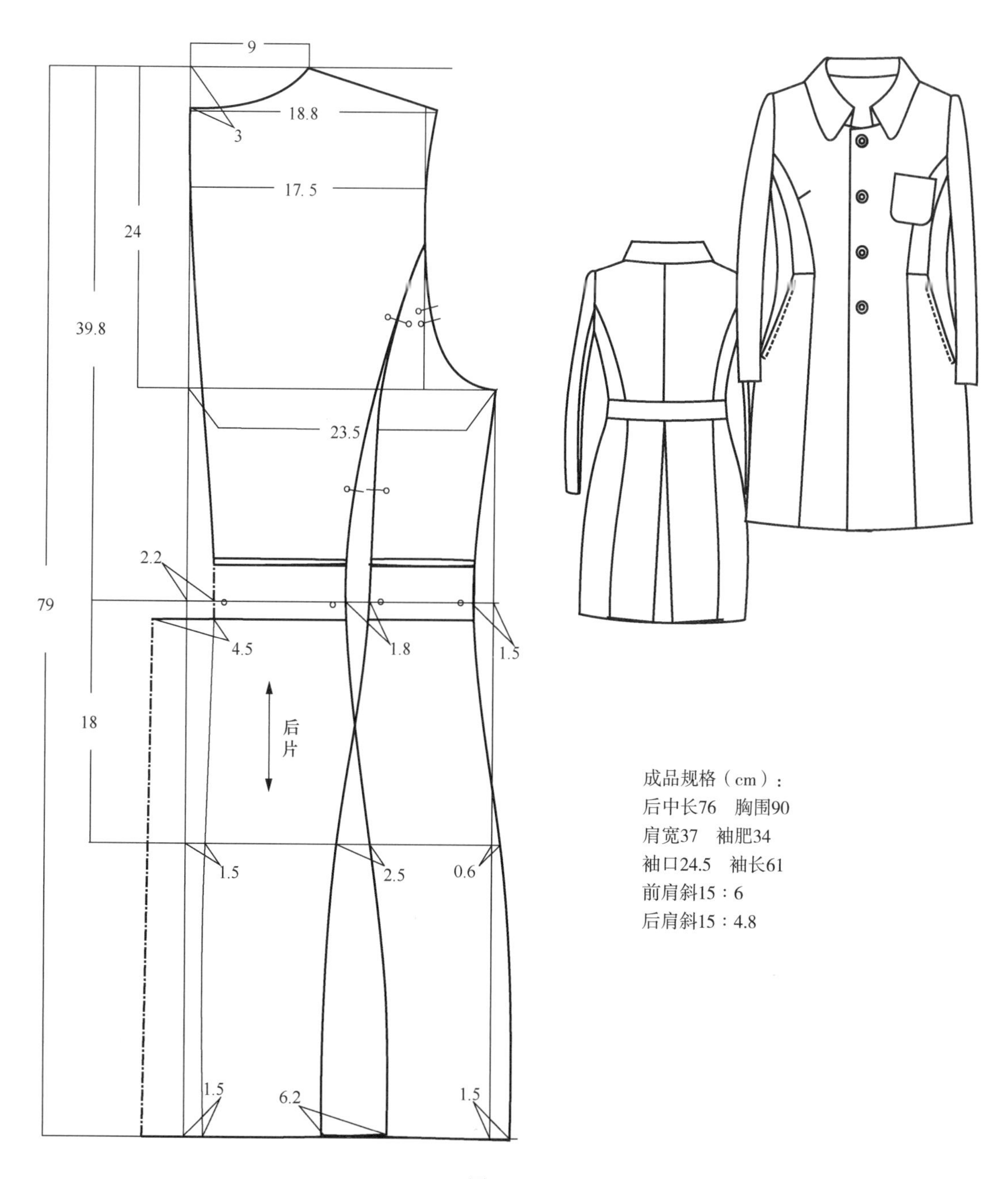

图7-15

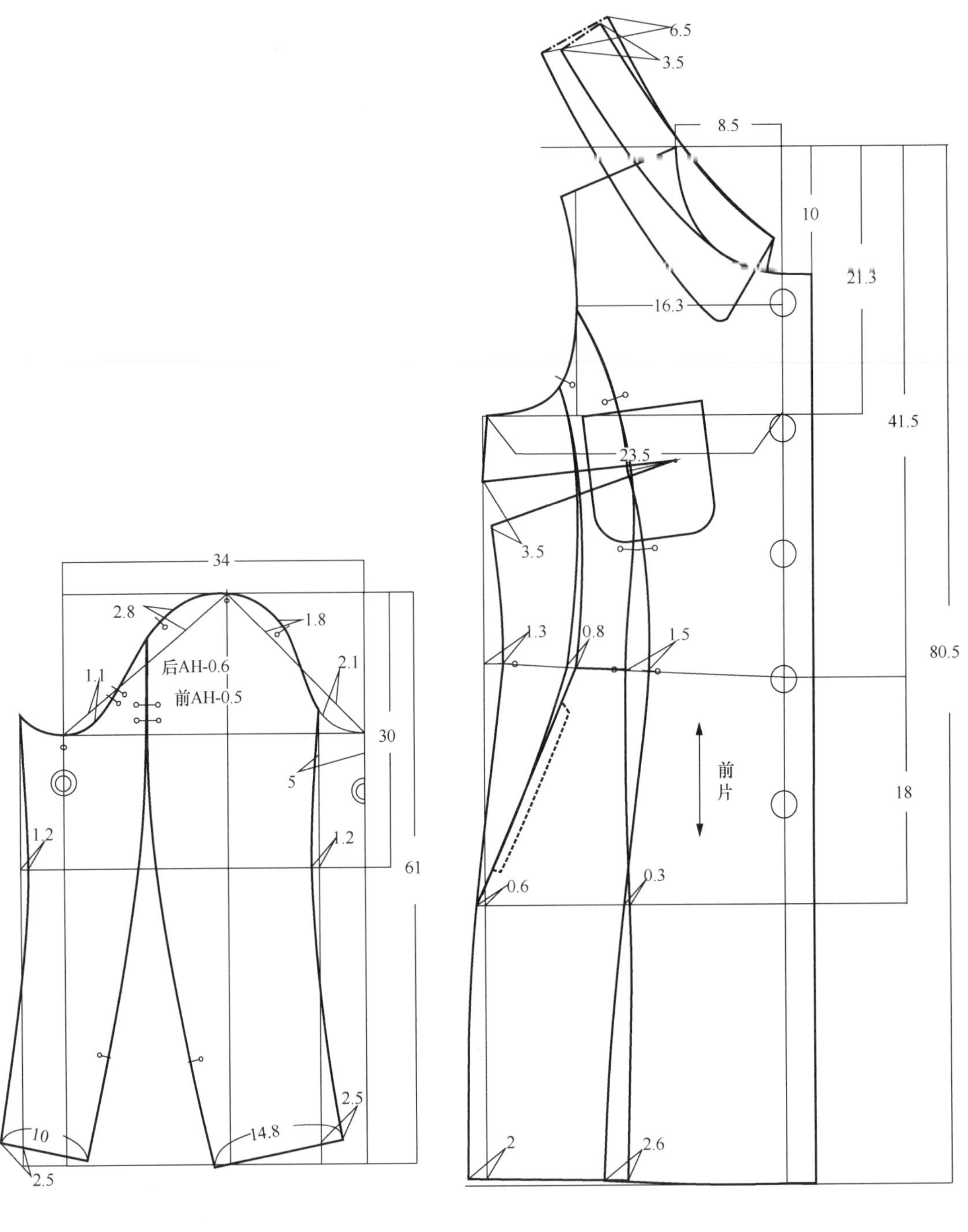

图7-15

前片衣身结构收腰平缓，臀围下摆放出的量也不大，前身整体造型呈H型，与后身效果成为截然不同的两种不同风格，统一在一个形体内出现。

十五、呢料大衣（图7-16、图7-17）

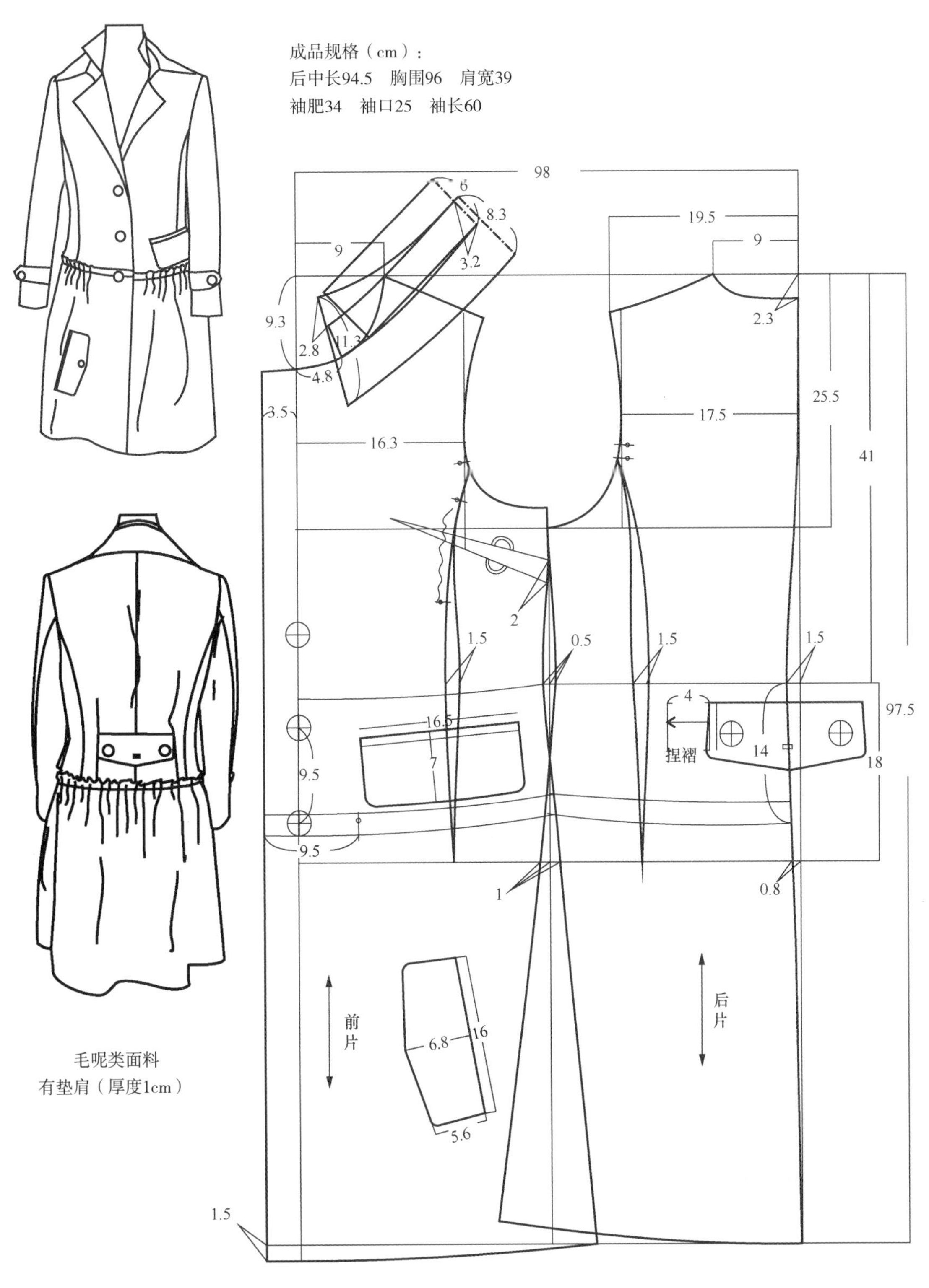

图7-16

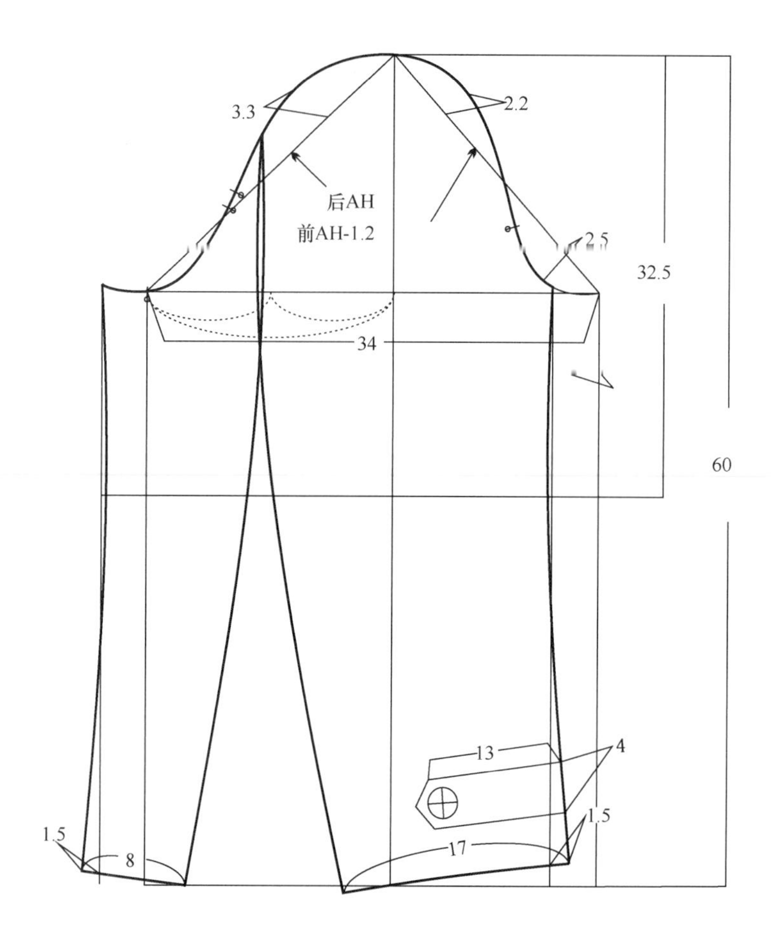
3.3
2.2
后AH
前AH-1.2
2.5
32.5
34
60
13
4
1.5
1.5
8
17

图7-16

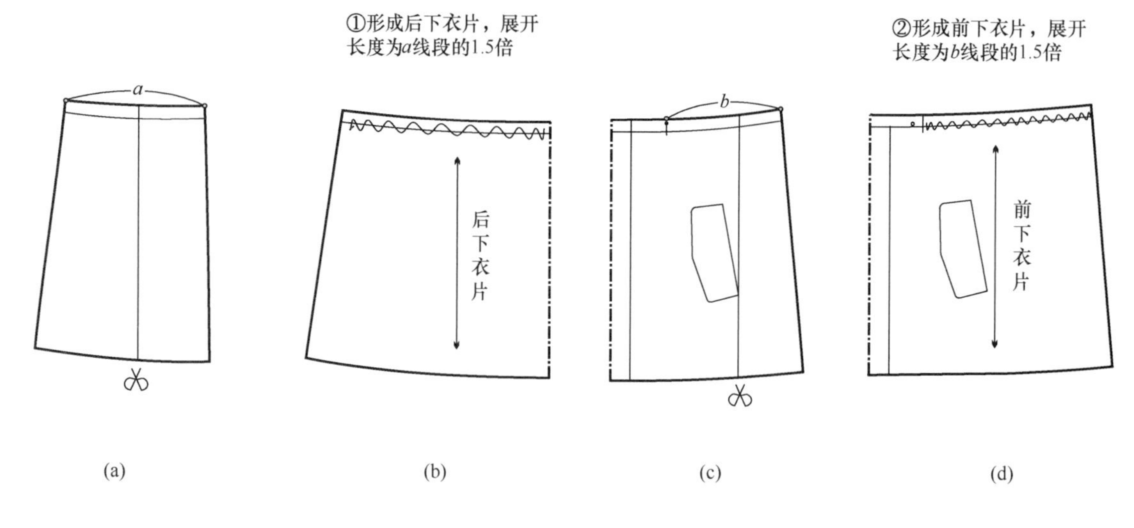
①形成后下衣片，展开
长度为a线段的1.5倍
②形成前下衣片，展开
长度为b线段的1.5倍
a
b
后下衣片
前下衣片
(a)
(b)
(c)
(d)

图7-17

十六、有腰带大衣（图7–18）

成品规格（cm）：
后中长85　胸围94　肩宽39
袖肥32　袖口25　袖长60
前肩斜15：6.5　后肩斜15：4.8

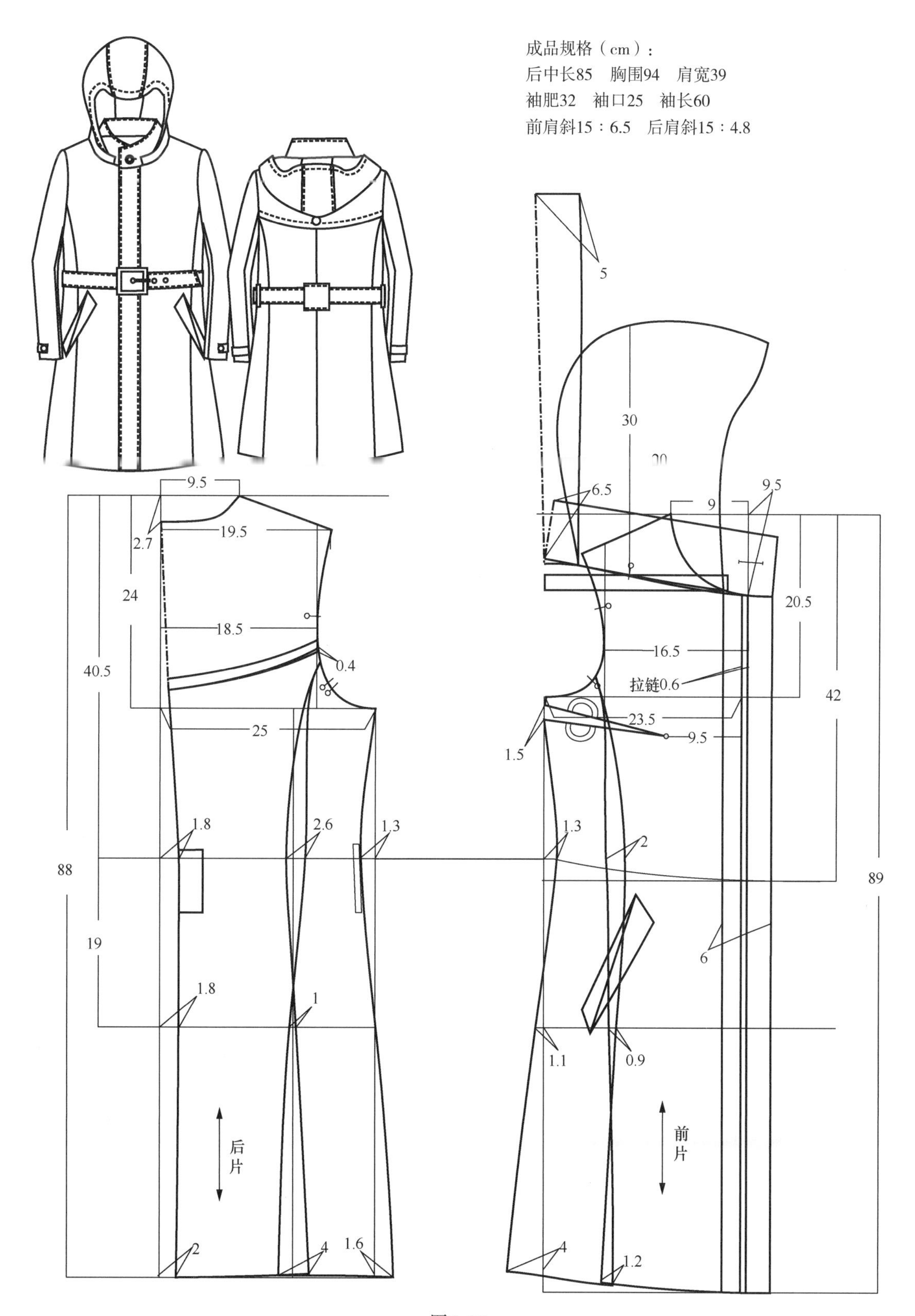

图7–18

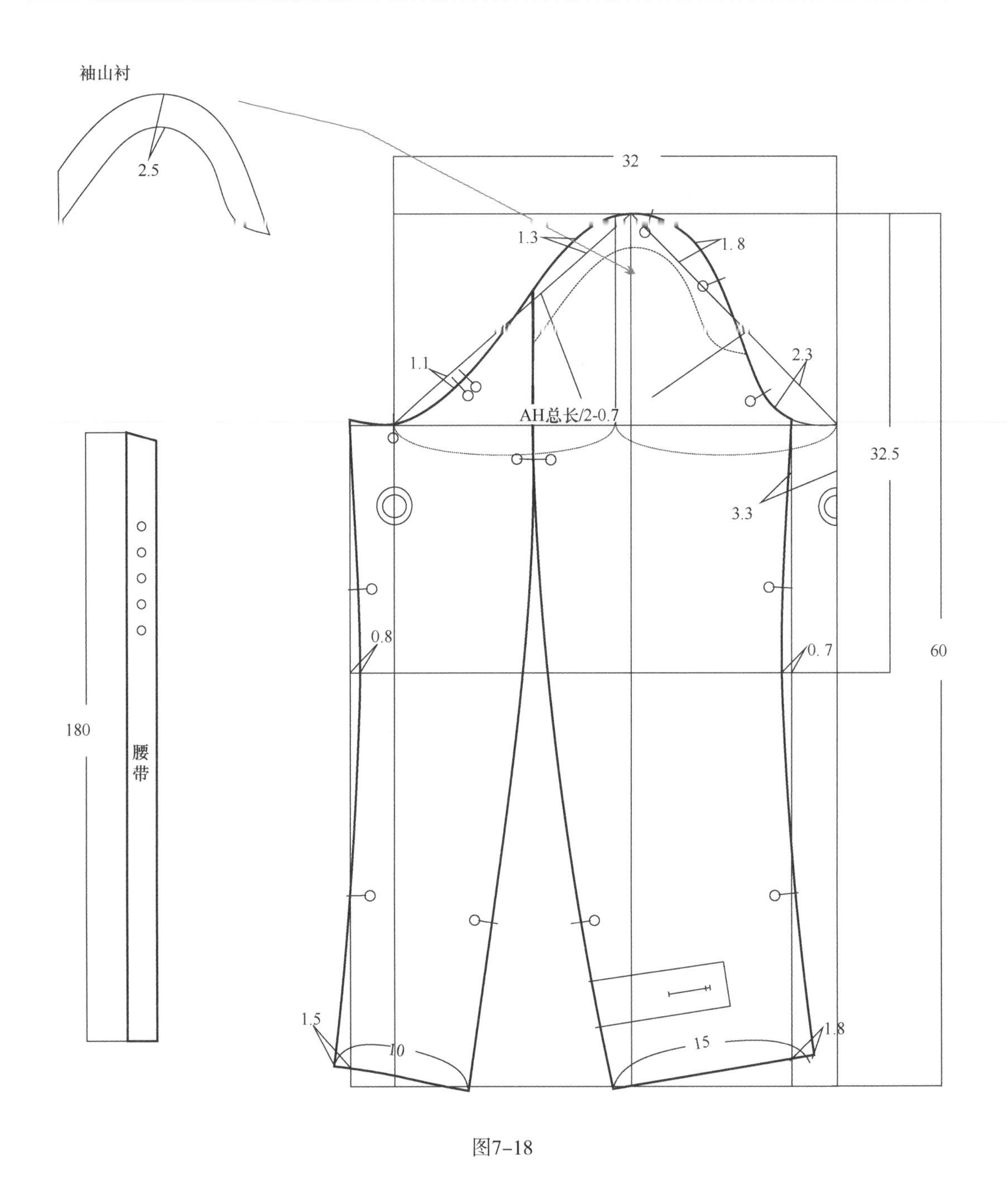

图7-18

服装板型设计手法多样，每一种手法下都是一种不同气质的板型。没有绝对的错与对可以评断板型设计，每个板师应该根据设计想表达的意求进行构思，横竖量的假设下都会是种不同的造型，与立体裁剪不同的是，平面设计可以快速假设很多种造型来实现款式。此处案例板型形成的服装造型偏竖向形态，柔性有所抑制，气质中性。在袖和衣身结构上都没有很大的起伏，身形分割平缓，袖山头消瘦，臂型顺直。

十七、连帽中长猎装（图7–19）

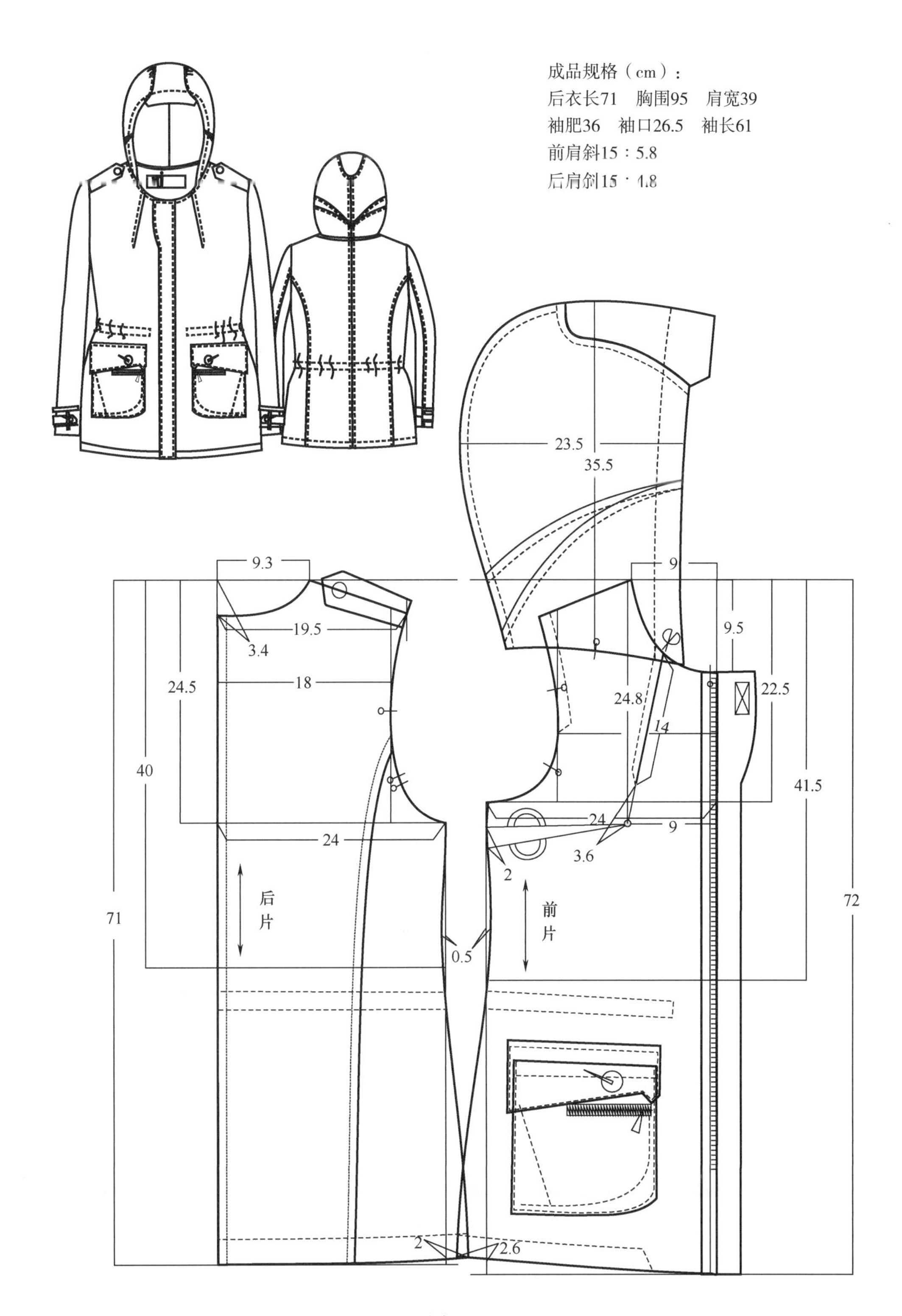

图7–19

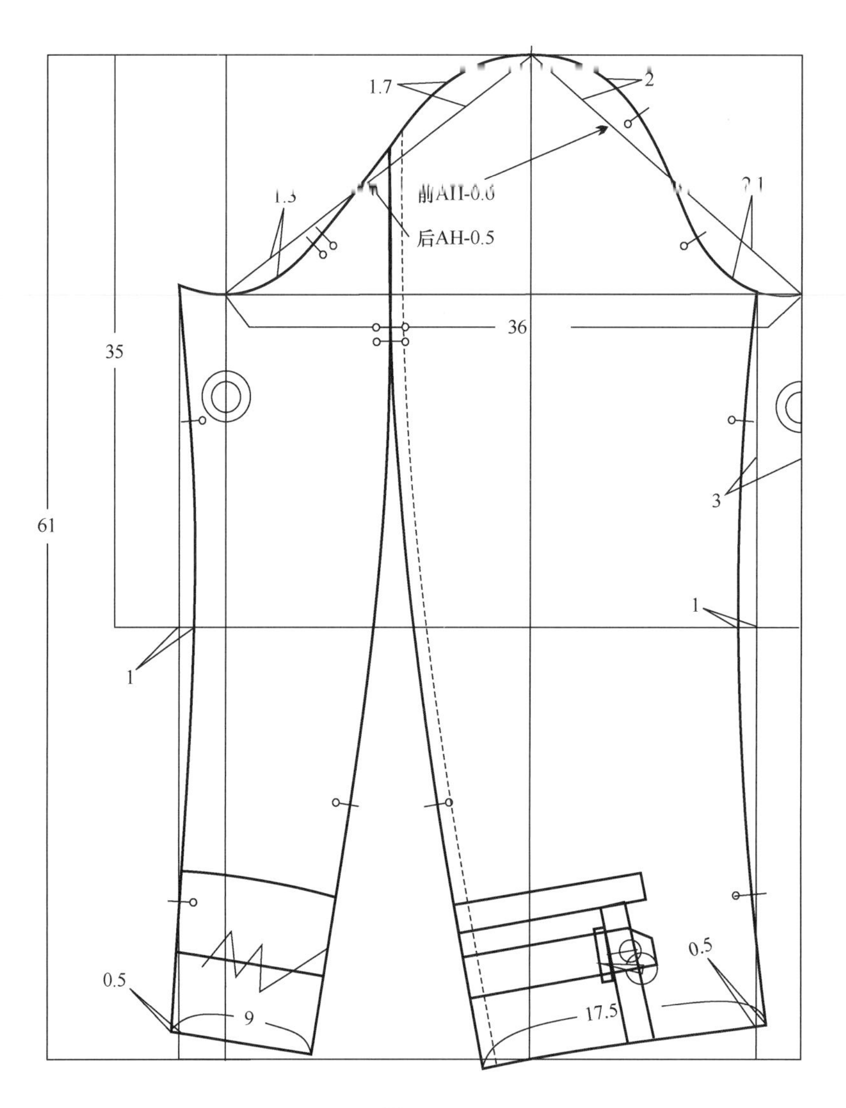

图7–19

十八、连帽棉风衣（图7–20）

成品规格（cm）：
后衣长58　胸围92
肩宽37　袖肥33
袖口25　袖长61.8
帽高31　帽宽24
前肩斜15：5.2
后肩斜15：7.6

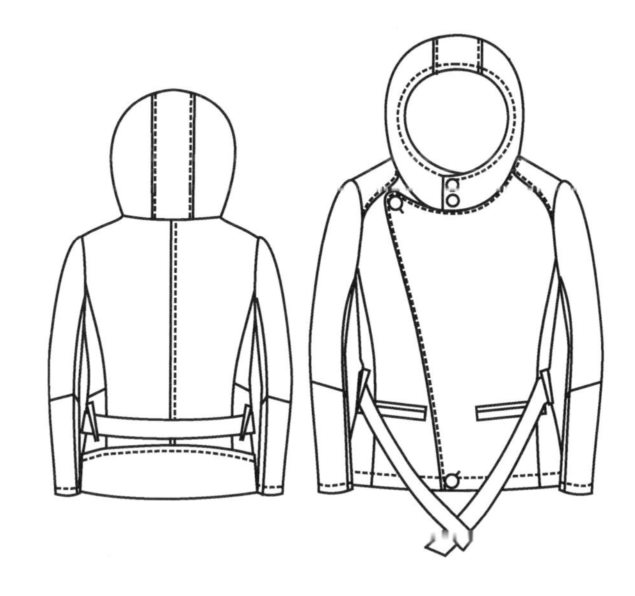

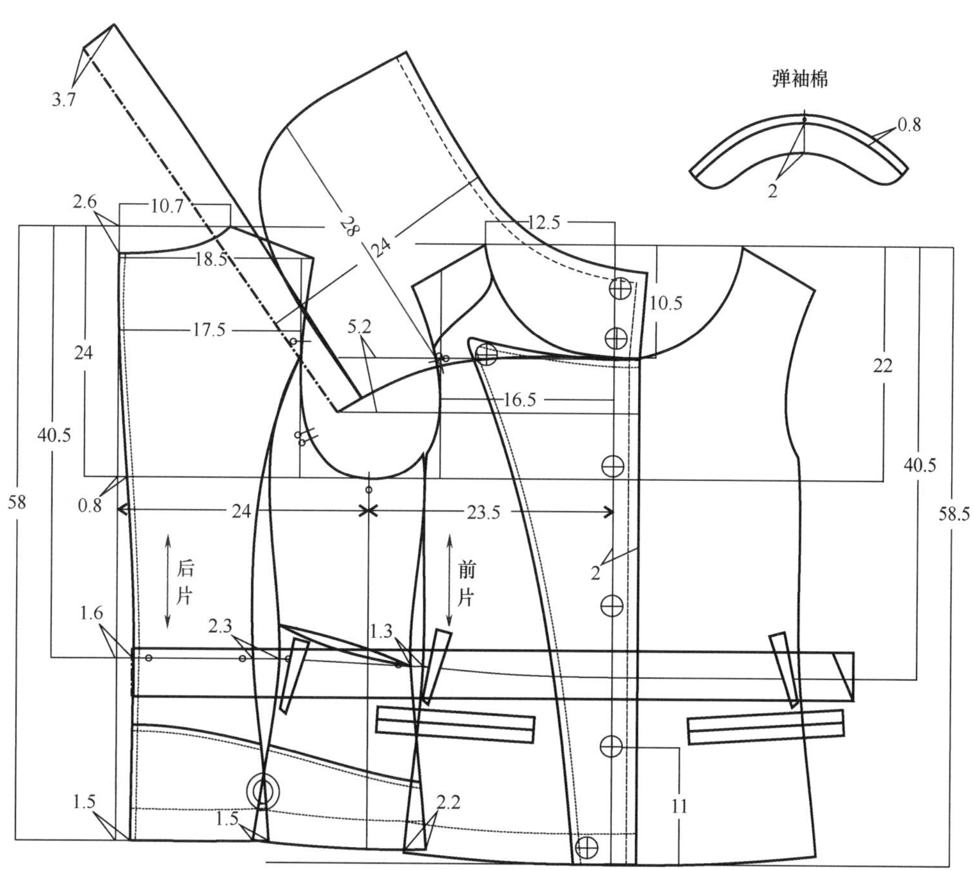

图7–20

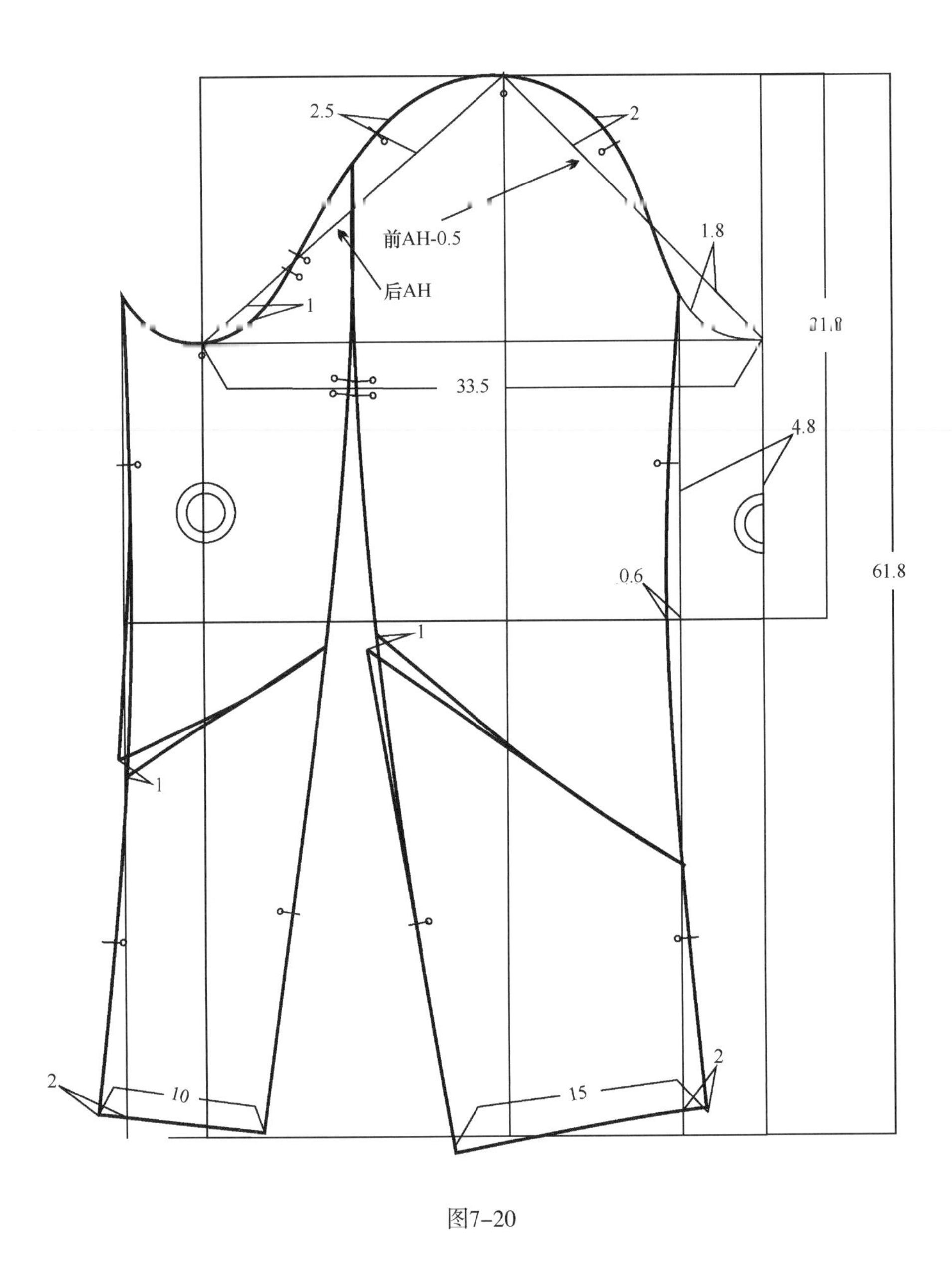

图7-20

衣身结构是简单的三片身结构，处理掉侧片的腰节部一定的量，下摆放出一些，让下摆造型略有A型，系上腰带、下摆张开后松量适当，活泼自然。帽子设计可以回顾本书第二章第三节的内容：其中讲述了这类帽形的设计。这个帽子设计的在颈部松量大，这种松量在身子结构也随之加入；横领宽大，颈下段部位有一些松量。

十九、休闲棉风衣（图7–21）

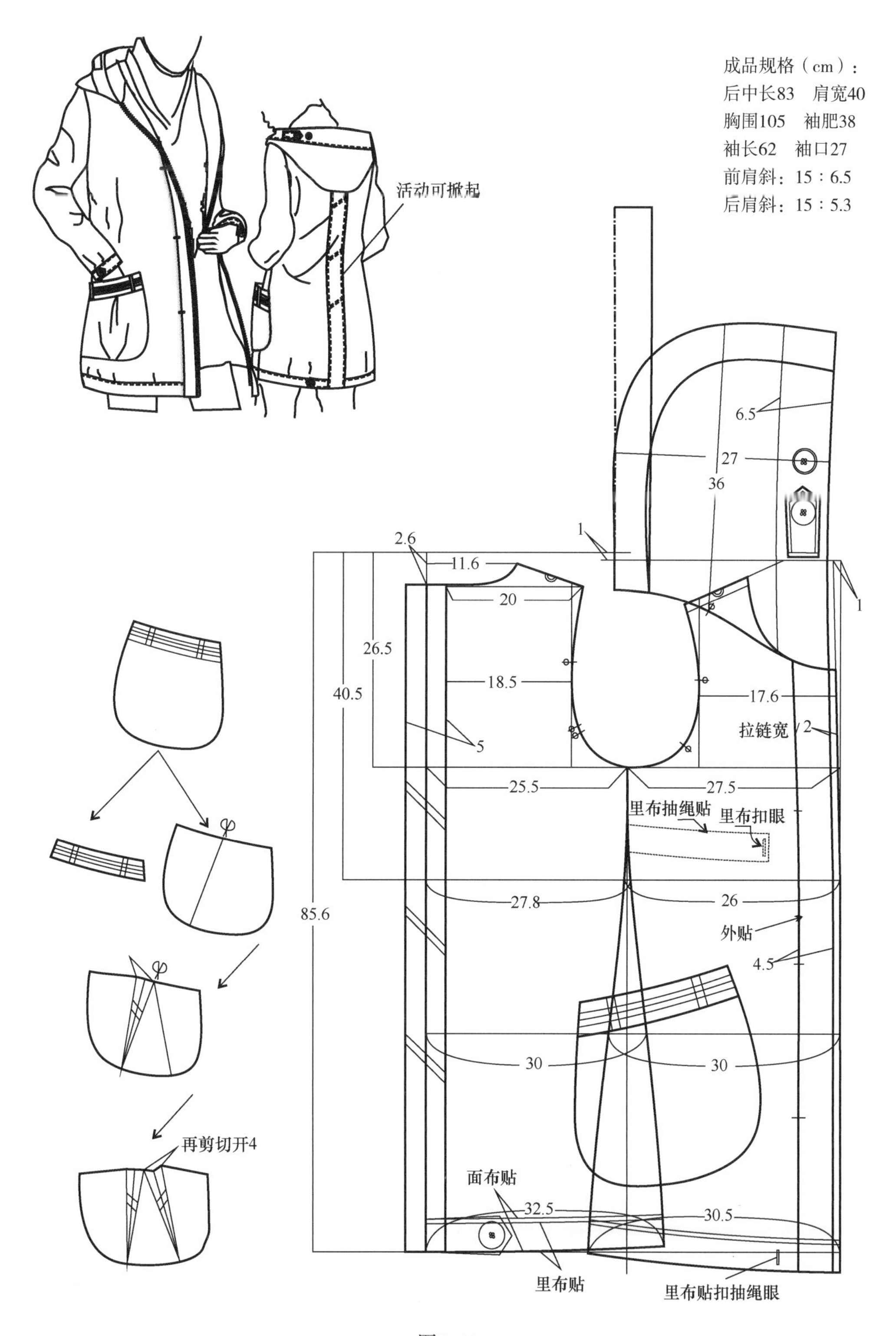

图7–21

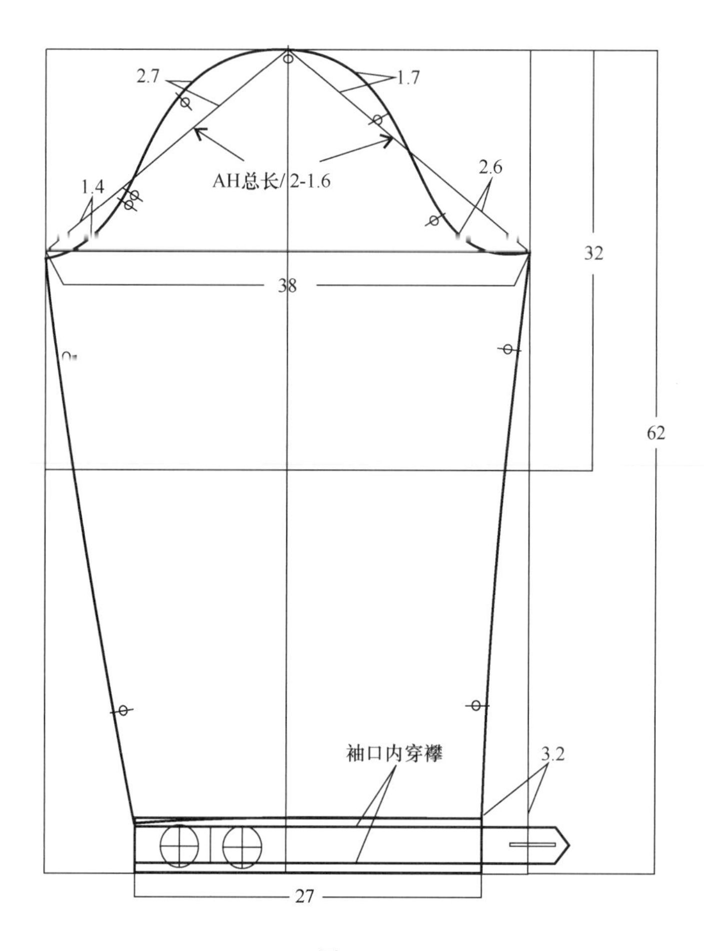

图7-21

这个款式中帽子、门襟边贴和后背贴的板型设计都具备了可活动的新层次，前片设计得比后片大，充分兼顾到了口袋面积与大身面积的对比、前片内里腰节穿绳的收缩效果。款式采用涂层面料，袖上容位不可过多，而大身的肩宽设计也较大，袖山型更适合自然简洁的造型。

大身下摆采用的略Q的造型，与袋造型非常呼应，同时也产生了活泼元素，穿着后年轻活泼的气质自然地显现出来。整个款式较为宽松，但是里布腰节处的抽绳又很好地把多余松量做了收理，在面布上形成自然的皱褶状态，又添新生趣。脚边里的抽绳设计便于款式变换，顾客自由抽放就可以达到自己喜欢的造型。此板型设计将消费者的容纳量拉宽，模糊了年龄层次与体型。

二十、腰部抽绳棉风衣（图7-22）

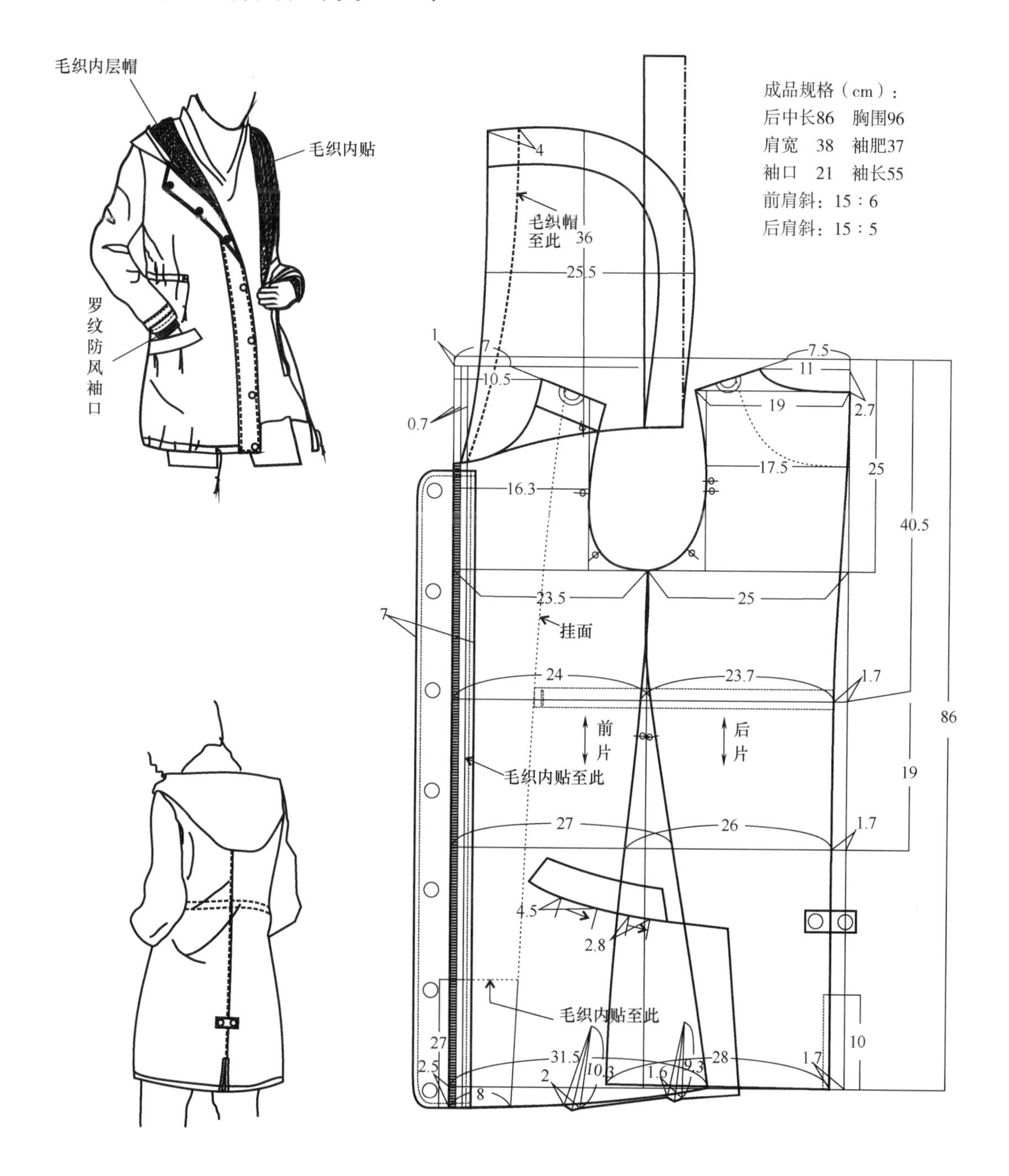

图7-22

这个款式是双层帽子双层内襟的一个复合类款式，如果单从一个款式图我们无法领略到板型的气质。其板型在后背上收腰收臀收摆，然后又从侧缝放腰放臀放摆，塑造出一个背部符合体态的服装新造型。这种造型成为近年板型中流行的一种新时尚，活泼、年轻带着童趣。

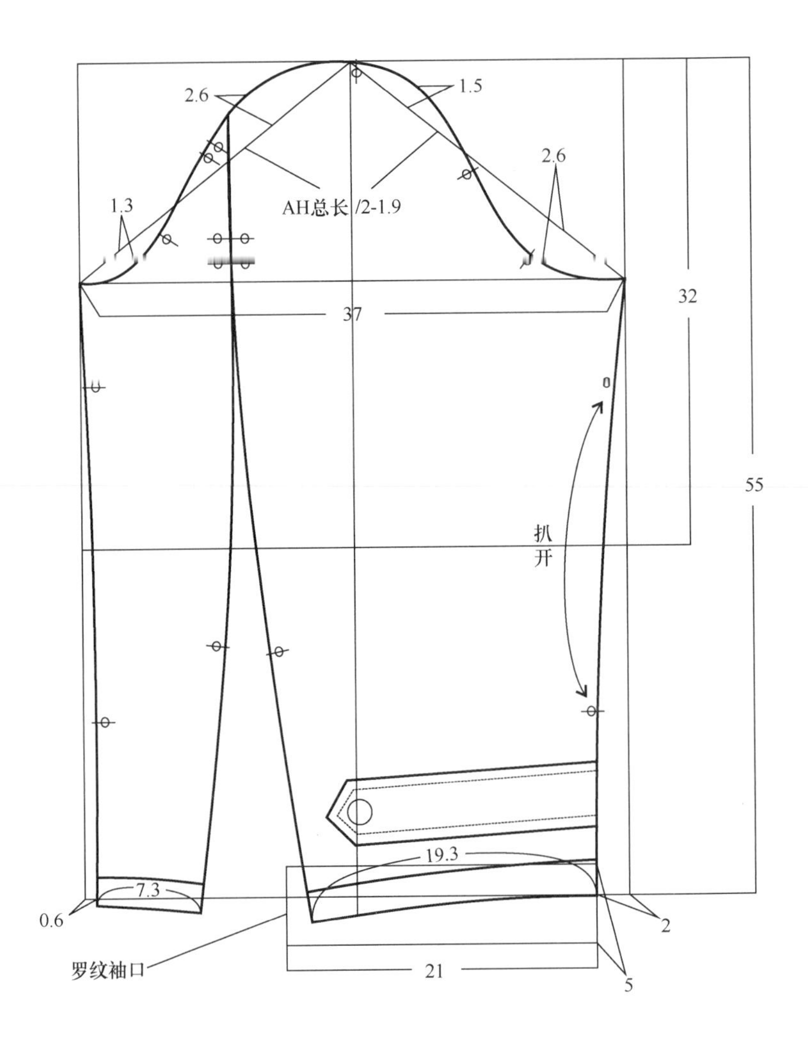

图7-22

袖型设计在前袖内缝袖口处收量，后袖内缝袖口收量较小。如此设计使臂型略直，与大身气质的轻松格调相融合，简单流畅，袖山容位也较少。袖口下采用了罗纹做防风袖口，保暖而又增加了新的结构层次，让款式更加生动美观。

第八章　运动款

一、运动针织背心

1.款式一（图8-1）

运动类背心起板时袖窿深度一般用袖窿直量来控制。为了不走光（暴露胸部），此数据一般17～18.5cm即可。由于本款面料弹性不是很大，规格设计成品为84cm。在此处制图中则采用86cm，和前面讲述的众多款式一样是损耗需要，如果这个款式采用的面料弹性很大，例如拉架类面料，这个规格就要减小。如此才能达到款式紧凑合体的需要。板型设计里结构设计是一部分，规格设计是另一部分。拿到一个款式后根据面料来设计成品规格。这个板型要收腰，做出胸腰的起伏曲线。领型和前后袖窿造型根据自己的感觉，定出线条走势，就如一个画家一般布局整个板型各部位面积。这种款式结构设计焦点在后背，也就是后袖窿造型夸张的奇趣，设计这部位造型时需要仔细斟酌绘制出这个部位形态。

成品规格（cm）：
后中长51　胸围84
横领宽20　前领深16
小肩宽5　底摆围84
挂肩（肩点至袖窿底的距离）17.5

领袖包条　2.4
前后袖窿总长+前后领弧总长+损耗

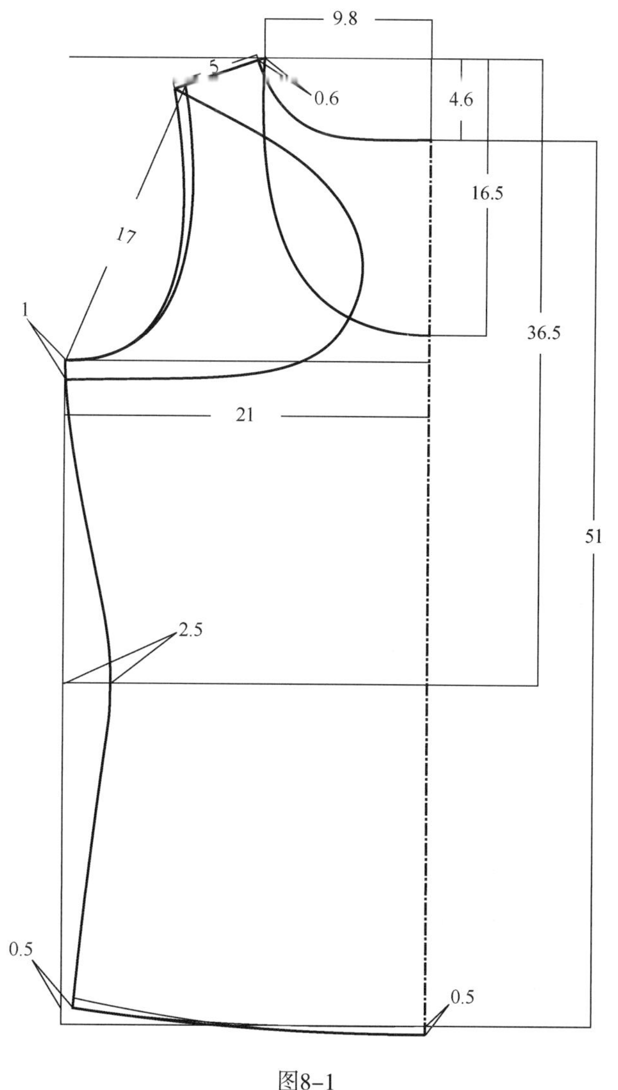

图8-1

2.**款式二**（图8-2）

这款背心前胸部的省道设计，使板型设计更加立体，利用这个省和面料本身的伸缩性来塑造这个款式的立体气质。

在领型设计上仔细体会领型的造型趣味与这个领型要表达的感觉。板型构思让作品体现出设计思想内在的形象，刻画出款式蕴含的精神气息。一个板师能将非常简单的款式塑造出神韵，便犹如一个诗人寥寥片字将情感深层表达尽至一般奇妙。

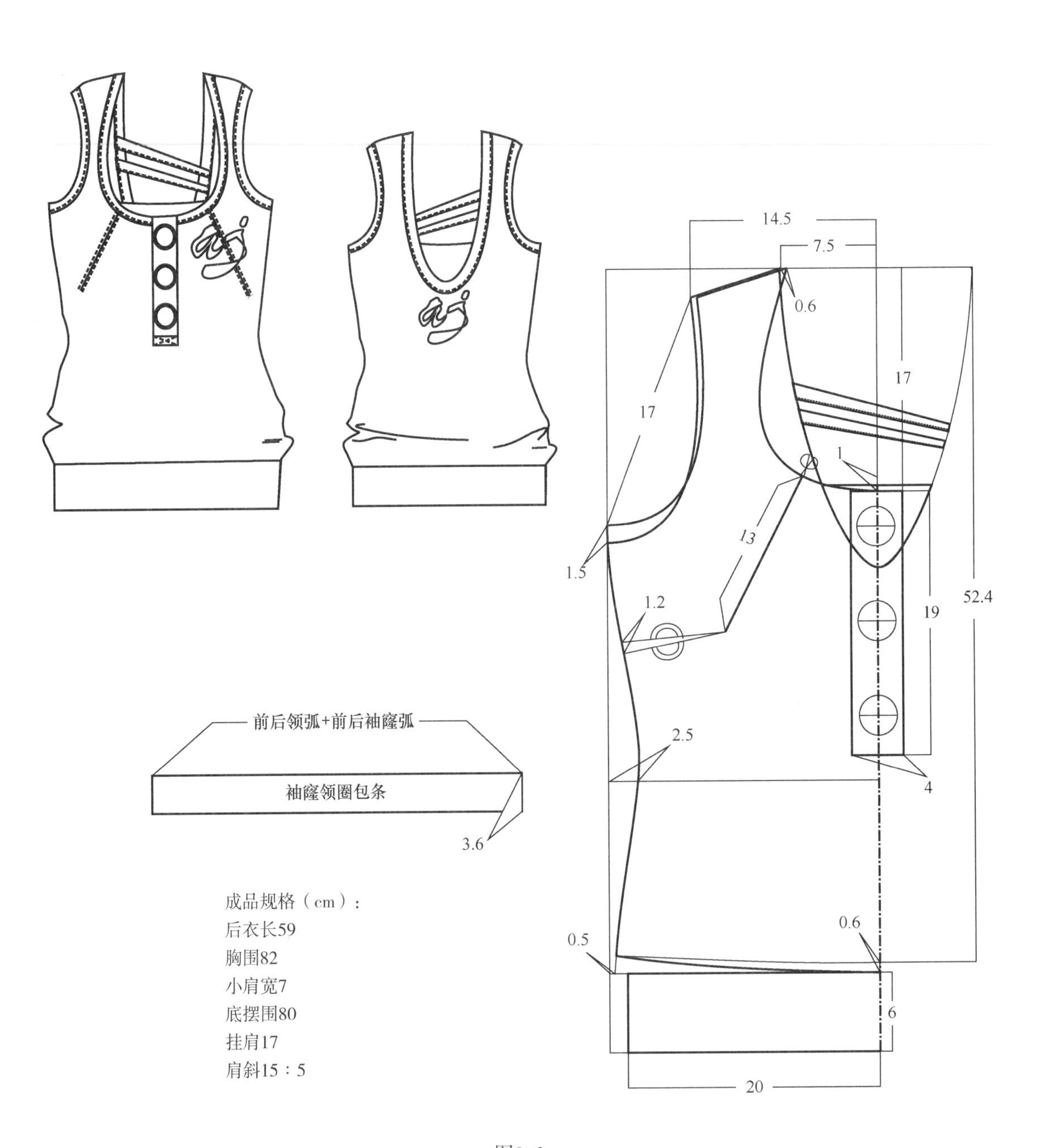

图8-2

二、插肩针织短袖（图8-3）

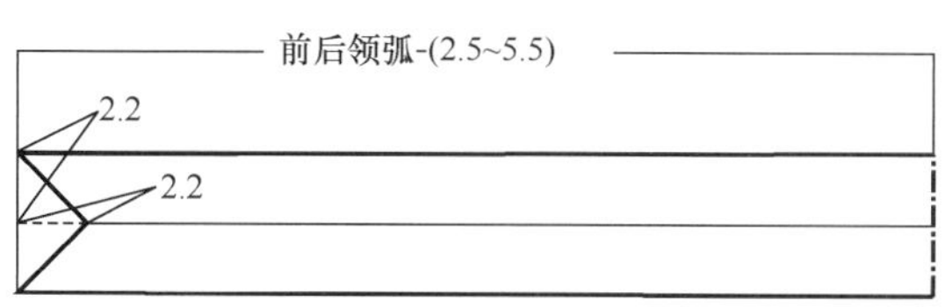

前文讲述了插肩袖的构成原理，运用这些原理来设计这款针织衫。这个款式从外形上来分析属于收腰型，插肩袖分割线较为顺直，下摆为收脚口类型。

从下摆的脚口罗纹尺寸19.5cm来看，最后整条的罗纹长度应该为78cm，比成品80cm尺寸要小。这样的处理是因为罗纹的料性不稳定，会在车缝后烫整中变形增长。如果脚口采用的是质地疏松的扁机，那样还需要将脚边的纸样长度做得更小，才能达到成品规格。领条罗纹也是一样，减少一部分最后才能达到板型的需要。

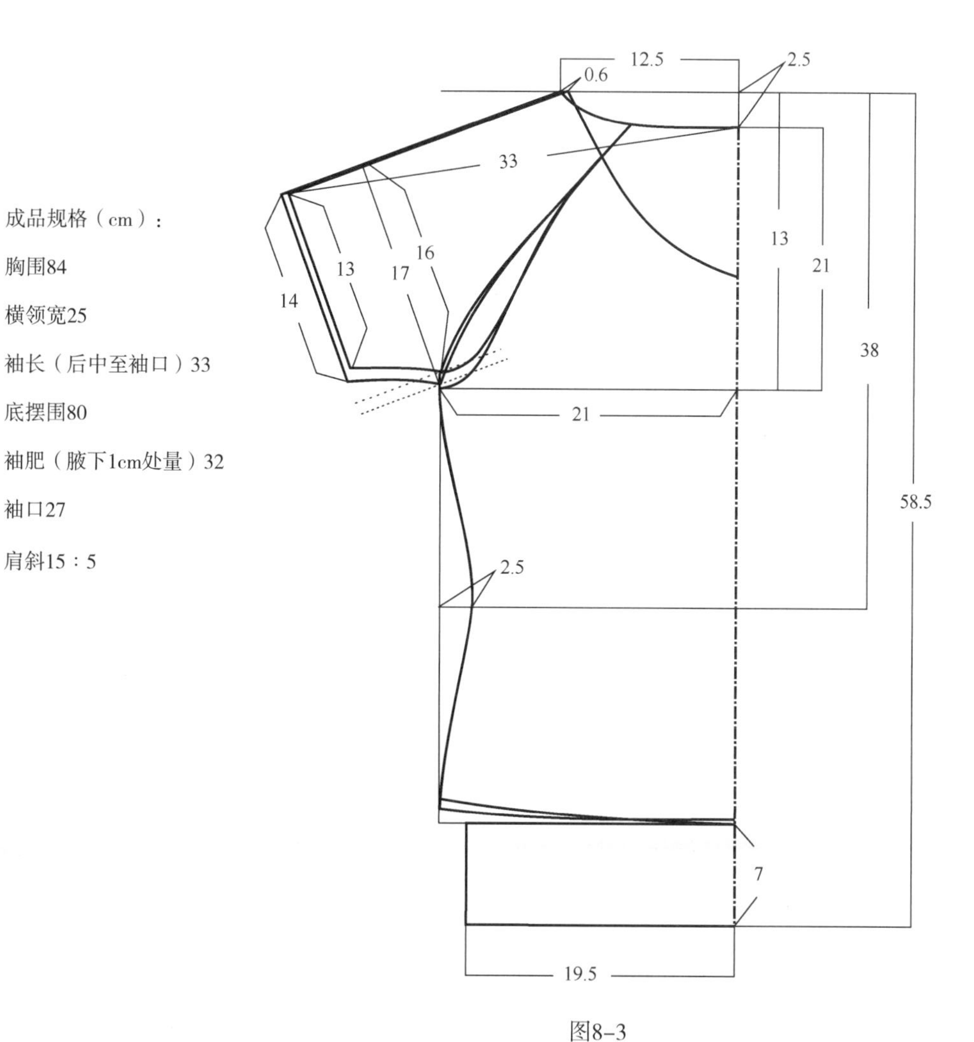

图8-3

三、连帽针织短袖（图8-4）

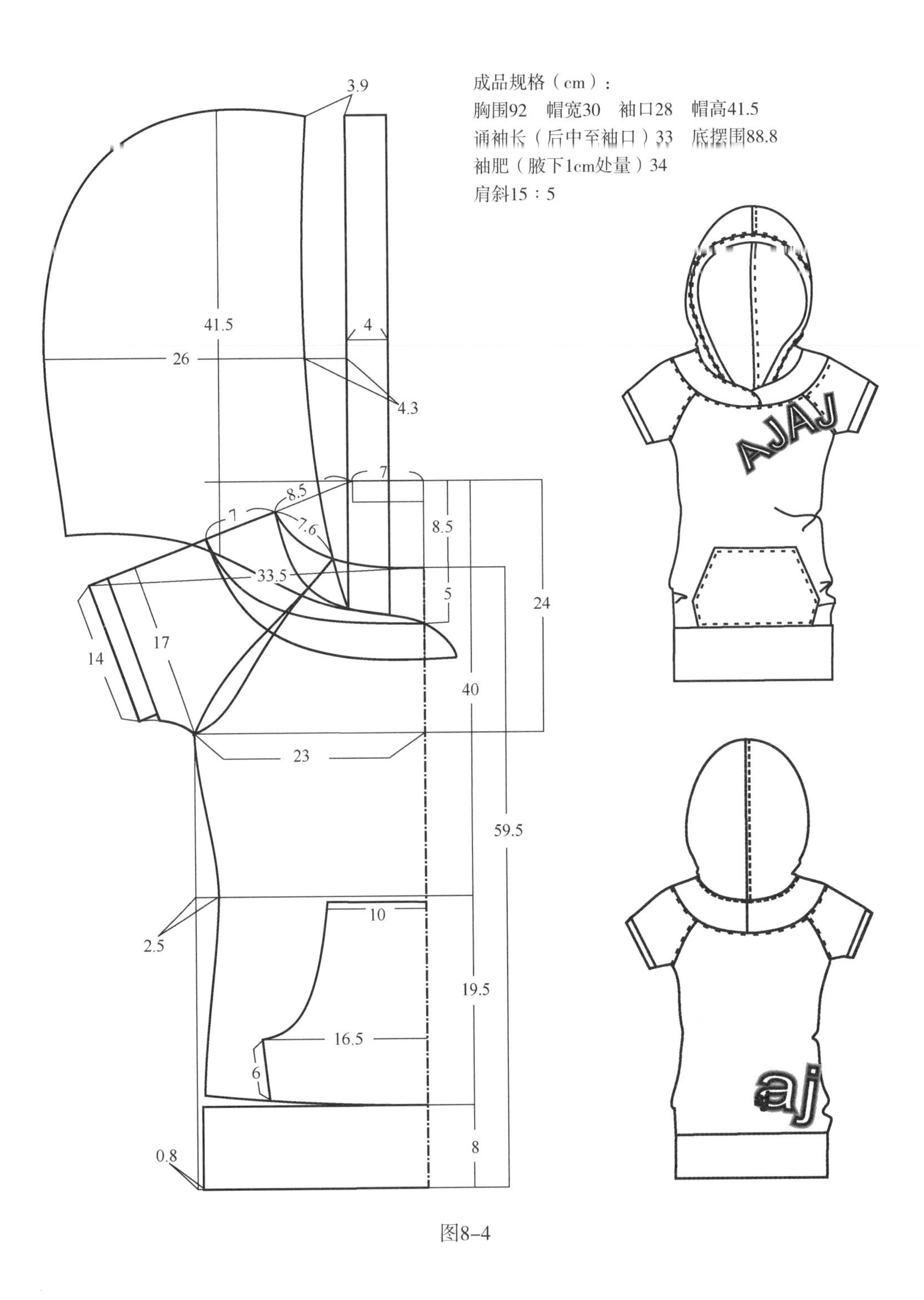

图8-4

四、针织长T恤

1.款式一（图8–5）

成品规格（cm）：后中长56　袖长59　胸围84　肩宽35.5　袖口38　袖肥29

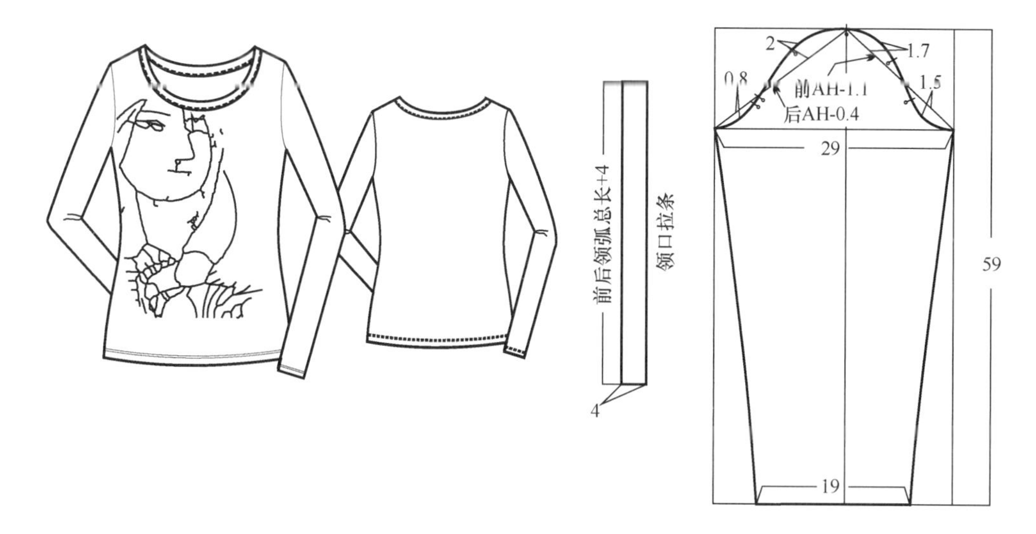

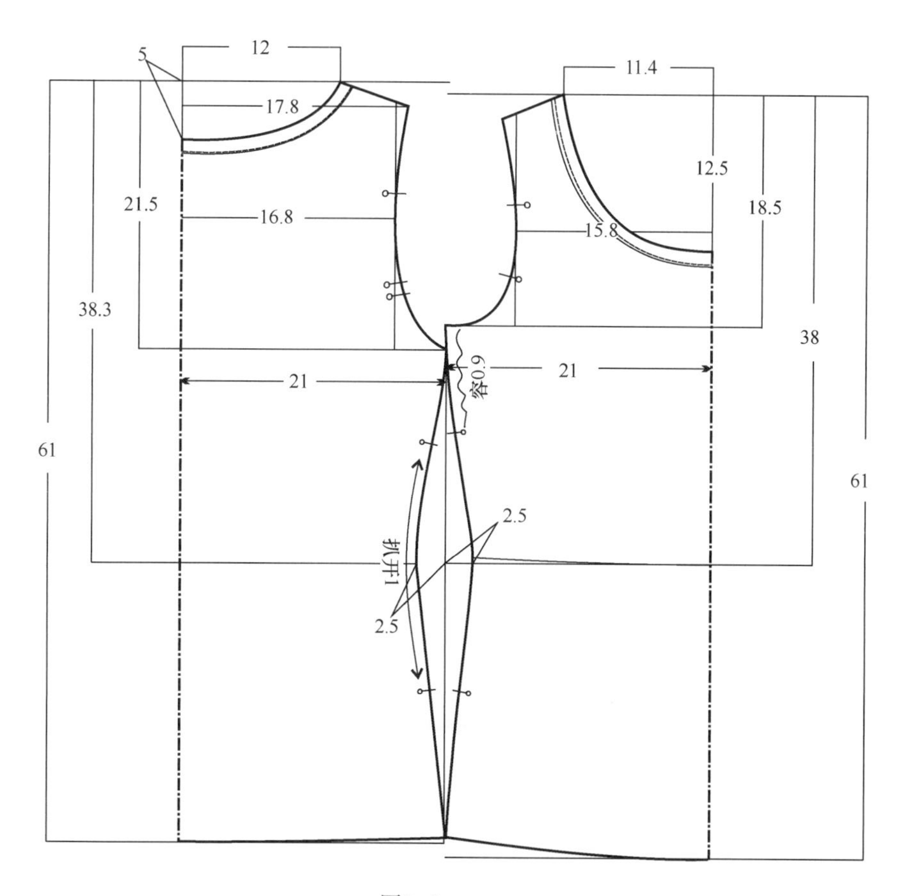

图8–5

2.**款式二**（图8-6）

贴身类针织服装的规格设计比较重要，须根据面料的特性来制定规格。面料弹性大、质地疏松的面料需要规格相应小些，反之质地紧密的、弹性不很大的面料则规格相应设计的大些，充分利用面料的伸缩性来塑造形态。另外也需参照面料厚度，制板前触摸拉伸了解面料的特点，最后定出尺寸。

做这样的款式，掌握了一片式插肩袖原理后就可以直接制板。先把衣身的分割设计好，然后依据此线的长度向袖肥线探取该长度值，调整出这个造型。此处的袖弧显得特别弯曲，是因为该款式使用的面料产生一些不良状态，根据面料的特点来处理需要调整的地方。有些面料初步接触时没有经验，在做完初板后，看到穿着的状态有欠缺就调整相关部位。针织类面料稳定性比较差，工艺制作中也会使样板变形，当出现板型变形问题时需要检验样板合理性，也要检验工艺是否有问题，好的板型设计需要好的工艺方法来共同塑造。

成品规格（cm）：前衣长56　胸围85　袖长85.5　袖肥33　袖口23　肩斜15：5

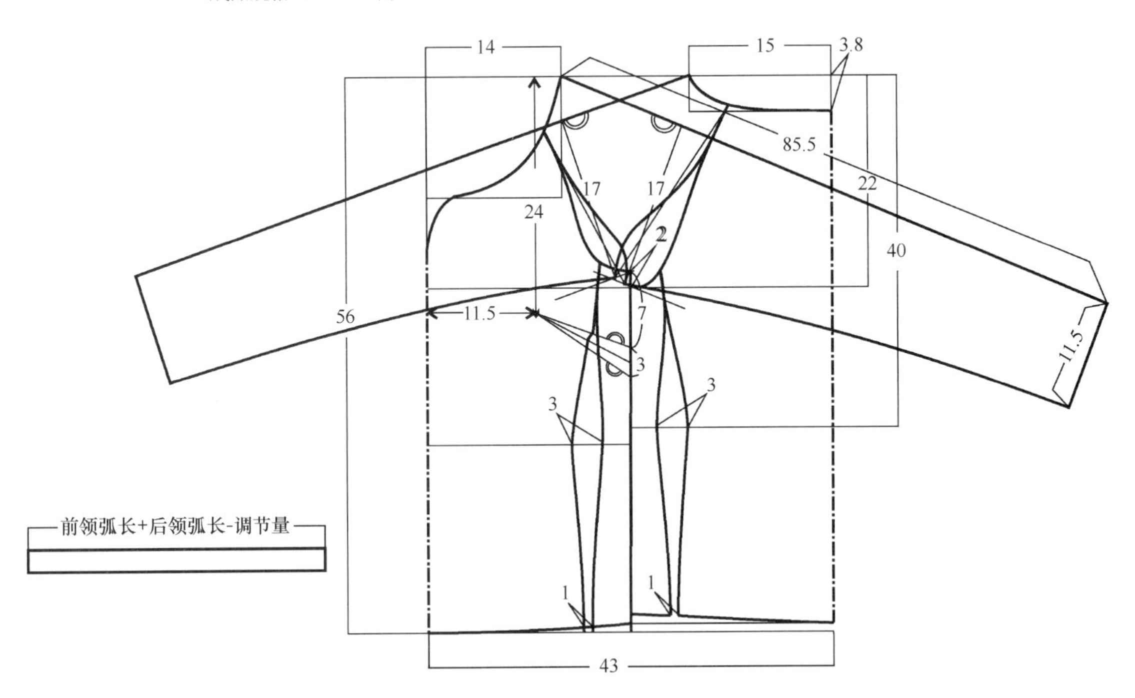

图8-6

五、针织套头衣

1.款式一（图8-7）

成品规格（cm）：前衣长59.3 胸围94 袖长62 袖肥36 袖口34 前肩斜15：6 后肩斜15：5

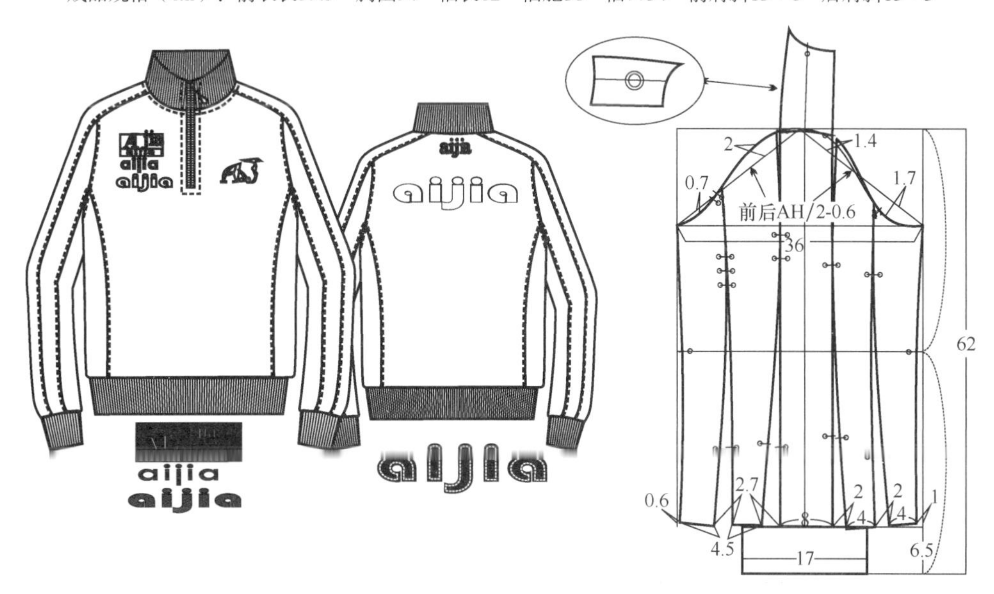

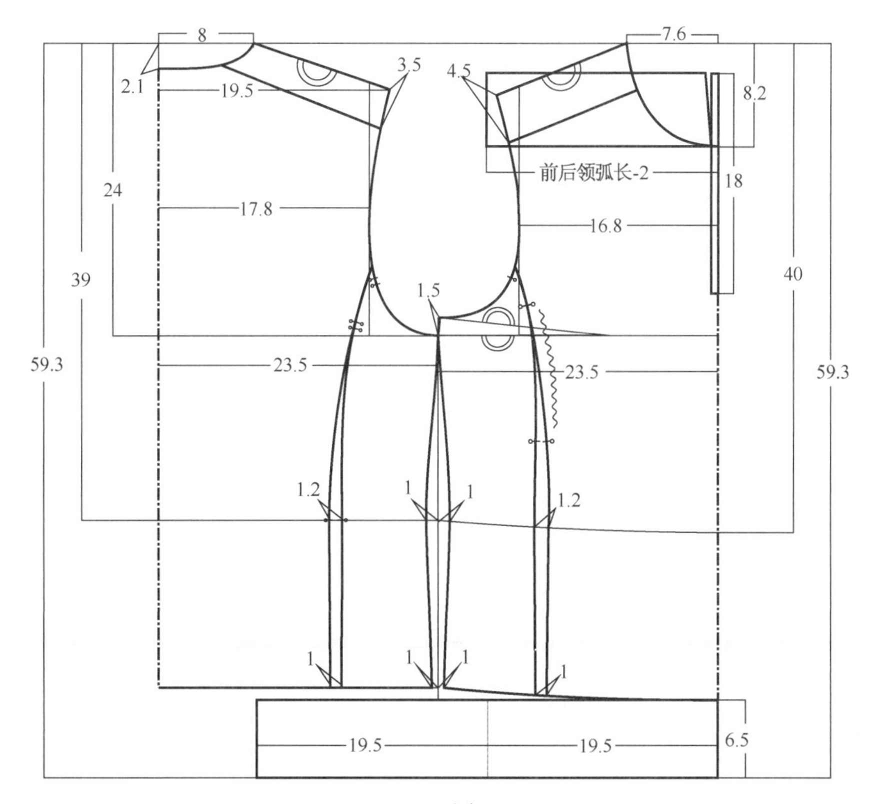

图8-7

2.款式二（图8-8）

这个款式首先按照正常的一片式插肩袖绘制出初步的形态，然后根据分割的需要作出调整。调整后的后袖袖窿已经完全不同于原设计的基本状态了，因为款式的特殊性使分割位置和造型发生了很大变化，同时也为了兼顾缝合的需要，最后形成现在的板型。

成品规格（cm）：
胸围90　底摆围91　袖口22.5　袖长（后中至袖口）76.5
袖肥（腋下1cm处量）35.5　肩斜15：5

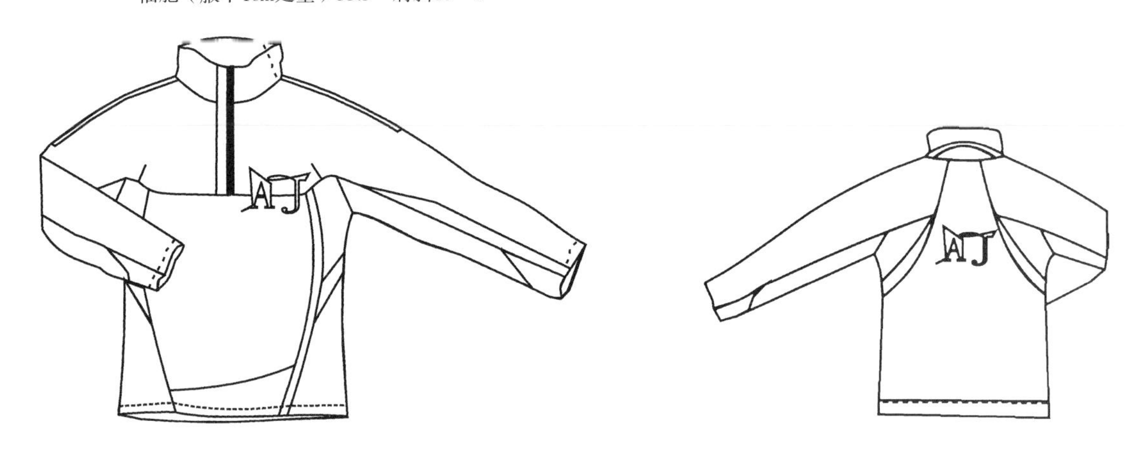

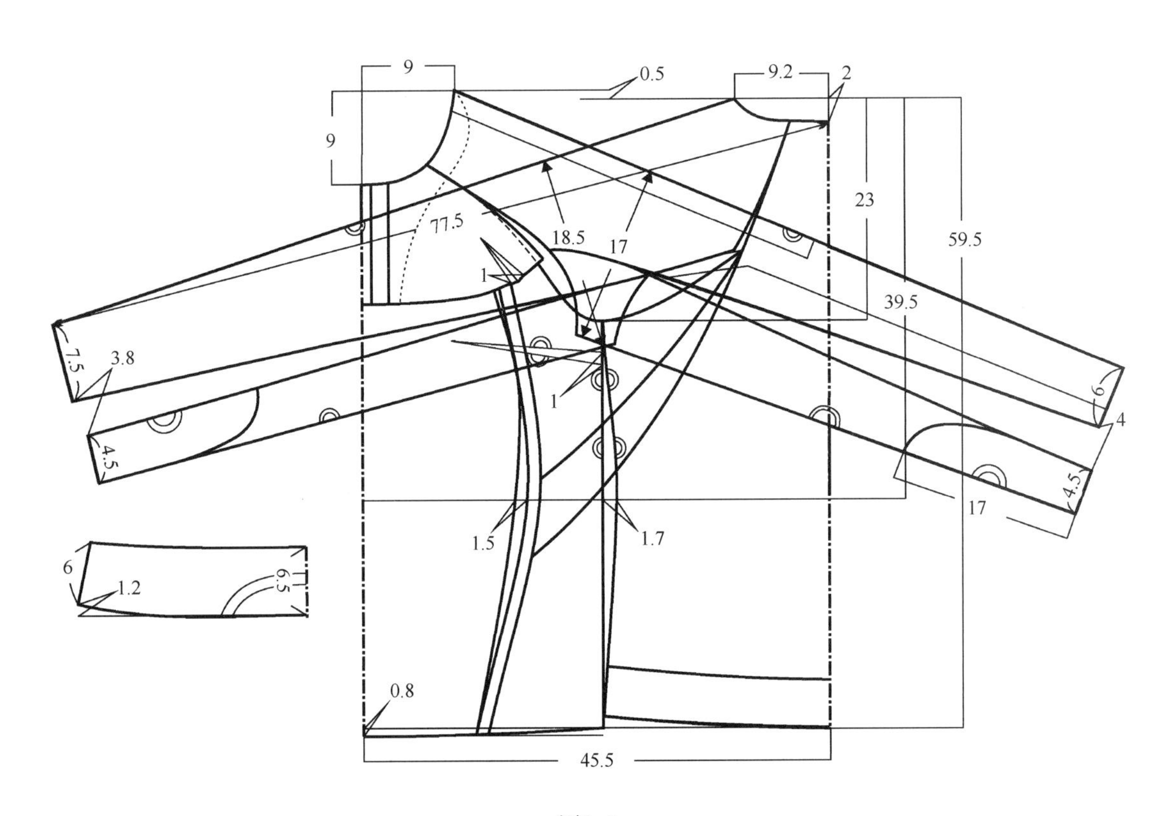

图8-8

3.款式三（图8–9）

成品规格（cm）：
前衣长61 底摆围78 肩宽39
胸围94 袖长59.5 袖肥35 帽高36.5
帽宽25.5 前肩斜15：6 后肩斜15：5

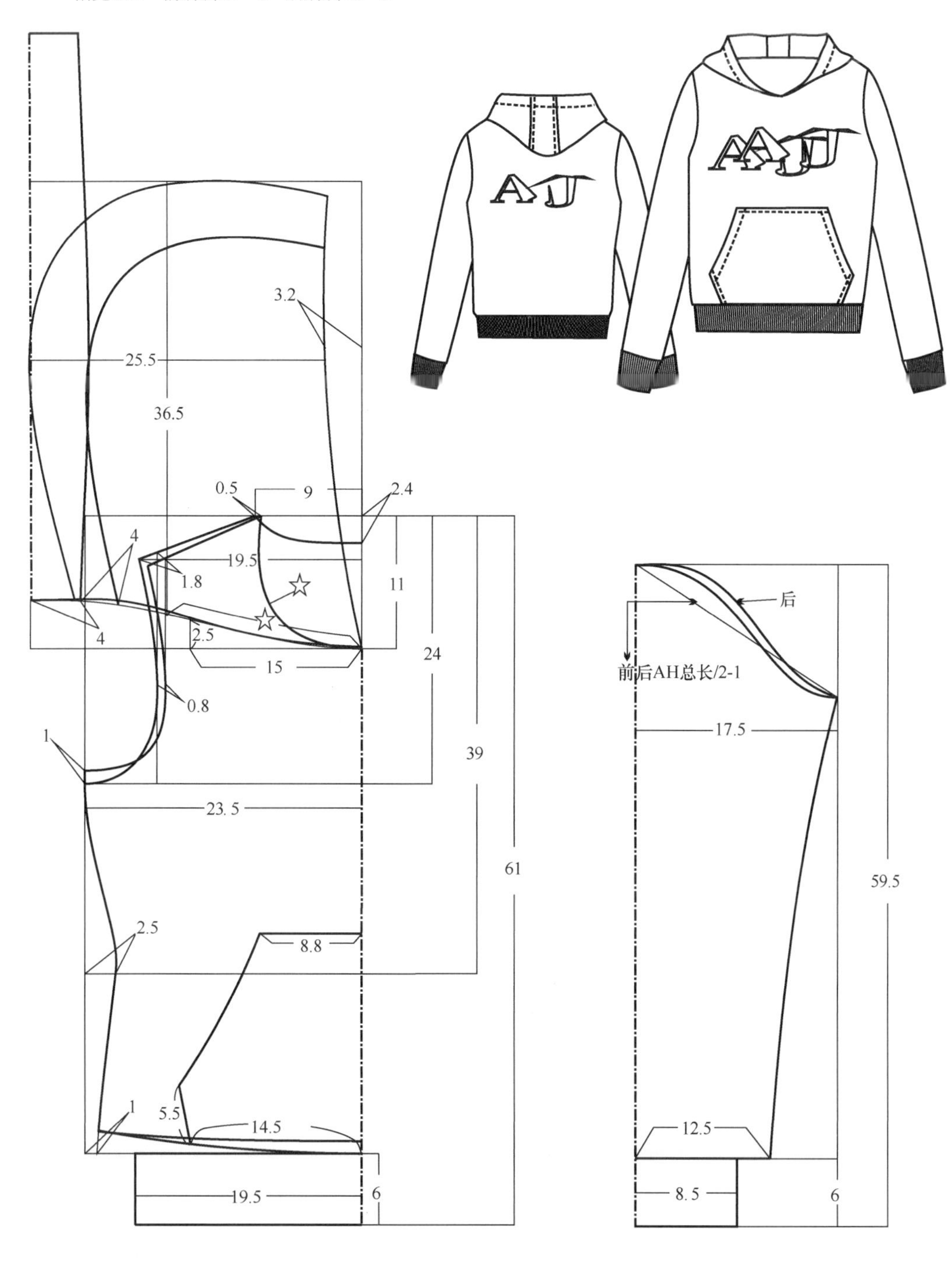

图8–9

六、连帽运动外套（图8-10）

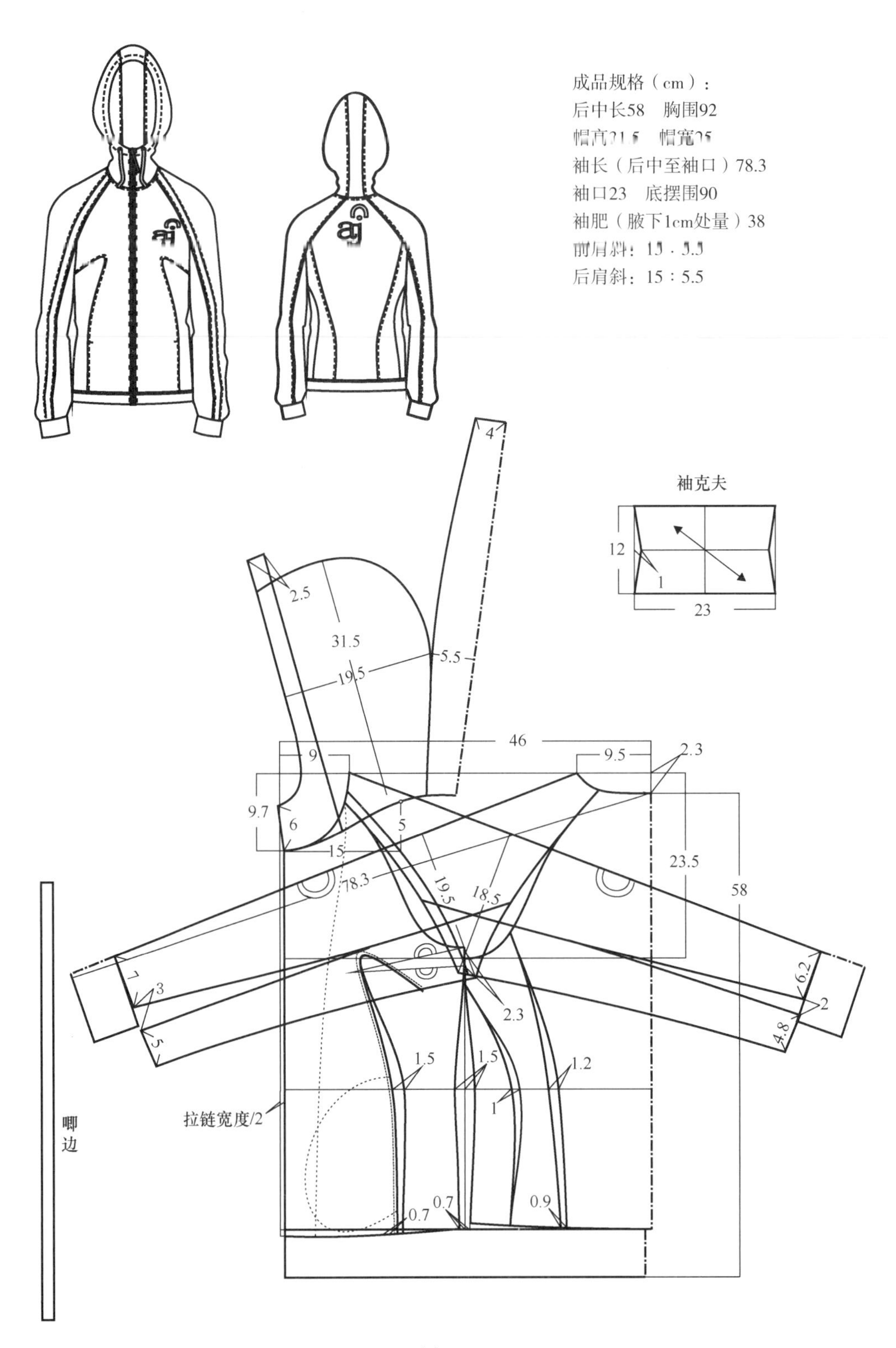

图8-10

七、连帽冲锋衣（有内胆）（图8–11、图8–12）

这个款式设计得非常适用，外为一个有里布的外套，内有摇粒绒面料的内胆衣，可独立穿着。整个服装结构比较丰富，外衣穿起来板型也非常好，前胸部的分割和后片的分割给板型塑造创造了很好的条件。

成品规格（cm）：后衣长64 胸围102
帽高33.8 帽宽24 袖长62.8 袖口26
袖肥39 前肩斜：15∶5.5 后肩斜：15∶4.5

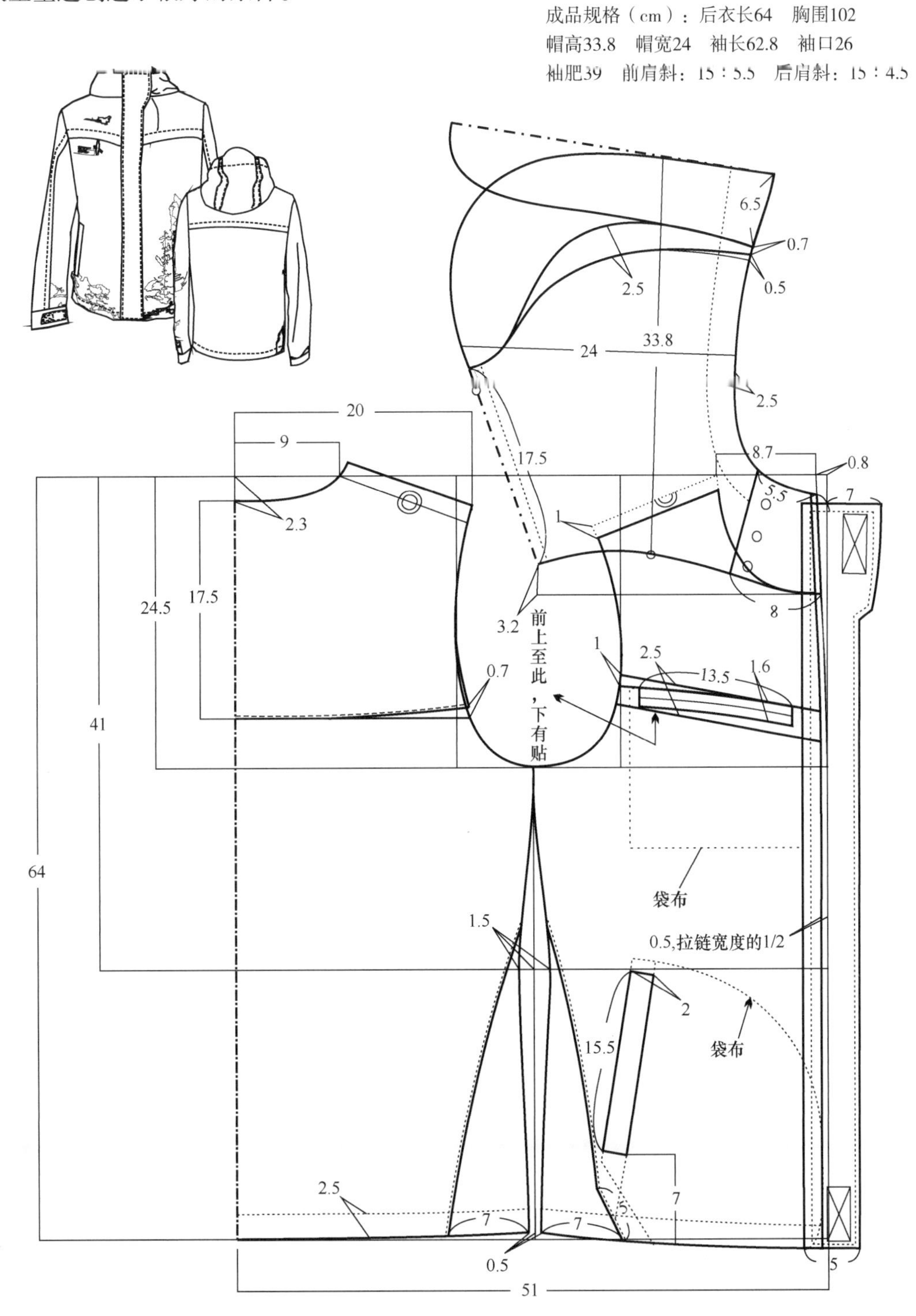

图8–11

这种款式比较宽松，袖肥要与此协调。此款采用的面料无伸缩性，车缝方法为袖窿压袖子，需要将袖窿弧线和袖山弧长的差值控制到等长，或者是袖山弧长略小于袖窿弧长。

袖里样板的设计以袖子面样为基础，袖里底部在面样基础上提高0.3～2cm，袖肥两边各增加0.3～1cm。协调解决达到袖里布与身里布袖窿弧长缝合需要。袖长在袖口处增加0.5～2cm，据款式需要而定。袖里一般都会比面样大，原因包括：熨烫热缩、边缘易散脱产生损耗、避免牵扯里布、车缝过程习惯性的车大缝份等。每个人制板方法不同，有人在放缝份中将量补足。道理是一样的，只要达到里布的配置标准，不牵制面样，也不会透出面样，同时符合缝合和款式要求。

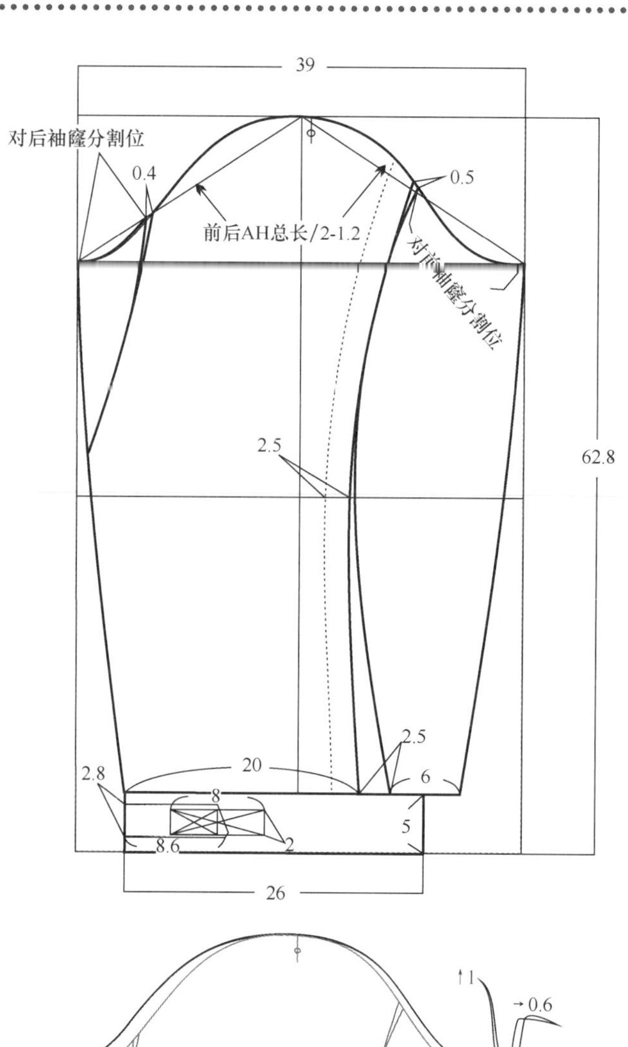

图8-12

里布样板制图（图8-13）（制图中深色线条为里布结构样板，浅色为面布结构样板）。

里布结构在面布样板的基础上来设计，在外套面样基础上，袖窿底点向上提1.2cm，侧缝平行加0.5cm。肩点向上提高0.4cm左右，小肩宽增加0.3cm。脚边处根据折边的大小做参照，坐势量需要大些，余量设计得多点。与前页袖里样板制作所述相同，里一般都会比面样大，原因包括：熨烫热缩、边缘易散产生损耗、车缝过程习惯性的车大缝份等。配制好的里布不牵制面样，也不会透出面样，同时符合缝合和款式要求。

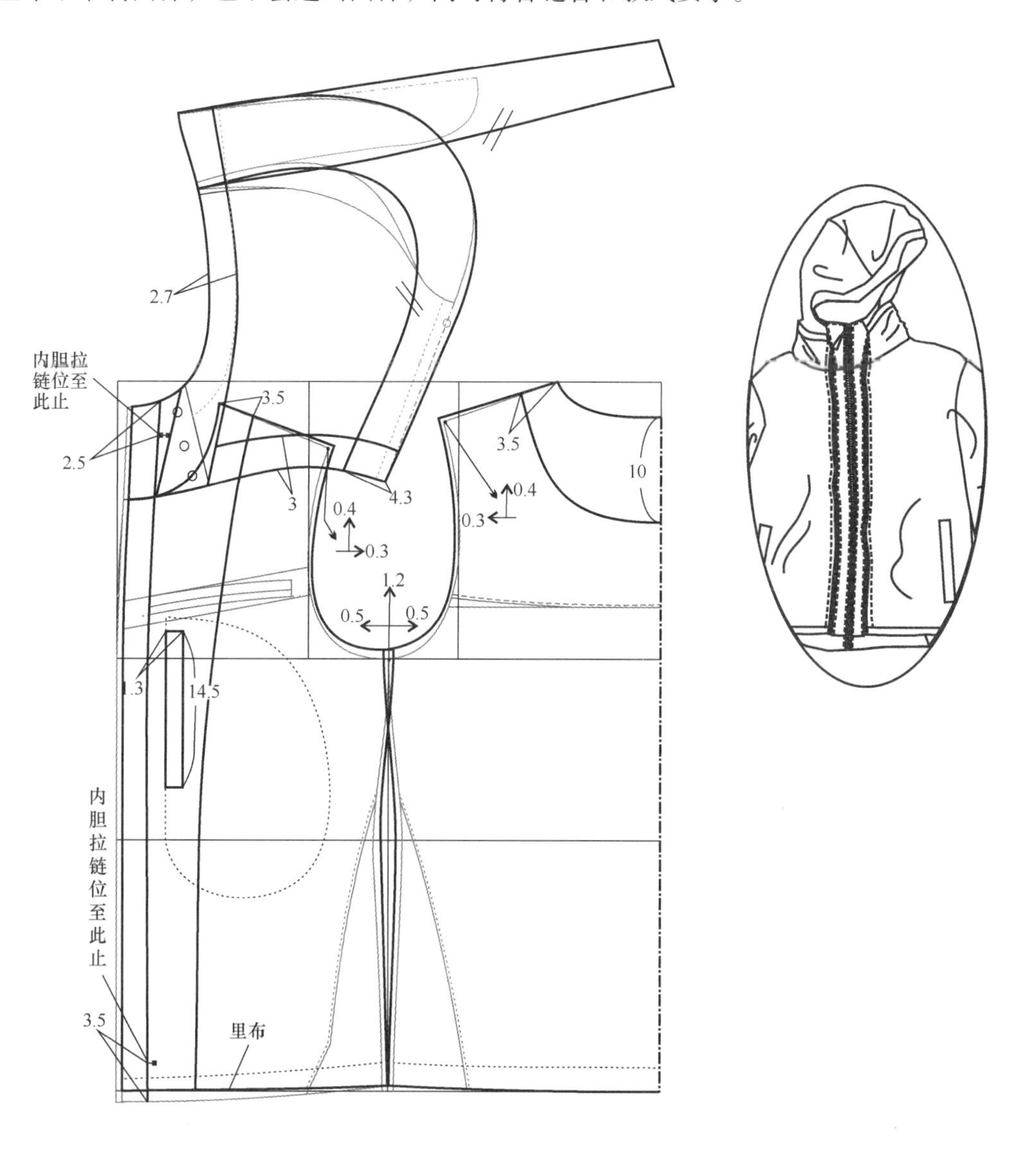

图8-13

内胆衣样板制图（图8-14）。

内胆衣样板在外套样板基础上制作，根据其所需结构条件来进行设计，小肩宽在外套样板上增加了1cm，具体如图示。深色为内胆衣样板设计线，浅色为外套原样线。

从款式照片中可以看出具体的内部结构。内胆衣的脚口、领顶、袖口都采用了包边橡筋收束。内胆衣自成一款，可以独立取出穿着。

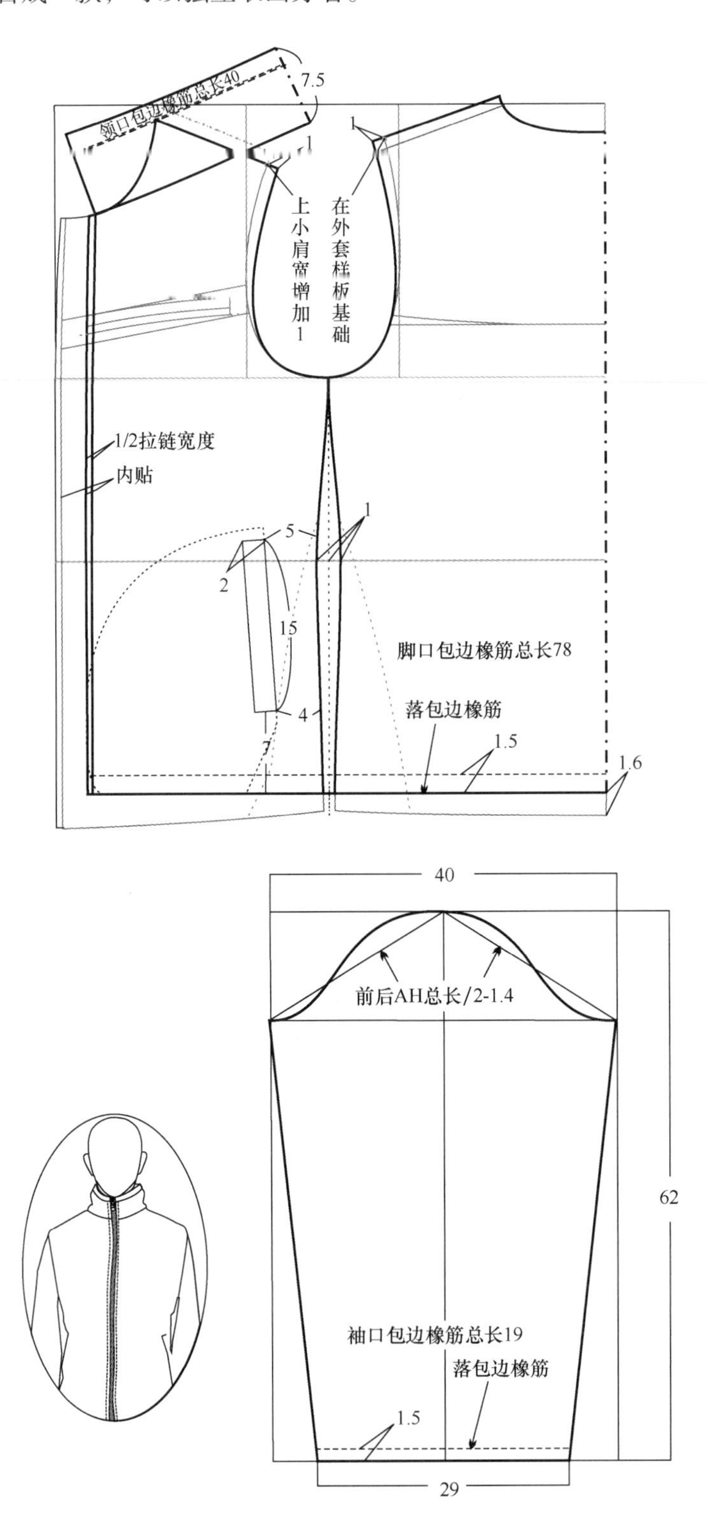

图8-14

AJAJ
aj